瓦楞包装
实用技术与案例

WALENG BAOZHUANG
SHIYONG JISHU YU ANLI

主编：张惠忠
编著：卢思满 孙建怡 卞维红
主审：张新昌 黄俊彦

文化发展出版社
Cultural Development Press

·北京·

内容提要

本书内容侧重于纸箱包装的应用，涉及行业中的一些新技术与新工艺，很多案例具有新颖性、独创性、可移植、可复制，具有较强的实用价值。

本书适合纸箱生产企业的技术、管理、生产人员阅读使用，也可供包装专业院校师生参考。

图书在版编目（CIP）数据

瓦楞包装实用技术与案例 / 张惠忠主编· —北京：
文化发展出版社，2022.9
ISBN 978-7-5142-3755-9

Ⅰ.①瓦… Ⅱ.①张… Ⅲ.①瓦楞纸板－包装技术
Ⅳ.①TS764.6

中国版本图书馆CIP数据核字(2022)第084458号

瓦楞包装实用技术与案例

主　　编：张惠忠

编　著：卢思满　孙建怡　卞维红

主　审：张新昌　黄俊彦

出 版 人：武　赫

责任编辑：朱　言　　　　　　责任校对：岳智勇

责任印制：邓辉明　　　　　　责任设计：郭　阳

出版发行：文化发展出版社（北京市翠微路2号　邮编：100036）

发行电话：010－88275993　010－88275711

网　　址：www.wenhuafazhan.com

经　销：全国新华书店

印　刷：北京捷迅佳彩印刷有限公司

开　本：787mm×1092mm　　1/16

字　数：372千字

印　张：16

版　次：2022年9月第1版

印　次：2022年9月第1次印刷

定　价：158.00元

ISBN：978-7-5142-3755-9

◆ 如发现任何质量问题请与我社印制部联系。　电话：010-88275710

序

得益于中国经济的腾飞，我国包装工业已跻身世界前列，而有着26年历史的苏州达成包装集团，则是国内享有盛誉的龙头企业，在集团总裁卢思满先生精准施策、创新发展理念的推动下，企业集群跨域整合，聚焦产品特色，抢占技术高地，在提升专业化、数字化、智能化和市场化方面，取得了可喜成果。

本书作者张惠忠先生是资深包装人，入行30年一直笔耕不止。张惠忠先生原籍上海，教授级高级工程师，现就职于苏州达成包装集团，系企业始创元老，任公司副总经理，中国包装联合会特聘专家，参与众多国家标准的起草、修改与审定，发表学术论文80余篇，被国内多所高校聘为硕士研究生导师。

包装专业是多学科交叉的系统工程，涉及各个门类、各项技术。为帮助从业人员理解、掌握、更新专业知识，解答遇到的疑点、热点，《瓦楞包装实用技术与案例》一书，做了有益的探索。

本书内容翔实丰富，总结提炼了很多实用经验和案例，不少技术在国内是首创，为纸包装同行开辟了一个全新的应用视角。

本书还得到了中国包装联合会李华会长的热情关心和支持，高度评价它"匠心精工 彰显瓦楞包装魅力"，在此谨向李会长表达诚挚感谢！

本书适合瓦楞纸箱生产企业的管理、生产、技术、质检、营销、培训等有关人员阅读使用，亦可供包装专业师生参考。

祝贺《瓦楞包装实用技术与案例》一书的出版发行！期盼在传统的纸制品行业能涌现出更多更好的新技术、新工艺和新产品！

叶柏彰

2021年11月

叶柏彰，中国包装联合会电子工业包装技术委员会秘书长，研究员级高级工程师。

前言

笔者跨入纸箱包装行业已30年，长期在生产企业从事技术与管理工作，积累了一定的实践经验。

近几年，在兼管苏州达成包装集团研发中心工作期间，瞄准市场需求，对瓦楞包装的前沿新技术、新工艺，做了有益的探索，取得的科研成果绝大多数已转化为生产力，获得了良好的社会效益和经济效益。

这些创新项目先后获得国家专利授权70多项（其中1/5为发明专利），相关技术论文也陆续发表在国内外的专业学术期刊上，特别是在重型包装和特种功能纸箱两方面，延长了产业链，提供了大量实际操作案例。

现应一些同行朋友的建议，笔者将工作经验和成果汇编成《瓦楞包装实用技术与案例》一书，本书主要由以下几部分组成：

（1）笔者已公开发表的论文，占大部分；

（2）在全国专业学术会议上的演讲报告；

（3）培养高校研究生时，与学生共同完成的项目成果；

（4）与工厂同事合作进行的技术创新；

（5）任培训教师期间，少数有价值的自编包装教材。

纸箱包装行业面对的是千家万户，内装的产品也是千差万别，在设计、制造、使用中暴露的问题更是层出不穷，笔者从理论与实践的结合上，去分析破解问题的缘由，尝试寻找解决问题的办法来提高纸箱的质量、提高生产的效率、提高运输包装件的安全性，或者降低包装的成本、降低原辅材料的消耗、降低工人的劳动强度。

在写作过程中，得到了很多专家、教授、学者的鼎力相助，在此一并表示衷心的感谢。

张惠忠

2021年11月于苏州

目录

第一章　重型瓦楞纸箱·············· 1

第1节　高强度四层复合单瓦楞纸板 ·············· 1

第2节　六层复合重型双瓦楞纸板 ·············· 3

第3节　以纸代木　承重8吨的瓦楞套箱 ·············· 6

第4节　重型八角形纸箱的结构 ·············· 9

第5节　带燕尾锁扣的重载荷纸箱 ·············· 13

第6节　高承重的角柱型瓦楞套箱 ·············· 16

第7节　重型纸箱的堆码与仓储 ·············· 20

第8节　纸箱码垛在托盘边缘的垂悬劣化 ·············· 24

第二章　具有特殊功能的纸箱·············· 30

第1节　防潮防水纸箱 ·············· 30

第2节　防划伤涂布纸箱 ·············· 32

第3节　气相防锈防硫纸箱 ·············· 35

第4节　瓦楞涂色的防伪纸箱 ·············· 39

第5节　高性能的防静电纸箱 ·············· 42

第6节　抗磨损纸箱 ·············· 47

第7节　抗油脂沾染的纸箱 ·············· 50

第8节　军用被服包装箱的防霉抗菌技术 ·············· 53

第9节　涂布工艺在军品包装中的应用 ·············· 56

第三章　相关包装标准的解读·············· 59

第1节　中外包装标准的识读对照与数据转换 ·············· 59

第2节　化工染料产品的包装标准释读 ·············· 65

第3节　标准托盘与硬质直方体纸箱的尺寸 ·············· 71

第4节　第9类危险品包装用纸箱 ·············· 76

第5节　包装原纸的性能特点与检测标准 ·············· 80

第6节　"箱纸板平滑度"的特性与测试 ·············· 88

第7节　ISTA标准测试入门 ·············· 90

第8节　运输包装件ista测试的案例分析 ·············· 93

第四章　特定产品的包装·············· 96

第1节　包装润滑油的两种不同纸箱结构 ·············· 96

第 2 节　在远洋渔船上水中作业的涂蜡纸盒 ………………………………… 104

第 3 节　带 PE 复合工艺的冷冻水产箱 ……………………………………… 110

第 4 节　医疗废弃针具用的安全回收箱 ……………………………………… 113

第 5 节　大型锂电池所用危险品包装箱 ……………………………………… 117

第 6 节　储能用锂电池的包装结构 …………………………………………… 121

第 7 节　沥青热灌用纸箱 ……………………………………………………… 125

第 8 节　替代木托盘的纸滑板应用寿命 ……………………………………… 130

第 9 节　药品与医疗器械纸箱上的标签标志 ………………………………… 137

第五章　基础技术研究 ………………………………………………………… **140**

第 1 节　瓦楞纸板的抗水性黏结 ……………………………………………… 140

第 2 节　纸箱抗压强度关联因素的设定与优化 ……………………………… 144

第 3 节　纸箱材质与各项技术指标的确定 …………………………………… 153

第 4 节　纸箱摇盖各类压痕线的研究 ………………………………………… 159

第 5 节　0201 型纸箱成型后容易产生的问题 ………………………………… 162

第 6 节　真空吸盘提升纸箱的自动码垛 ……………………………………… 172

第 7 节　热态内装物对纸箱抗压强度的影响 ………………………………… 176

第 8 节　不同瓦楞楞型对纸箱抗压强度的影响 ……………………………… 181

第六章　生产管理与员工培训 ………………………………………………… **184**

第 1 节　纸箱附件模切的经济性 ……………………………………………… 184

第 2 节　纸箱重量误差的控制 ………………………………………………… 190

第 3 节　纸板与纸箱含水率的控制 …………………………………………… 195

第 4 节　纸箱异味的控制 ……………………………………………………… 197

第 5 节　业务担当如何确认客户订单 ………………………………………… 199

第 6 节　对客户样箱的鉴别与评价 …………………………………………… 205

第 7 节　纸箱定价要考虑的若干因素 ………………………………………… 207

第 8 节　RoHS 指令对包装容器的要求及应对 ……………………………… 209

第七章　纸箱加工设备的改造 ………………………………………………… **215**

第 1 节　在印刷机上加装智能生产管理系统 ………………………………… 215

第 2 节　加工复合瓦楞的纸板流水线改造 …………………………………… 218

第 3 节　包装用针刺穿透测试仪 ……………………………………………… 221

第 4 节　粘箱机上加装智能矩阵码喷墨系统 ………………………………… 226

第 5 节　纸板流水线上加装 U 型胶带自动粘贴装置 ………………………… 230

第 6 节　纸板流水线原纸残卷的智能计重 …………………………………… 232

第 7 节　纸基夹线水胶带多工位智能贴合系统 ……………………………… 237

第 8 节　在印刷机上压制纸箱高度线的装置 ………………………………… 242

参考文献 ………………………………………………………………………… **246**

第一章　重型瓦楞纸箱

第1节　高强度四层复合单瓦楞纸板

瓦楞纸箱具有质量轻、性价比高、结构性能好、耐戳穿、缓冲、防震、可折叠、印刷适应性强、环保可回收，以及适合自动化包装作业等优点，在与其他包装材料的激烈竞争中，瓦楞纸箱以其独特的性能，成为迄今为止常用不衰、发展迅猛的纸质包装容器，是现代运输包装中重要的一种包装形式。

一般瓦楞纸箱只宜装载轻质物品，且不宜长久储存，所以化工、机械等产品的出口，大多采用木质包装箱和纸桶、铁桶等，其缺点包括：

（1）成本高，不符合环保要求；

（2）运输、储存时占用空间大，用后处理困难；

（3）木箱出口需经熏蒸处理等。

近年来，国内外都在抓紧研制开发新结构的瓦楞纸箱，力图以纸代木，以纸代金属，降低资源消耗，节约生产成本。国内的重载荷纸箱，一般都采用双瓦楞结构、三瓦楞结构，甚至更多层数的纸板。但在欧美等强国，则以单瓦楞结构、双瓦楞结构为主，国家权威包装机构曾有这样的统计对比数据（见表1-1-1）。

表1-1-1　对比数据表

国家　　　类别	单瓦楞所占比例	双瓦楞所占比例	三瓦楞所占比例
中国	40.8%	49.5%	9.7%
美国	89.4%	9.1%	1.5%

由此可见，发达国家的瓦楞纸板用材省，所用资源少，成本低，占用空间小。因此，大力开发重载荷单瓦楞纸箱是未来一个阶段的发展方向。

我们研制了一款新产品——高强度四层复合单瓦楞纸板。

为了使测试的数据具有可比性，以美国的ASTM纸箱标准进行纸张的配材（注：德国DIN 55468—1纸箱标准与美国标准相仿），在美国标准中，单瓦楞纸箱内装物的最大质量可达55kg（注：中国标准GB/T 6543—2008"表1"中规定，单瓦楞内装物极限重量为40kg），此时美国标准纸板的面纸、里纸定量都为440g/m²。

普通的单瓦楞纸板是由3张纸或纸板黏结而成（见图1-1-1）。

新的四层复合单瓦楞纸板，则由4张纸或纸板黏结而成（见图1-1-2），包括面纸、里纸（均为440g/m²）和瓦楞纸（100g/m²+100g/m²），其中瓦楞纸属于复合瓦楞纸，是由两张瓦楞纸经聚醋酸乙烯酯黏合剂复合而成，从外观看，两者没有明显区别。

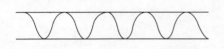

图 1-1-1　普通单瓦楞纸板

两张瓦楞纸经聚醋酸乙烯酯黏合剂复合

图 1-1-2　四层复合单瓦楞纸板

但经国际SGS权威检测，四层复合单瓦楞纸板，其关键指标已远超德国A标与美国标准规定的要求，达到世界先进水平，与国内某些近似产品相比，更是有了质的飞跃。

表1-1-2　关键技术指标对比表

关键指标	SGS检测的达成四层复合瓦楞纸板	德国A标四层复合重型瓦楞纸板指标（DIN 55468—1）	美国标准ASTM中55kg档单瓦楞指标	中国SN/T0262出口箱单瓦楞最高标准	GB/T 6544—2008双瓦楞纸板最强标准
边压强度/（N/m）	14750	10000	9625	6860	≥9000
戳穿强度/J	17.23	13	—	9.81	—
耐破强度/kPa	2833.97	2100	2413	1960	≥1900

由表1-1-2可知，四层复合单瓦楞纸板的技术指标已超欧美，边压强度是德国A标的1.48倍，戳穿强度是德国A标的1.33倍，耐破强度是德国A标的1.35倍，而且所有指标都超过美国标准，完全满足我国单瓦楞重磅纸箱出口运输的要求，同时，也超过了GB/T 6544—2008中规定的双瓦楞纸板标准，由此可见，四层复合重型单瓦楞纸板完全可以取代大部分双瓦楞纸板。

四层复合单瓦楞纸板，在恶劣温湿环境下的边压强度指标，优于常规五层双瓦楞纸板，应国内某著名IT生产商的要求，笔者做过如下一组试验：在常温条件下，两组对比样品的边压强度均为8000N/m，但在温度35℃、相对湿度95%时，各自的变化却很大，我们每24小时测量一次，连测7天，结果令人惊讶（见图1-1-3）。

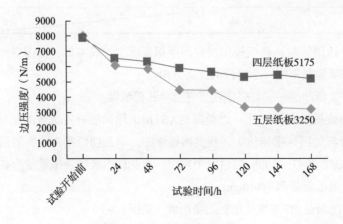

图 1-1-3　边压强度变化

　　由图1-1-3可知，四层复合单瓦楞纸板的边压强度只下降了35%，而常规五层双瓦楞纸板却下降了60%，这是因为四层复合瓦楞纸板的黏结剂——聚醋酸乙烯酯，要比社会上常用的五层瓦楞纸板的黏结剂——玉米淀粉浆的拒水性更优越。

　　另一个对比试验是，将两张100g/m²的复合瓦楞纸，改用一张200g/m²的瓦楞纸，在其他材质、加工条件完全相同的情况下，加工成常规三层单瓦楞纸板，测试结果显示：其边压强度仅为12393.4N/m，戳穿强度14.04J，耐破强度2200kPa，都明显低于四层复合单瓦楞纸板。

　　由图1-1-2可知，两张瓦楞纸的中间是一层经高温固化的聚醋酸乙烯酯黏结剂，用量约12g/m²左右。

　　该新产品与国内某些类似产品的最大区别，后者是用糨糊作为黏结剂，且采用条状黏合，说明此糨糊只起黏结作用，而采用聚醋酸乙烯酯作为黏结剂，是整面上胶，不仅起到黏结作用，将两层瓦楞纸复合起来，更重要的是，固化后的聚醋酸乙烯酯黏结剂，在两张柔软的瓦楞纸中间形成一个刚性骨架，起到强化作用，故四层复合单瓦楞纸板具有很高的物理强度指标。

　　由于该黏结剂具有良好的耐冲击、阻隔、防潮、防水性，所以复合后的瓦楞纸板具有较高的戳穿强度、耐破强度、阻隔性能等，同时，四层复合单瓦楞纸板属于绿色包装材料，两张瓦楞纸中间的黏结剂符合欧盟RoHS指令的规定，本身可以降解，在造纸厂再生时不会产生任何影响，安全环保可回收。

　　因为四层单瓦楞复合纸板比普通的五层双瓦楞纸板薄了很多，所以用前者做成纸箱的空箱抗压强度指标并无优势。

　　四层复合单瓦楞纸板成本低廉，目前主要的服务对象，分布在化工、汽车零部件、机电、家用电器等领域，在出口欧美的产品中，只要内装物重量不超过55kg，都可以大量、安全地使用这款新产品。

　　我国部分木材存在松树害虫，各进口国对中国的木包装有极为严格的熏蒸要求，给包装制造厂带来很大的麻烦和损失，本产品的投产使用，可以解决一部分"以纸带木"包装的难题。

　　本技术项目在"2021年全球瓦楞行业大赛"中，荣获"最佳材料创新"的国际大奖，奖金2000美元。

第2节　六层复合重型双瓦楞纸板

　　在我国化工及机械等重磅产品的出口中，较多采用了纸桶、铁桶与木质包装箱，它们的缺点是显而易见的，因此人们都在研发重型瓦楞纸质包装箱，力图提高纸箱的抗压强度，在绿色低碳经济中，减少资源的消耗，降低生产的成本。

　　达成集团作为在海外的上市集团，有比较雄厚的财力支撑，早在21世纪初就开始立项研制重型包装，并将目标锁定在市场需求量较大的"六层复合重型瓦楞纸板"上。

　　普通常见的双瓦楞纸板，是用5张纸黏结而成的（见图1-2-1），而"六层复合重型瓦楞纸板"，其粗楞是由两张瓦楞纸粘贴组合在一起构成的（见图1-2-2）。

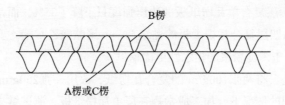

图 1-2-1　双瓦楞纸板

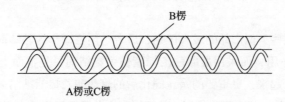

图 1-2-2　六层复合重型瓦楞纸板

研制初期，国内并无生产先例，当时手中仅有两只从德国进口的"六层复合瓦楞纸箱"，以及国家质量技术监督局等效采用德国DIN 55468—1标准制定的推荐性技术标准GB/T 16718—1996。在该标准中，德国A标规定了"六层复合瓦楞纸板"的两项物理机械性能指标：边压强度≥13000N/m，戳穿强度≥18J。

这对当时普通常用纸箱来说，都是高不可攀的目标，在详细分析与评估的基础上，公司下决心重金引进德国BHS公司生产的2.8m宽全自动高速纸板流水线（当时全世界投入运转的仅有28台/套）。

研制中碰到的主要技术难点是：纸板黏合不良（脱壳）、纸板平整度差（翘曲）、纸板含水率控制不稳定、两张复合瓦楞纸之间的黏结剂厚薄不均匀等。

为此，对进口流水线进行了重大设备改造，并且不断采取摸索黏合工艺、改善添加剂、提高浆料搅拌速度、细化黏结剂颗粒等重大创新举措。经过中外专家、科技人员的合力攻关，这些问题都一一得到了解决，加工出来的纸板质量达到了预期目标。经SGS权威检测，"六层复合重型瓦楞纸板"的两项最重要的关键技术指标，已经远远超过德国A标，达到了世界先进水平。

表1-2-1　关键技术指标对比

关键指标	达成纸板与各相关标准比较	达成生产的六层复合重型瓦楞纸板（SGS测定）	德国A标	中国双瓦楞纸板	
				SN/T 0262出口纸箱最高标准	国家标准GB/T 6544—2008"优等品"最高指标
边压强度		21060N/m	13000N/m	8820N/m	9000N/m
戳穿强度		39.4J	18J	13.7J	—

由表1-2-1可知，六层复合重型瓦楞纸板的物理机械性能已达到一般木箱的水平，就边压强度而言，其是德国A标的1.62倍，而戳穿强度则是德国A标的2.19倍。

如图1-2-3所示，两张复合瓦楞纸的中间是一层被固化了的玉米淀粉黏结剂，每平方米的用粉量为35g左右。加工前，将它用3倍的水搅拌成浆，加入适量的化学添加剂（环保型），在纸板流水线的高温烘干作用下，两层瓦楞纸中间的玉米浆迅速固化，这一层黏结剂好似薄薄的塑料片，被夹在两张柔软的瓦楞纸中，起到了硬质骨架的强化作用。

试制中做过这样的试验：用一张240g/m²的瓦楞纸，替代两张120g/m²的复合瓦楞纸，而其他用材与基础加工条件完全相同，加工成常规五层瓦楞纸板后，测试对比结果显示，其边压强度只有六层纸板的80%左右。得出的结论是：1+1＞2。

由于复合瓦楞的形成机理比较复杂，关联因素众多，所以至今尚不能提供可靠的科学数据，也难以对此现象进行客观、准确、合理地诠释。

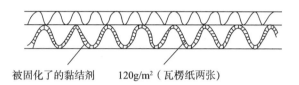

被固化了的黏结剂　　　120g/m²（瓦楞纸两张）

图 1-2-3　六层复合重型瓦楞纸板

几年来，六层复合重型瓦楞纸板已大量进入中、高端市场，公司每年的销售金额都达到了8000多万元，用该纸板加工成的纸箱，其销售区域遍布中国19个省、区、市，近则江苏、浙江、上海，远则内蒙古、辽宁、甘肃、广东、福建等，还有部分纸箱直接装船出口，这在包装行业中是极为罕见的（抛货运输）。

六层复合重型瓦楞纸板，销售服务的行业主要分布在化工原料、机电、危险品、医疗器械等领域。

我国是化工染料生产、出口大国，每个纸箱内须装25kg粉剂（其中不少品种属于危险品），箱内无任何硬质刚性件支撑，堆码八层，储存时间要求长达两年，仓储环境大多很差，因此对纸箱的抗压要求非常苛刻，现大量改用六层复合双瓦楞重型纸箱后，有效解决了这一难题。由于它的抗压性能强、质优价廉、品质稳定，因此用户已遍布全国300余家主要染料生产厂商，国内市场覆盖率达70%，替代了过去所用的"七层三瓦楞纸箱"或纸桶、铁桶等，为绿色、低碳、节能、降耗做出了社会贡献，同时它也成为企业利润的主要增长点。

汽车零部件的生产，是我国机械工业的支柱产业之一。由于所包装零件的载荷大，以前几乎全部采用木箱。但我国部分地区的木材松树害虫情况较为严重，各进口国对我国的木包装都提出了极为严格的熏蒸要求，给出口厂商带来了很大的麻烦。现在将六层双瓦楞复合重型纸板的核心制造技术，移植到三瓦楞的加工中，生产出了优质的"八层复合瓦楞纸板"，用它为某世界500强汽车厂生产的重型纸质瓦楞包装箱，成功替代了木箱，年销售额300多万元，每个纸箱内装24台涡轮增压器，每箱重量超过500kg，仓储堆码三层，出口欧美，无一质量投诉。其中的加撑重型纸质瓦楞套箱，经国家权威机构测定，承重量最高可达8吨（详见第一章第3节），受到用户的高度好评。上海、浙江部分殡仪馆所用的纸棺材，也普遍采用这种复合重型瓦楞纸板……

表1-2-2是常用纸桶与六层复合纸箱之间的性能与成本比较。

表1-2-2　常用纸桶与六层复合纸箱之间的性能与成本比较

序号	项目	纸桶	纸箱
1	执行标准	GB/T 14187—2008《包装容器纸桶》	GB/T 6543—2008《运输包装用单瓦楞纸箱和双瓦楞纸箱》
2	堆码承压性能	GB/T 14187—2008规定 1级桶4900N 2级桶3900N 3级桶3400N	达成发明的复合双瓦楞重型纸箱，承压强度已达8000N以上
3	包装材料成本	25kg装纸桶售价 20元/只左右	只有纸桶单价的1/3～1/2
4	仓储空间	纸桶必须立体运输、仓储	纸箱可折叠成平面，节省仓储容积90%以上
5	出口运输成本	圆桶与圆桶之间，会浪费部分空间，以20英尺集装箱为例，一般只能装9～10t化工原料	方形纸箱在同等空间内，可装12t以上，节省海运费约25%
6	自动包装线	必须人工操作	可上自动包装线，无人高速作业
7	表面防潮处理	桶体上手工涂刷防潮剂	在涂布机上全自动涂环保防水涂料，防水性能是纸桶的数倍
8	印刷品位	只能手工喷简单标识	可进行四色精美彩色印刷，有利于企业形象的宣传
9	环保与资源再生	纸桶上铁箍、三合板盖等均为非环保物质，出口会受限制	纸箱为绿色环保产品，更是宝贵的可回收再生资源

本技术项目，先后获得省级"质量信得过产品""高新技术产品""十大创新品牌"等荣誉称号，其专利已授权深圳某著名电子通信公司有偿使用。

第3节　以纸代木　承重8吨的瓦楞套箱

一种新型的重型瓦楞纸质套箱，它的主材选用超强三层瓦楞纸板，在内、外箱之间的四角上，用纸护角作加强支撑，套箱的整体承重可达8t以上，是常用木箱的理想替代品。

在工业产品的各类包装中，瓦楞纸箱的市场占有率一直很高，它的缺点在于抗压强度低，怕水怕潮，不宜长久储存。所以一般的化工、机械、电子等重载货物的出口，较多采用了木质包装箱。

根据资料，国内外各类组合式瓦楞纸质套箱的空箱抗压强度，目前最高的已达到32560N（约承重3.32t）。

这类纸质套箱一般尺寸都很大，内装物重量往往过吨，而且需与木托盘组合在一起使用，所以市场上又俗称为"托盘箱"或"吨箱"。

笔者参考德国重型瓦楞纸板标准（DIN 55468—1），立项研制出了超强三瓦楞纸板（见图1-3-1）。它的各项物理性能指标包括：耐破强度达5436kPa；边压强度达39100N/m；戳穿强度大于48J。

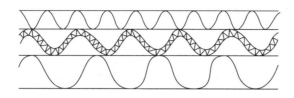

图 1-3-1　超强三瓦楞纸板

在纸箱的结构方面不断探索，借助其他纸质配套附件，试制成功一种新型的重型瓦楞组合套箱，具体见图1-3-2。

经过市场检验，这种纸质套箱结构简单、新颖、独特、使用方便、可折叠、储运空间小、承重量大，是木质包装箱的升级代用品。

经国家轻工业包装制品质量监督检测中心的权威检测，该套纸箱的承重量已达8吨以上。测试时，是从同批纸箱中，随机抽取5套，分别作空箱抗压检测，平均静态抗压值高达79457N（约合8.108吨），达到或超过了常用木箱的水平。

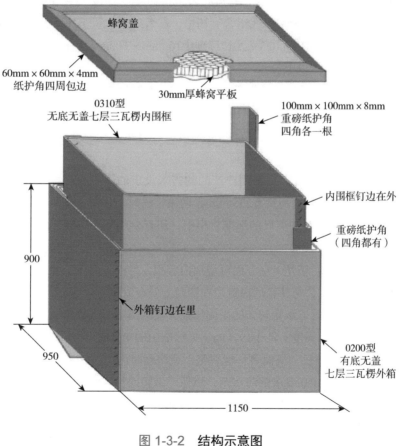

图 1-3-2　结构示意图

在结构设计中，考虑了如下一些因素。

（1）大外箱与内围框所用的瓦楞纸板，其物理机械性能的指标至关重要，特别是纸板的边压强度值，一定要大于30000N/m。

（2）外箱与内围框均采用两拼箱结构，即有两个打钉接合处，组装时使内外两箱的4个接头分别布置在四角，类似4根立柱，均匀受力，增强抗压力。

（3）外箱采用有底无盖式（即国际标准箱型0200型）。笔者试验过"无底无盖"式箱型（直接放托盘上），希望节省更多材料，但部分汽车零部件企业与化工行业在使用时发现，重物装箱时，纸箱下部极易向外变形扩张（特别是装散件），说明纸箱的侧向抗压力不够，而现在的"有底无盖"箱，因重物先压住了下底摇盖，所以可有效解决这种问题。

另外，如采用标准的0201型"有底有盖"箱，则会产生如下问题：除用材较多外，用户在装货时，因上摇盖过大，会带来很多不便；由于纸板过宽，增加了纸箱制造中的难度与成本；瓦楞纸板作上摇盖，因呈"悬臂梁"构造，用户总嫌偏软，强度不足，特别是在堆码时，下面一箱的顶部问题很突出，现在改用了"分离式"的蜂窝盖结构，较好地弥补了以上缺陷。

（4）四角上的"L型纸护角"长度与外箱内高是一致的，它与外箱及内围框之间的配合，基本呈紧配合状态。因此，四根护角在受力时，不会产生位移、倾斜等风险，三者组合后形成了一个整体。内、外箱之间的空位间隙，每边约为20mm（钉边厚度+纸护角厚度）。

（5）四个角上的"L型纸护角"在组合套箱中，起着"立木顶千斤"的重要作用，因此它的质量好坏很关键，现选用BB/T 0023—2017标准中100mm×100mm×8mm最强的一款，它单根的抗弯强度就可以达到2200N以上。

（6）纸箱外径是与"通用平托盘"匹配的。在GB/T 2934—2007中，规定的托盘平面尺寸只有两种标准，即1200mm×1000mm和1100mm×1100mm。而且前者为优先推荐尺寸，因此使用频率较高，在设计中纸箱外径应比托盘四周单边小2～3cm（每边），以减少纸箱在整体打包、周转、储运中遭到不必要的碰擦伤害。

（7）纸质套箱的整体高度，是按用户产品的需求设定的，一般应小于1000mm（含蜂窝盖），因为通用标准集装箱的内高只有2350mm，两箱堆码时，还须考虑两个托盘的高度及叉车起抬的必要操作距离（注：在40英尺的标准货柜中，还有少部分为高柜，此时纸箱的高度可适当加高）。

（8）内围框的钉边设在箱外，一方面可增加内容积，另一方面便于盒类小包装件在箱内的组合排列。同时套箱组合时，与外箱的内钉边在四角上分布更均匀合理。

（9）蜂窝纸板作盖，可以承受较大的平面压强，盖的四周用纸护角包边后，也比较美观实用，选用的蜂窝纸板的平面强度不低于197kPa（见标准BB/T 0016—2018）。

（10）如果仓储时间较长，或储藏环境恶劣，或海运时需经过赤道附近（高温高湿），还须在纸箱外表面涂刷符合RoHS要求的防水剂，以保障纸箱的整体使用性能。达成集团采用了特殊的"防水涂布"技术，使纸箱表面的吸水率仅为2.568g/m²，只有GB/T 13024—2016中规定的牛皮箱纸板优等品的7%。

通过以上诸多设计、制作等细节上的考虑，组合套箱在实践使用中，显示了卓越的抗压与防潮性能，在国内外同类产品中达到了一个新的高度。经过几年的市场检验，表现优异，用户反响良好。

例如，江苏某外资大型化工厂，以前一直从意大利进口纸质套箱，每套27欧元（未含运费与关税），后改用这一新产品，成本降低了三分之一，且品质远优于进口纸箱。

又如，汽车零部件生产，是我国机械工业的支柱产业之一，零件品种多且质量重，要求包装件的载荷大，现将重型瓦楞组合套箱引入该领域后，成功破解了这道难题，2009年公司在该行业中，销售了近600万元的套箱，无一质量投诉，而且该结构还被某世界著名的汽车零部件公司确定为"企业标准"。

随着这种价廉物美、抗压性能优秀、使用方便的重型瓦楞组合套箱被越来越多的商家所认同，相信其市场占有率会进一步扩大。

第4节 重型八角形纸箱的结构

普通瓦楞纸箱的四角及侧壁，承受负载的能力并不均衡，当纸箱承受的压力超过其抗压极限时，纸箱侧壁的垂直面会出现弯曲、变形直至压溃，越靠近纸箱侧壁的中间部位，越容易出现变形，且变形越严重，侧壁上4个棱角的部位最后出现变形，抗压能力最强。

本节介绍一种新型瓦楞纸箱结构，即重型有底无盖八角箱，将原纸箱四角设计为八角，不仅抗压强度得到较大提高，其适用范围也更广，如袋装粉剂、颗粒剂的化工原料，电缆盘类产品，袋装液态物料等。

1. 实验

重型有底无盖八角箱呈八边形结构，箱底由8个三角形摇盖拼接组成（见图1-4-1）。制造工艺简单，由一张瓦楞纸板经模切、折叠、钉合而成，其展开结构见图1-4-2。

普通纸箱在凯里卡特公式的计算中，纸箱的周长与高度是两个重要因素，为使试验结果有可比性，设定正八角箱、非正八角箱、常规0201型纸箱的周长完全一致，均为1656mm，高度均为600mm，所用材质相同。

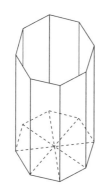

图 1-4-1 **重型八角箱结构**

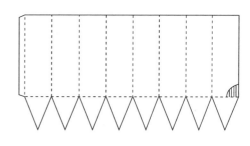

图 1-4-2 **重型八角箱展开结构**

所用材质为市场上最常用的5层瓦楞纸箱的定量，分别为200、120、120、120、200g/m²，楞型为欧美使用较多的BC楞（包括内围框用材）；八角箱的平面尺寸与标准托盘匹配；纸箱采用钉合的结合方式。

（1）方法与设计

1）周长、高度相等，0201型纸箱（正方形）与正八角箱（与1100mm×1100mm标准托盘匹配）抗压强度的研究；

2）周长、高度相等，有底、无底八角箱抗压强度的研究；

3）周长、高度相等，正八角箱与非正八角箱（与1200mm×1000mm标准托盘匹配）抗压强度的研究；

4）有内围框八角箱与无内围框八角箱抗压强度的研究；

5）有底、无底八角箱在运输振动时变形情况的研究；

6）八角箱在运输振动时横向冲击力的研究；

7）四周加粘加固带对八角箱鼓肚现象影响的研究。

（2）测试指标

空箱抗压强度是评价瓦楞纸箱好坏的一项重要指标，是指在压力试验机上均匀施加动态载荷直至箱体变形、压溃时的最大载荷。

按照GB/T 4857.4—2008测定抗压强度，将封箱后的瓦楞纸箱放置在微电脑程控压力试验仪的2个压板间，试验机的上压板按设定速度向下运动，接触纸箱后对其进行施压，同时测量纸箱所受的压力值与变形量，试验机自动记录数据。

2. 结果与讨论

抗压强度：当周长、高度相等时，0201型纸箱（正方形）、有底正八角箱、有底非正八角箱、无底非正八角箱，它们抗压强度的对比见表1-4-1。

表1-4-1　不同底与形的八角箱抗压强度对比

类别	抗压强度/N			
	样箱1	样箱2	样箱3	平均
0201型纸箱（正方形）	5561.28	5632.90	5450.43	5548.20
有底正八角箱	9220.41	9325.38	9417.60	9321.13
有底非正八角箱	8484.66	8393.43	8264.76	8380.95
无底非正八角箱	8605.33	8205.19	8411.09	8407.20

有、无内围框的八角箱抗压强度：有无内围框正八角箱抗压强度的比较见表1-4-2。由表1-4-2可知，有围框的正八角箱比无围框的抗压强度提高了将近90%，有围框的正八角箱比普通0201型纸箱抗压强度提高了2倍多。

表1-4-2　有、无内围框八角箱抗压强度对比

类别	抗压强度/N			
	样箱1	样箱2	样箱3	平均
0201型纸箱（正方形）	5561.28	5632.90	5450.43	5548.20
有内围框正八角箱	17718.82	17677.62	17650.15	17682.20
无内围框正八角箱	9220.41	9325.38	9417.60	9321.13

鼓肚变形：纸箱在使用过程中会出现鼓肚变形的现象，问题产生的原因分析如下。

（1）楞型选择不当。A瓦楞高度大，承受垂直方向压力性能好，但承受水平方向压力性能不如B瓦楞、C瓦楞。A瓦楞纸箱装上产品后，在动态运输过程中发生横向、纵向的振动，内装物与纸箱之间发生反复冲击，使纸箱壁变薄，容易出现鼓肚变形现象。

（2）堆放托盘的影响。产品在仓库堆放时，堆码高度通常不超过3m，一般是2个托盘叠加码垛。纸箱在堆放过程中，纸箱的强度变化是一个蠕变的过程，特别是底层纸箱，其特点为：在一定时间内相对稳定的载荷作用于纸箱，纸箱会发生连续的弯曲变形。

如果长期在静压力作用下，纸箱会被压塌、损坏，因此托盘上堆放的最下层纸箱通常会出现鼓肚现象，且有部分压溃变形。纸箱在垂直压力作用时，箱面中央出现的变形量最大，出现压溃后，折痕为鼓出状。

试验证明，0201型瓦楞纸箱受压时，4个棱角处抗压强度最好，4边中点处抗压强度最差。

如果上层托盘脚块压在纸箱中间位置，纸箱中间位置易形成集中载荷（见图1-4-3），导致纸箱破裂、永久变形，解决的办法是在其下加一平垫板。如果托盘铺板缝隙过宽，纸箱的箱角容易掉进缝隙中，导致纸箱鼓肚（见图1-4-4）。

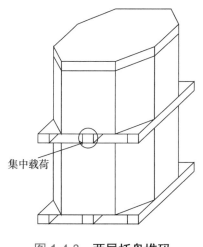

图1-4-3　两层托盘堆码

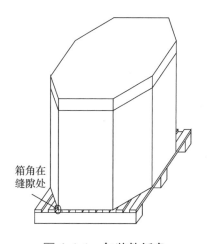

图1-4-4　包装件托盘

（3）内装物本身特性的影响。液体、黏稠体、流体、颗粒及粉末类等产品，纸箱包装后，由于产品本身特性，内装物下沉，顶部与内装物之间的间隙越来越大，且箱底四周受力最大，因此，这类产品在贮存、运输过程中常出现纸箱鼓肚变形现象，尤其是在纸箱下部1/5～1/4处最为严重。

有、无底八角箱：有、无底正八角箱（内装物粉料125kg）在电磁振动试验仪上，按ISTA 3E中的振动图谱振动4h，加速度为0.54g，理论行程峰峰值为45.13mm，八角箱箱体变形情况（见图1-4-5和图1-4-6）。

由图1-4-5可得，无底八角箱从箱体底部边缘发生鼓肚变形。由图1-4-6可知，有底八角箱从箱体底部边缘向上20mm左右的位置才开始发生鼓肚变形。

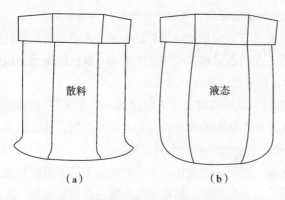

（a）　　　　　　　　（b）

图 1-4-5　无底加盖八角箱变形情况

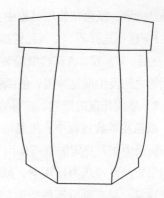

图 1-4-6　有底加盖八角箱变形情况

由此可知，有底八角箱在一定程度上抵抗了内装物对纸箱向外的冲击力，降低了鼓肚变形对纸箱造成的破坏程度。

加固带：加固带是一种纤维材料，伸缩变形量极小。目前国内使用较多的是美国爱得力品牌，加固带宽度为3～20mm不等，共6种规格，断裂强度为15～50kg，熔化点为160℃，软化点为95℃。在纸板加工过程中，可加热黏合在瓦纸与面纸、瓦纸与里纸之间（在纸箱内外表面都看不见），然后加工成纸箱（见图1-4-7）。加固带可以紧固纸箱，防止瓦楞压溃变形、夹角撕破、箱体鼓肚下坠，有效保护内装物；保护垂直压痕线、提手及模切手孔。在搬运过程中，提高纸箱的抗摔能力，减少货物损坏；顶部加固可以防止打包带勒破箱口、损坏内装物，增加纸箱的周转次数。

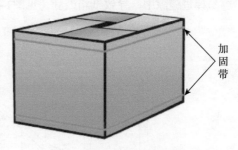

图 1-4-7　加固带纸箱

以内装物为液体进行分析，液体压强原理：液体内部向各个方向都有压强，压强随液体深度的增大而增大，同种液体在同一深度时各个方向的压强大小相等，不同的液体在同一深度产生的压强大小与液体的密度有关，密度越大，液体的压强越大。液体压强公式为 $p=\rho gh$。其中 ρ 为液体密度；g 为重力加速度，9.8N/kg；h 为深度，即液体内部某一点到液面竖直方向的距离。同种液体在同一深度向各个方向的压强都相等。由帕斯卡定律（加在密闭液体上的压强，能够大小不变地由液体向各个方向传递）可得，纸箱越靠近底部，四周受力越大，包装件在贮存、运输过程中鼓肚现象越明显，破损越严重。如果加粘加固带，需要按加固带的宽度、纸箱受力等情况来设计加粘条数，其位置、间距等数据需要通过试验来验证。

3. 结语

周长、高度相等时，有底正八角箱比普通0201型纸箱的抗压强度提高了68%，有底非正八角箱比普通0201型纸箱的抗压强度提高了51%，有底正八角箱比非正八角箱的抗压强度提高了11.2%。

有底非正八角箱与无底非正八角箱的抗压强度几乎相等，无明显区别。有围框正八角箱比无围框的抗压强度提高了90%，有围框正八角箱比普通0201型纸箱的抗压强度提高了2倍多。

有底八角箱在一定程度上可抵抗内装物对纸箱底部边缘向外的冲击力，减少纸箱鼓肚变形的发生；纸箱越靠近底部四周受力越大，包装件在贮存、运输过程中鼓肚现象越明显，破损越严重；加粘加固带的方式可以减少纸箱鼓肚变形、破损。

对大型的有底八角箱来讲，加工它的模切机规格尺寸要求较大或超大。

第5节　带燕尾锁扣的重载荷纸箱

根据国家"节能减排、绿色低碳"的产业导向，笔者设计了一种"带燕尾锁扣的重载荷瓦楞纸箱"，它可以广泛应用于机电零部件与化工液态产品的包装，减少木箱与塑料桶的使用。

该款纸箱所用的板材，采用六层复合重型双瓦楞纸板（见图1-2-3）。

它的六张纸的搭配是：面纸（250g/m² A级美卡）；B楞（180g/m² A级高瓦）；芯纸（200g/m² B级牛卡）；C楞（两张120g/m²A级高瓦黏合而成）；里纸（230g/m² AAA级牛卡）。

这款纸箱的整体结构巧妙独特，由一张纸板经模切加工而成，板材的利用率较高（见图1-5-1），因此成本低廉。

由于摒弃了传统用搭头结合的方式，所以纸箱下摇盖既不用打钉也不用胶粘，而是在纸箱底部用一组燕尾锁扣自我固定（见图1-5-2），因此内径方正，四内角上不会产生搭头凸出现象，有利于内装物的摆放与增加有效空间。

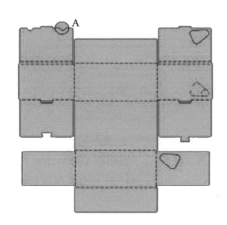

图 1-5-1　带燕尾锁扣的重载荷纸箱

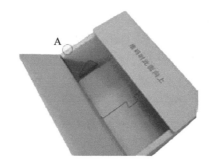

图 1-5-2　燕尾锁扣

这款纸箱在仓储与运输时，是摊开平铺堆放的，因此减少了储、运空间。组装时也非常简便，一名熟练包装工人只需几秒钟就可折叠成型，操作时大致分4个步骤：

（1）纸板平铺后将侧板翻起（见图1-5-3）；

（2）将下底的燕尾锁住（见图1-5-4）；

（3）把夹在中间的那张承重板材折进去（见图1-5-5）；

（4）将两端内承重板插入槽内固定（见图1-5-6）。

 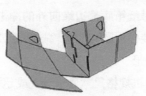 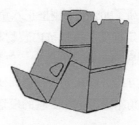 

图 1-5-3　步骤1　　　图 1-5-4　步骤2　　　图 1-5-5　步骤3　　　图 1-5-6　步骤4

从4张图中可以看出，纸箱底部是无须加粘封箱胶带的，与传统常规纸箱相比，省时、省工又省辅材。

纸箱的底为两张双瓦楞板材叠加，有效提高了垂直跌落时的物理性能，纸箱长度方向的两侧箱壁，由常规单张纸板，演变成了由三张双瓦楞板材组合的结构（见图1-5-2"A"处），因此极大地增强了纸箱整体的堆码抗压能力，经国家权威检测机构测定，空箱抗压值达8820N，（纸箱"长×宽×高"外径尺寸为390mm×240mm×250mm），比同尺寸、同材质的普通0201型纸箱的抗压性能指标提高了1/3。

木箱、塑料桶在使用前会占用大量库容空间，而该纸箱却可以折叠或铺平，所用空间不足前者的10%，特别当塑料桶为圆形而不是方形时，两者所占用的仓储空间与运输空间的差异则更悬殊。

本纸箱还可以进行丰富多彩的印刷，尺寸变更也非常容易。

纸箱的外形尺寸完全与国家"标准托盘"（1200mm×1000mm）尺寸相匹配（详见GB/T 2934—2007）。它在托盘运输单元上的平面排列为3×4，堆高8层（见图1-5-7），在一个20英尺的集装箱内，可装载化工液态产品19.2吨（一般每箱重量以20kg计），使集装箱内的装载量最大化，与塑料桶相比，大大降低了运输成本。

（堆高8层）

图 1-5-7　纸箱在 1200mm×1000mm
标准托盘上的平面放置图

这种带燕尾锁扣的重载荷纸箱，主要应用在机电产品和化工液体产品的包装上。

机电产品，如汽车零部件、轴承、电机、五金构件等包装箱，单件毛重往往达几十千克，甚至更多，因此以前较多厂家采用了木箱运输，此结构新颖的瓦楞纸箱进入市场后，由于负荷大、免除了木材熏蒸且绿色环保、成本低廉，所以在机电行业得到了广泛的认可与欢迎。

根据不同用户与产品的具体要求，在基本箱型的基础上，进行多方面的功能拓展，如有的在纸箱外面涂覆防水剂，使纸箱能抵御恶劣环境中潮湿水气的侵袭，防止其受潮变软。有的在纸箱内壁涂覆防油涂料，避免金属零件上的防锈油或防锈脂渗透出来，污染到纸箱表面。还有的在纸箱内层涂有特种气相防锈剂，当纸箱在密闭的前提下，可保证内装金属件两年内不会生锈腐蚀。

针对某些特殊超重包装要求，还可在纸箱内增加一个无底无盖的围板（见图1-5-8）或马鞍型的护板（见图1-5-9），以进一步增加纸箱的整体抗压能力，称之为"加强型"燕尾锁扣纸箱。

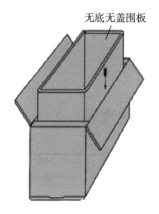

图 1-5-8 无底无盖围板

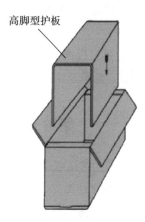

图 1-5-9 马鞍型护板

化工液体产品，如过去液态化工产品中的试剂、中间体、助剂、浆料等，较多采用塑料桶包装，它除了成本高外，不少塑料桶本身的有害物质含量超标，不符合出口的RoHS要求，更重要的是，塑料桶在制造时，内壁都涂有脱模剂，由于塑料桶口小肚大，使用前很难将它们完全清除干净，因此常会发生残剩脱模剂与内装化学液体之间的化学反应，而造成生产或质量事故。

利用本纸箱超强的堆码、抗压与跌落特性，在纸箱内设置了一个带嘴的塑料袋，它是由两层0.1mm厚的尼龙薄膜复合而成。当装满20L液体时，整个塑料袋在受压500kg的前提下，保证不泄漏、不破损。

为方便用户使用，在纸箱的一端，设计了一组功能性切口，并印刷有简单的操作说明图示（见图1-5-10），使终端客户在使用时一目了然。

操作时不需要整体开箱，只要将"A"圆块揭去，将"B"翻起，拉出塑料袋嘴，卡在"A"位上，按下"B"将塑料袋嘴固定，即可多次反复使用，为用时方便倾倒，纸箱的出水口一般设计在下部边缘。图1-5-1A处的两个半圆手指孔，是为了用后拆卸纸箱便利所设。

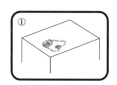

①
● 按下，揭去"A"圆块
● 将"B"翻起（切勿撕断）

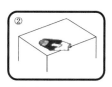

②
● 将纸箱内的塑料袋嘴拉出
● 将塑料袋嘴卡在"A"位上

③
● 按下"B"将塑料袋嘴固定
● 即可倒出使用

图 1-5-10 操作说明图示

塑料袋开启后此面向上

用拇指按下 B → A

当然，很多化学产品都属"危险品"范畴，虽然在正常使用条件下，该纸箱可以做到"万无一失"，但一旦偶遇野蛮装卸、高空跌落、雨淋潮湿、反复零担转运等意外情况发生时，它仍有一定的破损风险。

从这款纸箱目前进入市场的情况来看，发展势头不错，预测可以达到3000万元人民币的年销售额。

本新技术的批量投产，可以以纸代木，以纸代塑，替代大量木箱与塑料桶，确实是一种"绿色环保节能，低碳减排安全"的好产品，社会效益显著。

第6节　高承重的角柱型瓦楞套箱

为了提高纸箱的抗压强度，人们常常会采用提高纸张克重或等级、采用加厚楞型（如AA，ABC）、箱内增加立柱类支撑等方法，结果造成加工繁杂、使用麻烦、成本提高等问题。我们研制开发的角柱形瓦楞套箱，有效提高了纸箱的抗压强度，在减少资源消耗的同时，大大降低了生产成本。

本节介绍的角柱型瓦楞纸套箱结构是重型包装的一个新方向，其抗压强度是相同尺寸与材质的0201型普通纸箱的2倍左右，在高温高湿等恶劣条件下，纸箱的抗压强度下降较少，具有明显的耐压优势。

1. 实验

角柱型瓦楞纸套箱是由2部分组成，外层是0201型普通纸箱，在该箱内再套1个角柱型内围框（见图1-6-1），角柱型内围框制造工艺简单，由一张纸板经模切、折叠、黏结而成（见图1-6-2）。

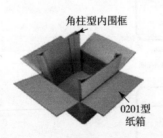

图 1-6-1　角柱型瓦楞纸箱

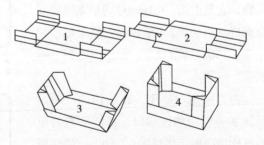

图 1-6-2　角柱型内围框折叠示意

（1）纸箱尺寸与材料

外箱尺寸设定为三种：A的尺寸为360mm×270mm×400mm，B的尺寸为360mm×360mm×400mm。这两款中型纸箱的尺寸在日常生产中使用很普及，适合在标准托盘上3×4与3×3排列码放，外箱与角柱内围框所用材质都是市场上最常用的，它们分别为（200+120+100+120+200）g/m²，楞型为欧美使用较多的BC楞。外箱C俗称"托盘箱"或"吨箱"，尺寸为1050mm×1050mm×1000mm，外箱材质（440+180+200+180+440）g/m²，楞型为AA。内围框材质与楞型同A、B箱，内围框角柱结合方式为热熔胶手工黏合。

（2）方法

①套箱加工

外箱是由1片瓦楞纸板组成，顶部和底部折叠（俗称上、下摇盖），构成箱底和箱盖，通过黏合或打钉的方式制成纸箱。角柱型内围框也是由1片瓦楞纸板经模切、折叠，然后用热熔胶黏合而成。

②实验设计

内围框角柱三角边边长分别设计为40mm、50mm、60mm、70mm、80mm，挡板高度分别设计为120mm、150mm、180mm、210mm、240mm（见图1-6-3），研究不同三角边长对长方形纸箱A和正方形纸箱B抗压强度的影响。当内围框角柱三角边边长分别设计为40mm、70mm，挡板高度分别为120mm、210mm，研究挡板位置（在长边或短边）对纸箱抗压强度的影响。

当角柱三角边周长相等时，研究角柱三角形等边和直角边对纸箱抗压强度的影响（见图1-6-4与图1-6-5）。

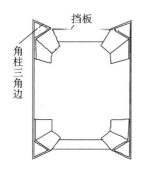

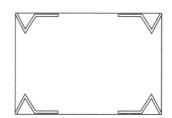

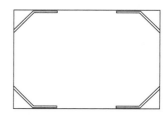

图1-6-3　角柱型内围框结构示意　　图1-6-4　等边角柱型　　图1-6-5　直角边角柱型

设外箱的高宽比为1.2∶1、1.6∶1、2∶1（此时纸箱尺寸分别为360mm×270mm×324mm、360mm×270mm×432mm、360mm×270mm×540mm），研究纸箱高度对抗压强度的影响。内围框角柱三角边边长为100mm、200mm，挡板高度分别设计为300mm、600mm，研究C型大尺寸托盘角柱套箱抗压强度的变化。

③测试指标和方法

纸箱抗压强度是指在压力试验机上均匀施加动态载荷，至箱体变形或压溃时的最大值，是重型瓦楞纸箱质量好坏的一个重要技术指标。

纸箱抗压强度按照GB/T 4857.4—2008测定，使用微电脑程控抗压强度试验仪，测量纸箱所受的压力值，在纸箱被压溃后试验机将自动记录下压力峰值和受压变形量。

2. 结果与讨论

（1）角柱三角边长对套箱抗压强度的影响

角柱三角边长对套箱抗压强度的影响较大，图1-6-6（长方形箱）、图1-6-7（正方形箱）中内围框三角边长为0时（即无内围框普通0201型纸箱的抗压强度），与加内围框的纸箱比较，无论是长方形还是正方形，其抗压强度是无内围框纸箱抗压强度的2倍以上。

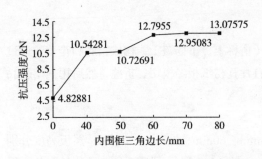

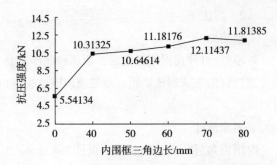

图1-6-6　三角边长对长方形套箱抗压强度的　图1-6-7　三角边长对正方形套箱抗压强度的
　　　　　影响　　　　　　　　　　　　　　　　　　影响

三角边长对长方形角柱型套箱（尺寸360mm×270mm×400mm）抗压强度的影响，由图1-6-6可知，随着内围框角柱三角边长的增加，纸箱抗压强度呈上升趋势。内围框角柱三角边长为60mm、70mm、80mm时，纸箱的抗压强度接近，说明再增加角柱三角边长对纸箱抗压强度意义不大，且边长为60mm时较为经济。

三角边长正方形角柱型套箱（尺寸360mm×360mm×400mm）抗压强度的影响，由图1-6-7可知，随着内围框角柱三角边长的增加，纸箱抗压强度呈缓慢上升趋势。内围框角柱三角边长为40mm、50mm、60mm、70mm、80mm时，纸箱的抗压强度接近，说明再增加角柱三角边长对纸箱抗压强度影响不大，且边长为40mm时较为经济。

（2）挡板位置对套箱抗压强度的影响

针对长方形纸箱，内围框挡板位置（在纸箱长边或短边处）对纸箱抗压强度的影响见表1-6-1。从中可见，挡板位置对纸箱抗压强度的影响很小，可以忽略不计。

表1-6-1　不同挡板位置套箱抗压强度测试值

序号	套箱尺寸/ mm×mm×mm	角柱三角 边长/mm	挡板		抗压强度/N			
			在短边处 高度/mm	在长边处 高度/mm	第1次	第2次	第3次	平均值
1		40	120		9937.53	11498.30	10192.59	10542.81
2	360×270×400	40		120	10425.08	11457.09	11034.28	10972.15
3		70	210		13463.24	12795.18	12594.07	12950.83
4		70		210	13666.31	12420.44	12856.98	12981.24

但它对用材面积有影响，所以设计时要特别注意，应将挡板设在纸箱的长边处，此时用材最省。

（3）折叠角度对套箱抗压强度的影响

角柱形成角度有2种形式：直角三角形和等边三角形。假设这2种三角形的周长相等，针对长方形纸箱，内围框角柱折叠角度对纸箱抗压强度的影响（见表1-6-2），折叠角度对纸箱抗压强度的影响较小，可以不考虑。

表1-6-2　不同折叠角度对纸箱抗压强度的影响值

序号	套箱尺寸/ mm×mm×mm	角柱三角边长/mm	抗压强度/N		备注
			直角	等边	
1	360×270×400	40	9775.47	10542.81	相差7.8%
2		70	12205.60	12950.83	相差6.1%

（4）角柱型套箱高度对抗压强度的影响

由图1-6-8可知，无论是加内围框的角柱型瓦楞纸箱，还是不加内围框的普通瓦楞纸箱，纸箱高宽比为1.6∶1时，纸箱（360mm×270mm×432mm）抗压强度最大，它符合"黄金分割比"的法则。当高宽比为1.2∶1时，纸箱尺寸为360mm×270mm×324mm，加内围框的角柱型瓦楞纸箱抗压强度提高最明显，角柱型瓦楞纸箱高度越高，纸箱抗压强度提高越不明显。

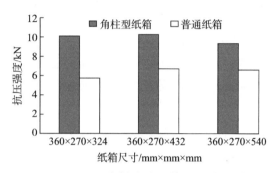

图 1-6-8　套箱高度对抗压强度影响

（5）角柱型瓦楞托盘套箱（大尺寸）的抗压强度

针对大尺寸角柱型瓦楞纸箱（1050mm×1050mm×1050mm），研究角柱型对纸箱抗压强度的影响（见表1-6-3）。当角柱三角边长和挡板高度均为0时（即普通托盘箱不加角柱型内围框），与加角柱型内围框的托盘箱相比，角柱型内围框对大尺寸纸箱抗压强度的影响相对较小，说明大尺寸瓦楞纸箱插入角柱型结构优势不明显，不如采用其他组合结构的方法来提高纸箱的整体抗压强度。

表1-6-3　三角边长与挡板高度对大尺寸套箱抗压强度值的影响

序号	套箱尺寸/ mm×mm×mm	角柱三角边长/mm	挡板高度/mm	抗压强度/N			
				第1次	第2次	第3次	平均值
1	1050×1050×1050	0	0	21450	22730	21630	21936.67
2		100	300	29600	30740	30220	30186.67
3		200	600	33010	33320	31150	32493.33

3. 结语

与相同尺寸0201型普通瓦楞纸箱相比，角柱型瓦楞套箱（中小型尺寸）抗压强度得到明显提高，一般可以提高2倍左右。增加角柱三角边尺寸，长方形角柱型瓦楞套箱抗压强度增加幅度明显优于正方形角柱型瓦楞套箱。内围框挡板位置、角柱折叠角度对套箱抗压强度的影响不大，可以忽略。角柱型瓦楞套箱高度越高，套箱抗压强度提高越不明显。

针对大尺寸瓦楞纸箱，角柱型结构并无优势，设计时应从实际出发，考虑采用其他结构来降低成本。外箱与内围框在加工时，应考虑内外箱的配合间隙，一般以2～5mm为宜，间隙过小，易造成外箱鼓肚，间隙过大，会降低套箱的整体抗压强度。

角柱型瓦楞套箱具有节约运输与存储成本，可平行叠放运输的特点，用户在使用前可以自行黏结角柱型内围框，因为热熔胶黏合工艺非常简单方便，不需要专业学习，一支热熔枪仅一百余元，胶棒几毛钱一支，成本十分低廉。角柱型内围框会占用纸箱一定的内容积，所以实际生产中需要适当放大纸箱尺寸，但对于袋装、粉状、颗粒状、线盘、圆柱形等内装物影响很小。角柱型瓦楞套箱属于重载荷纸箱，可以广泛应用于重型包装。

第7节　重型纸箱的堆码与仓储

随着瓦楞纸箱行业设备的更新与技术的进步，各种重型、超强的瓦楞纸板新品种不断涌现，使传统使用木箱、铁桶包装的化工、机电等重载荷产品改用纸箱包装成为一种可能。

但在实际使用中，常常会听到一些客户的意见：重型纸箱在使用中会发生鼓肚、塌角甚至倒伏等事故。

这其中确有纸箱本身存在的制造质量问题与设计的先天不足，但很多是由于仓储堆码与运输中的不合理操作所致。尤其是逢南方夏季高温高湿环境与梅雨季节，这方面的投诉就更加突出。

首先，在纸箱设计时，一定要正确理解GB/T 6543—2008中"瓦楞纸箱抗压强度"的计算公式。在重型纸箱材质的选用上，要留有充分的余地。

$$P = KG \frac{H-h}{h} \times 9.8$$

式中　　P——抗压强度值，N；

H——堆码高度（一般不高于3000mm），mm；

G——瓦楞纸箱包装件的毛质量，kg；

h——瓦楞纸箱外径高度，mm；

K——强度安全系数。

公式中，大部分数据都是额定的，唯有"K"系数具有不确定性。它的选取较复杂，重型纸箱与一般普通纸箱的取值不同，往往经验因素占了较大比重。

化工类产品，以粉剂、颗粒剂为主，一般先装进塑料袋后再整体放到纸箱中。由于纸箱内没有刚性支撑，完全靠纸箱来承重，而且袋状内装物对箱壁有向外挤压作用，极易造成先天性"鼓肚"。

我们每年生产此类纸箱约2000万只，大多数为25～30kg装重型纸箱，堆码6～8箱，而且储存环境条件一般都较差。大量的生产实践表明，此类箱"K"值应取3.2～3.5为宜。

机电类产品，大部分内装物能起到一定的支撑作用，因此在纸箱堆码中，压溃的风险较小，K 取值在2.5左右即可。但此类纸箱的另一个问题是存放时间一般较长，堆放1～2年的也不罕见，因此纸箱表面的防潮防水处理不应忽视。

从理论上来讲，重型纸箱四周侧壁承受负荷的能力并不均衡（见图1-7-1）。当纸箱承受的压力超过其抗压极限时，纸箱侧壁的垂直面便开始弯曲变形直至被压溃，而且越靠近纸箱侧壁的中间部位变形越早、越严重，侧壁上靠近四个棱角的部位变形最晚、变形量也最小。

这对习惯使用木箱、铁桶的用户来说，在换成纸箱后，常常会忽视瓦楞纸箱的这些基本特性而造成使用失误。

下面，列举正反两方面的一些常见实例。

错误之一：悬臂堆码

由于托盘尺寸过小或者搬运工人未将纸箱放整齐，造成纸箱露在托盘之外（见图1-7-2）。

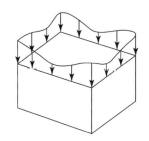

图 1-7-1　侧壁承受负荷能力不均衡

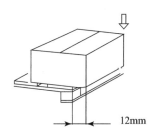

图 1-7-2　悬臂堆码

大量实验数据证明，只要悬臂外露达12mm，纸箱承受负荷的能力将降低29%。理想的状况应该是托盘每边比纸箱略大出10～20mm。

另外，当托盘上木条与木条之间的空隙太大时，也要避免纸箱边缘正好落在此空当处。因为此时纸箱不是四壁平均受力，而是由悬空边角承担了过多的负荷。

错误之二：错落堆码

此种堆码又称"砌砖式"堆码，在实际工作中很常见（见图1-7-3）。优点是不易摇晃与倒伏，但却无法发挥纸箱最佳的抗压性能，因为大部分的负重是由纸箱最薄弱的部位来承担的。从图1-7-1可知，纸箱承重最强的部位是垂直的四个角及长、宽四条边，其他均属非承重的脆弱区域。数据表明，此种堆码方式，纸箱的抗压强度将锐减35%以上，因此在实践中必须避免。

错误之三：狼牙交叉式堆码

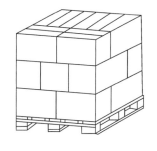

图 1-7-3　错落堆码

此种堆码又称非齐平式堆码（见图1-7-4），它可使纸箱的抗压强度降低1/3左右，这是搬运工人缺乏这方面的专业知识或操作不认真所致，它在实际生产中是完全可以避免的。正规企业的"仓储作业指导书"的操作标准规定，堆码时狼牙非齐平的量应控制在5mm之内。

正确堆法：齐平式堆码

纸箱上下的边角互相对齐，层与层之间的负荷传递均匀，此时纸箱的抗压强度最大（见图1-7-5），缺点是堆码过高时，垂直方向的纸箱常会分离，易失稳倒伏。

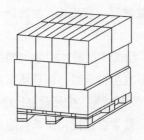

图 1-7-4　非齐平式堆码

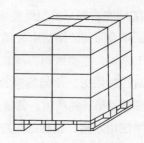

图 1-7-5　齐平式堆码

先进堆法：底部二层活用堆码

这是日本科学家川端洋一于1974年发明的，它将负荷最大的底部二层采用"齐平式堆码"，避免了底层抗压强度的劣化，从第三层起采用"错落堆码法"，保证了整垛的稳定性（见图1-7-6）。它不会造成垂直方向纸箱的分离。相比从底部就采用"错落堆码法"，虽然压力上没有太大差异，但是变形的部位从前者的最底层移到了第三层，使第三层压损的部位处在负荷较小的状态，因此它在储存中的负荷重量并不大。需要注意的是：当垛高多于五层时，底部"齐平式堆码"应放几层，须通过实验与计算来决定。

推荐堆法：加"纸护角"堆码

很多重型纸箱用户，在堆垛的四角用"纸护角"加固（见图1-7-7），它对包装成本影响不大，但效果显著。必要时，外面还可以加包缠绕膜。当运输环境比较恶劣时（如配载、混装、有可能发生的野蛮装卸等），这种堆码方式，尤显可靠安全，值得推广。

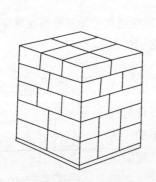

图 1-7-6　底部二层活用堆码

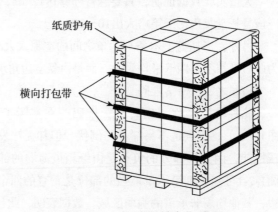

图 1-7-7　加"纸护角"堆码

下面介绍影响重型纸箱仓储因素。

（1）潮湿环境中堆放

纸箱是纤维物质，对空气中的水分十分敏感（见图1-7-8）。当仓库中的相对湿度达到90%时，存放15天的纸箱含水率可达16%（设出厂时为9%）。此时纸箱的抗压强度将下降80%以上，此种现象称为"瓦楞纸箱的老化"，即使对其干燥再处理，也不能恢复其原有强度。

经验告诉我们，当纸箱含水率每增加1%，纸箱的抗压强度将下降8%左右。理想的仓储，其相对湿度应小于65%。特别是在南方的梅雨季节，条件好的仓库可配抽湿机，不具备条件的或空旷大仓库可用缠绕膜、塑料薄膜等封扎，以减轻纸箱的吸潮现象。

重载纸箱在仓库堆放时，底下必须要有托盘，对此在国家标准GB/T 6543—2008中还专门作了特别的规定。

笔者作过这样的测试：7月份着地堆放两周的纸箱，在离地10cm处测得的含水率，比离地面1.2m处的纸箱含水率高出8%～10%。

还有很多用户习惯将纸箱紧贴墙壁堆放，这也会加剧纸箱的吸潮，合理的做法是应距离墙壁20cm以上。

（2）长期储存的影响

瓦楞纸箱不宜长期负重堆码。实验表明，堆码一个月后，抗压强度会降低2/5，长达1年时则降低1/2以上。如图1-7-9所示的实验曲线很好地诠释了此现象。它也习惯上被称为"瓦楞纸箱的疲劳极限"。对一些必须长期堆码的纸箱，很多正规工厂都有一些成功的经验与做法。它们除适当提高纸箱的配材品质外，还可以采取以下方法。

①仓库设立5～6m高的铁质货架，每层间的距离仅1～1.2m，一般纸箱的堆码只有2～3箱，因此最下层纸箱承受的负荷较小。

②在出货或发现仓储最下层箱开始"鼓肚"时，即进行"翻箱"，将放在最上面的翻到底层，而将最底层的翻到上面。

图1-7-8　潮湿环境中堆码

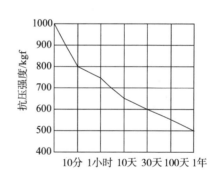

图1-7-9　抗压强度随时间的变化

（3）承压方向的影响

瓦楞纸箱不同的承压方向，对其抗压强度影响极大（见图1-7-10）。当堆码时的外加载荷与瓦楞直立方向一致时［见图1-7-10（a）］，其抗压强度最高，假设为100%，那么图1-7-10（b）只有60%，图1-7-10（c）仅为40%。但在现实生产实际中，用图1-7-10（b）、图1-7-10（c）方式堆码的屡见不鲜，这是应该严格禁止的。

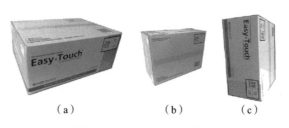

（a）　　　　　　（b）　　　　　　（c）

图1-7-10　不同承压方向

（4）其他因素

仓库管理混乱，地面高低不平、环境太潮湿等，都会影响纸箱码垛的正常抗压强度，这是需要纸箱的使用方解决的。

第8节　纸箱码垛在托盘边缘的垂悬劣化

评价重型瓦楞纸箱性能的关键指标之一是纸箱的抗压强度。影响抗压强度的因素有很多，如箱体结构、材质、印刷、载荷大小、堆垛方式、纸张含水率、不同摇盖压线、使用环境、运输状态等。

目前对上述因素的研究比较多。但很少有瓦楞纸箱堆码在木托盘上，垂悬导致抗压强度影响的研究，所谓"垂悬"就是纸箱露出托盘上木条、呈现悬臂梁力学结构。

美国包装专家Uldis I.Ievans针对纸箱堆码垂悬引起的抗压强度降低指数，提出垂悬减弱因子（OLF）的计算公式：

$$OLF = 抗压强度降低率/纸箱周长垂悬率$$

本节将讨论纸箱长边、短边、双边垂悬，对抗压强度影响（垂悬形式如图1-8-1所示），并考虑不同大气环流时，垂悬对瓦楞纸箱抗压强度的影响，在此基础上提出改善的解决方案。

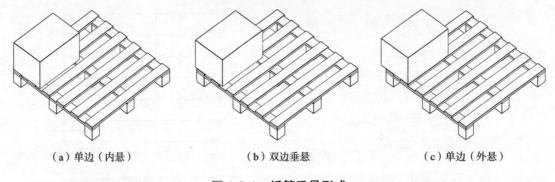

（a）单边（内悬）　　　　　　（b）双边垂悬　　　　　　（c）单边（外悬）

图1-8-1　纸箱垂悬形式

实验使用的瓦楞纸箱为市场常见的普通0201型开槽纸箱，纸箱平面尺寸满足GB/T 4892—2008中模数要求，长、宽、高尺寸设为395mm×295mm×380mm。楞型为BC楞，材质220g/m²+120g/m²+100g/m²+120g/m²+220g/m²（皆为优等品）。

为了满足实验所需要的瓦楞纸箱垂悬实验组和对比组（指非垂悬），非标木托盘尺寸以及铺板间的间隙均为特殊定制。

为了使实验数据更具有应用价值，木托盘被放置在平坦的地面上，同时在进行实验时，每一组垂悬实验组相应地都会设置对比组。

根据GB/T 31148—2014中规定，常用"川字式"托盘上木条数量为11条，间隙为25mm，如图1-8-2所示。

调查了400余家客户所用1200mm×1000mm标准托盘上木条数量，大多为7～10根，并且木条的间隙也都远大于25mm，因此垂悬情况非常严重。

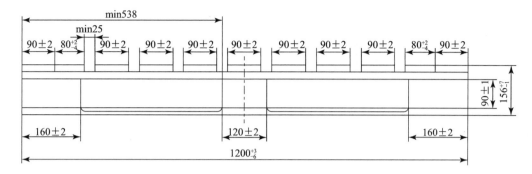

图 1-8-2　GB/T 31148—2014 中"川字式"托盘尺寸

实验中每个瓦楞纸箱内装25kg的沙子作为拟装物，堆码层数为四层。令瓦楞纸箱垂悬25mm、48mm、68mm、95mm时，分别研究：

（1）瓦楞纸箱的长边、短边、双边垂悬对抗压强度的变化；

（2）考虑季节性的影响，设计垂悬48mm、68mm时，引入不同温湿度，比较瓦楞纸箱垂悬不同距离导致抗压强度的影响；

（3）探究增加三层和五层瓦楞垫板后对纸箱抗压强度的影响。

本次实验的抗压强度的测试，按照GB/T 4857.4—2008的标准进行，每一组实验结束后，将堆码的最下面一层纸箱中的拟装物取出，封箱后放在微电脑程控抗压试验机上进行测试，并记录下测量的数值。另外将垂悬的实验组与对比组抗压强度的差值，除以对比组的抗压强度作为抗压强度衰减率。

结果与讨论

1. 长边垂悬对瓦楞纸箱抗压强度的影响

瓦楞纸箱长边垂悬25mm、48mm、68mm、95mm，见图1-8-3，抗压强度的衰减情况如图1-8-4所示。纸箱垂悬距离越长，抗压强度的衰减程度呈现上升趋势。其中瓦楞纸箱在长边方向上垂悬95mm时，仅过了24h，抗压强度衰减率达到9%以上。分析原因，如表1-8-1所示，长边垂悬95mm，纸箱垂悬部分面积占比达32.20%。

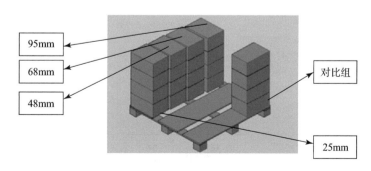

图 1-8-3　长边垂悬实验

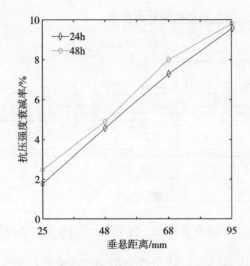

图 1-8-4　长边垂悬距离不同对抗压强度的影响

表1-8-1　长边垂悬对抗压强度影响

长度	垂悬面积占比	抗压衰减率/%	
		24h	48h
25mm	8.47%	1.79	2.49
48mm	16.27%	4.6	4.9
68mm	23.05%	7.29	8
95mm	32.20%	9.59	9.8

2. 短边垂悬对瓦楞纸箱抗压强度的影响

在四层堆码时，将瓦楞纸箱的短边方向垂悬25mm、48mm、68mm、95mm，抗压强度测试结果，如图1-8-5所示。经过24h后，抗压强度衰减呈现缓慢上升趋势且总体偏小。但是经过48h后，抗压强度衰减率有了明显的增加。与长边垂悬相比，短边垂悬致抗压强度衰减程度偏低。

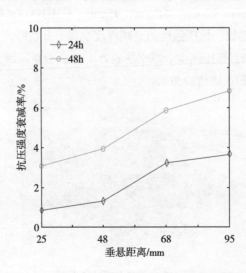

图 1-8-5　短边垂悬距离不同对抗压强度的影响

产生这一现象的主要原因见表1-8-2，短边方向垂悬时，垂悬25mm、48mm、68mm的纸箱底部垂悬的面积占比，相比较于长边垂悬时整体偏小，垂悬对瓦楞纸箱抗压强度影响比较小。随着时间延长到48h，垂悬对抗压强度影响逐渐显现出来。

表1-8-2　短边垂悬对抗压强度的影响

垂悬长度	垂悬面积占比	抗压衰减率/%	
		24h	48h
25mm	6.33%	0.8	3.07
48mm	12.15%	1.3	3.92
68mm	17.21%	3.18	5.84
95mm	24.05%	3.63	6.8

当短边方向垂悬95mm时（垂悬部分面积占比24.05%），相比较于长边垂悬24h和48h，短边垂悬抗压衰减率仅有3.63%和6.8%。

3. 长边方向上双边垂悬对瓦楞纸箱抗压强度的影响

在实际堆码时，由于操作不规范，纸箱两边同时垂悬的情况也普遍存在，但是纸箱的两边同时垂悬95mm情况不会出现，因此本次实验不作探究。双边垂悬情况如图1-8-6所示。

纸箱的长边方向双边垂悬25mm、48mm、68mm，抗压强度测试结果如图1-8-7所示。纸箱双边垂悬距离越长，抗压强度衰减呈现上升趋势，且24h和48h之间抗压强度衰减相差不大。但是当双边垂悬68mm时，如表1-8-3所示，垂悬面积占比达到了46.1%，24h和48h后，双边垂悬的抗压强度衰减率仅有9.3%和10.8%。主要原因是：双边垂悬68mm时，顶部载荷施加在底部纸箱的作用力，相比较于长边方向单边垂悬136mm（68mm×2）时更加均匀，且在堆码中不会出现整体失稳倾斜的问题。

图 1-8-6　双边垂悬

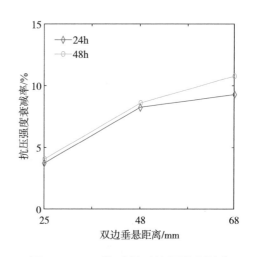

图 1-8-7　双边垂悬对抗压强度影响

表1-8-3　双边垂悬对抗压强度的影响

垂悬长度	垂悬面积占比	抗压衰减率/%	
		24h	48h
25mm	16.94%	3.75	4.1
48mm	32.50%	8.3	8.6
68mm	46.10%	9.3	10.8

4. 不同温度和湿度条件下，长边垂悬对瓦楞纸箱抗压强度的影响

环境的温度和湿度是影响纸箱抗压强度的重要因素之一，本实验选择了三个温湿度模拟四季的环境。

温度23℃，相对湿度50%（春、秋）；温度5℃，相对湿度30%（冬）；温度30℃，相对湿度85%（夏）。

在温湿实验箱中进行的高温高湿（温度30℃，相对湿度85%）环境下垂悬时，13小时就出现了纸箱坍塌的情况，无法再进行后面的流程，因此在该条件下，只进行8小时实验。

从表1-8-4中可以看出：温度5℃、相对湿度30%时，长边方向垂悬48m和68mm的抗压强度衰减率，相比较于23℃、相对湿度50%整体偏低。因此低温低湿环境下，瓦楞纸箱的各项性能最佳，垂悬造成的抗压影响最小。

瓦楞纸箱在高温高湿（30℃，相对湿度85%）条件下，堆码放置8小时后，抗压强度的衰减就达到27.32%和35.65%。主要原因是：纸箱在高温高湿环境里，垂悬造成抗压强度的衰减，因纸箱含水率增加而被放大。

表1-8-4　温度和湿度对抗压强度的影响

温度和湿度	时间	对比组抗压值/N（不垂悬）	抗压强度衰减率/%	
			48mm	68mm
5℃/30%	24h	5715	2.86	4.5
	48h	5684	2.99	5.9
23℃/50%	24h	5793	4.01	6.29
	48h	5746	4.87	6.9
38℃/85%	8h	3535	27.32	35.65

5. 增加瓦楞垫板对底层纸箱抗压强度的影响

本实验采用了材质为$140g/m^2 + 100g/m^2 + 140g/m^2$的三层瓦楞纸垫板，和材质为$140g/m^2 + 100g/m^2 + 100g/m^2 + 100g/m^2 + 140g/m^2$的五层垫板，同时实验组中除设置对比实验组外，还设置了纸箱放置在间隙95mm且不垂悬的实验组。

增加瓦楞纸垫板实验组、对比组的结果如图1-8-8所示。在放置了三层垫板和五层垫板的瓦楞纸箱经过24h后，抗压强度较对比组降低了2.9%和1.9%，同时可以发现五层垫板比三层垫板的效果要好。这是因为垫板不仅可以弱化瓦楞纸箱在堆码过程中垂悬，也间接地起到了一定的缓冲作用，有利于瓦楞纸箱堆码和运输。

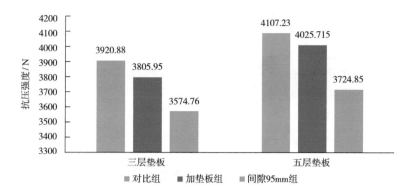

图 1-8-8　增加垫板后纸箱抗压强度的关系

　　同时放置三层垫板的纸箱抗压强度衰减由原来的9%降低到2.9%，放置五层垫板的纸箱降低到1.9%，而一块垫板的价格约为3元人民币，与整托的货值相比微不足道。

结论和解决方案

　　通过对重型瓦楞纸箱在木托盘上不同的垂悬方式和环境温湿度变化，对纸箱抗压强度影响的实验研究，得到结论如下。

　　（1）垂悬相同距离，短边垂悬比长边垂悬对抗压强度影响小，同时双边垂悬相比较于单向长、短边影响要小。

　　（2）抗压强度衰减率与垂悬部分面积占纸箱底面总面积的百分比密切相关，垂悬面积占比在15%以内时，抗压衰减约为4%。占比15%～25%时，抗压衰减约为8%。占比30%以上时，抗压强度衰减将在9%以上。

　　（3）低温低湿环境下，垂悬对抗压强度的影响较小。高温高湿环境下，垂悬对抗压强度影响很大。

　　（4）在木托盘上分别放置一张三层和五层瓦楞垫板，24h后抗压强度的衰减由9%（不加垫板）降低到2.9%（三层垫板）和1.9%（五层垫板）。

　　本次实验仅进行24h、48h，在实际仓库堆码以及运输中远不止24h、48h。为了延长瓦楞纸箱的使用寿命，避免纸箱在堆码过程中垂悬，或使垂悬距离尽量小，解决方案如下：

　　（1）使用国家标准尺寸托盘。

　　（2）在堆码中一定会发生垂悬时，尽量使用短边垂悬。

　　（3）仓储运输中，尽量保持低温低湿，同时夏季时纸箱表面应做防潮处理。

　　（4）纸箱尺寸在设计时，就应该考虑在托盘上的堆码，对仓储或者搬运操作工人进行堆垛培训。

　　国外不少著名企业往往会在箱顶上印有装箱图，将纸箱在托盘上的摆放位置与方向标得很清楚，这一点值得国内企业借鉴。

　　（5）对于重载荷纸箱，抗压强度值设计时比较局限或者无法避免垂悬的情况下，可以在标准托盘上加放瓦楞垫板来减少抗压强度的损失。

　　（6）加强对纸箱使用单位操作人员的宣传与培训，减少不合理、不科学的码垛。

第二章　具有特殊功能的纸箱

第1节　防潮防水纸箱

在工业产品的各类包装中，瓦楞纸箱已成为包装业的主角，但它有个致命的弱点：纸箱表面容易受潮，遇水后，各项物理性能指标都会急剧下降。当储运环境比较恶劣时，就需要纸箱具备一定的防潮、防水功能。目前纸箱表面的这种防护要求，在习惯上被分为防潮包装和防水包装两大类型。

防潮包装。主要是指包装容器在流通过程中，不受潮湿大气侵害所采取的措施。它的标准不高，在GB/T 5048—2017《防潮包装》中，共划分了三个级别，主要检测包装材料表面的水蒸气透过量和透湿度。

防水包装。为了避免包装物在遭到水的直接侵害时，影响内装商品的质量，以往主要用塑料薄膜或油性纸等作为包装防水材料。它的要求相对较严，在GB/T 7350—1999《防水包装》中，规定了A、B两个类别六个等级，其中A类需要用"浸水"方法来测试，B类采取"喷淋"手段来检验防护效果。

现在一般纸箱厂生产防潮、防水纸箱的具体做法包括以下几种：

（1）流水线在复合瓦楞纸板时，加装一个涂液槽，在纸板的表面直接涂一层"泼水剂"，现此种涂料多数产自我国台湾（注：判定纸板"泼水剂涂层"拒水性能的方法，是在检测仪器的45°斜面上，观察水滴的流动痕迹，并与标准图谱进行对照，它共分8个等级）；

（2）用普通纸箱印刷机，在纸板表面印刷一层防潮油墨；

（3）纸箱成型后用人工高温浸蜡；

（4）纸箱表面覆一层塑料薄膜（有专用瓦楞纸板覆膜机）；

（5）在卷筒纸的表面先进行PE淋膜，然后再加工成纸板（需特殊设备且限制条件较多）；

（6）改用瓦楞钙塑箱或纸、钙塑复合形式等。

其中，前两项主要用于防潮纸箱，后四项侧重于防水纸箱，但这些方法都存在某些缺陷：如有的防潮、防水性能指标偏低，涂刷不均匀，易出现局部渗漏点，有的不环保或制造成本很高，有的难以进行工业化批量生产，等等。

笔者单位从美国引进一套高档大型精密滚式涂布机（MRC-1000型），机长36m，幅宽2.8m，最高加工速度250m/min，瞬间烘干温度达170℃。它不同于一般造纸厂所用的普通浆料涂布机，系采用涂料"滚式定量"方式涂布（注：也有称"棒式定量"的）。

这种精密滚式涂布机操作的程序如下。

先在整卷牛皮箱纸板的表面，涂上特殊的进口化学涂料，经过涂布机的快速烘干，使原纸表面形成一层坚固的化学薄膜，它有效改变了箱纸板表面的物理与化学性能。它的厚度均匀可控，附着力强，不会产生裂纹，无色无味，绿色环保，有害物质的含量符合欧盟RoHS指令的规定，具有100%可回收再成浆能力。用这种涂布好的牛皮箱纸板，在纸板流水线上与瓦楞纸、里纸、芯纸等复合在一起，加工出防潮纸板或防水纸板，并用它再后续加工成相应的纸箱。

评价纸箱表面的防潮、防水性能，有一个重要的技术指标，即表面吸水性，其数值越小，则防护性能越优秀。

（1）在GB/T 13024—2016中，对牛皮箱纸板正面的吸水性做了如下规定：优等品≤35g/m²；一等品≤40g/m²（注：按GB/T 1540—2002要求，纸板吸水性的测定采用"可勃法"，浸水时间一般为2min）。

（2）国家权威的"科技查新"机构的报告显示：国内有关包装纸的防水研究文献和专利很多，有的采用"超疏水纳米"技术，有的表面用"石蜡松香胶"，有的在纸浆中加入"有机氟"等，但纸张的表面吸水性也只能达到10g/m²左右。

（3）而用涂布技术加工的牛皮包装纸，经国际SGS的权威测试，表面吸水性已高达2.56g/m²，约为国内最高科技水平的4倍。

防潮、防水涂层性能的优劣，主要取决于涂料本身的质量与涂层厚度、均匀度的控制。

（1）使用进口"X-300型"丙烯酸类环保防水涂料，它的化学性能比较稳定可靠。

（2）进口涂布机的涂层厚度，可以进行精密调控，它的厚度是以每平方米纸所吸收涂料的重量来计量的。按照各类包装物防护等级需求的不同，一般的做法是：防潮纸箱的涂层厚度≤3g/m²；"防水纸箱"的厚度≥15g/m²。

（3）用滚式涂布技术加工的涂层均匀度，也远优于刀片刮式涂布工艺，产生渗透点的概率很低。

涂布层厚度的定量控制是一项关键的核心技术，它主要取决于如下几个环节。

（1）原纸的形态，如它的密度、表面的光滑度、孔隙率、吸水率等，不同等级、品牌的牛皮箱纸板，其差异性是很大的。

（2）涂布辊（ROD）表面网纹的粗细与形状，在很大程度上决定了上浆量的多少。涂布机配有5组不同的涂布辊，可按照具体的厚度要求，很方便地进行更换选择。

（3）涂布纸的加工线速度（走纸速度），对厚度形成的影响也很大，当选取了最佳速度值后，生产时必须保持稳定与匀速。

（4）涂布机的发热烘干温度与周边环境的温度、湿度条件，直接决定了涂料的固化速度以及原纸对涂料的吸收量。

上述各要点联系紧密，互相影响，操作时需要遵循科学、合理、经济的原则，并要求加工者具备一定的实践经验，并熟练掌控设备，方能保证涂层厚度的精密可控和均匀性。

自防潮、防水涂布纸箱技术自2007年进入市场后，目前已形成了规模生产效应。

其中，防潮纸箱的主要应用领域有：

（1）一次性医用器械的生产，器械装箱后，须在高温高湿环境下，整体进行消毒杀菌，炉内充满高浓度"环氧乙烷"气体，温度大于55℃，相对湿度大于85%，灭菌10小时，要求纸箱出炉后，仍能保持足够的刚性，起码能安全堆码6箱以上（每箱约30kg，维持时间须达1年或以上）；

（2）很多出口商品，海运须途经马六甲海峡，轮船在赤道上航行一周多的时间，船舱的温度可达70℃，相对湿度大于90%，此时纸箱受潮后的抗压强度已不足原始正常状态的2/3，因此造成纸箱垮塌、商品损毁事故频发，每年遭到外商投诉、索赔的不在少数。

防水纸箱的应用范围：

（1）冷库中冷冻冷藏：如水产品、肉食品、速冻蔬菜、冷饮等，特别是一些出口的冷冻品，要求从−18℃至−40℃的环境中，转移到常温下时，在额定的时间段内，纸箱不能吸潮变软，更不允许发生倒塌等事故；

（2）其他用途，如江南梅雨季节的特殊用箱，接触液体的纸箱等（图2-1-1是花鸟市场临时使用的观赏鱼纸盒，其使用寿命可达数周）。

图2-1-1　观赏鱼纸盒

当包装纸上的涂料厚度小于$3g/m^2$时（即防潮纸箱），它的后续印刷、粘箱、封箱，贴不干胶等工序基本都可正常进行，但当涂料厚度 $\geq 15g/m^2$时（即防水纸箱），是不能再进行水性油墨印刷的，对一些批量较大，而表面必须印刷的纸箱，只能先进行整卷"预印"工序，然后再涂布，其成本相对较高。

防水纸箱搭接处的结合，用一般的胶水或黏结剂都很困难，现较多的是采用打钉或热熔胶，不得已时，也可将接舌上的防水涂层用磨轮人工去除，然后再黏结。

防水纸箱用普通封箱带是粘不住的，只宜用热熔胶、骑马钉、特种封箱带等办法来解决。

防潮、防水涂布纸箱这项新工艺，在研制过程中，先后解决了：涂层厚度的精密控制与涂层的均匀性，快速烘干温控技术，涂层与纸张表面的结合牢度，涂层表面防水功能的使用寿命（一般用途的使用时间已可长达一年），纸箱的印刷、黏结、封箱等后续加工、使用问题。

经过上述这些措施，使防潮、防水纸箱表面的物理与化学性能得到了优化与改善，而且生产成本低廉：防潮纸箱每平方米的成本只须增加0.1元，防水纸箱每平方米的成本仅增加0.5元左右（视批量及涂层厚度要求）。

本技术项目的研制成功，不但创造了国内最佳的纸张表面吸水性指标，弥补了传统瓦楞纸箱的致命弱点，而且首创了纯瓦楞纸质的防水包装箱，彻底颠覆了过去习惯用塑料薄膜、油性纸等作防护材料的传统做法，为绿色低碳包装开创了一条新思路。

第2节　防划伤涂布纸箱

机械与电子产品中有很多精密零部件，有的表面甚至呈镜面，它们在包装箱内进行动态运输时，零件与纸箱内壁会发生反复摩擦、撞击、振动等相对运动，零件的表面极易被划伤。

尽管瓦楞纸箱本身是一种良好的缓冲材料，具备较大的弹性变形系数和塑变吸能特性，但它的表面较硬且粗糙，缺乏柔韧性，易使内装商品磨损。

例如，国内某厂生产的一款世界著名汽车的抛光车标，原来是用普通纸箱加隔片来运输的，但送到欧洲汽车总装厂时，发现很多零件表面已被划伤，成品率不足80%。

现在一般工厂解决这个问题的常用措施包括：

（1）用特殊塑胶袋包装零件或抽真空；

（2）零件外面包裹柔软的绵巾纸；

（3）纸箱内贴一层多孔轻质海绵（如EVA等）；

（4）零件与纸箱间加塞填充物。

零件制造厂在进行如上包装时，会增加包装材料及人工费用，送到装配厂后又要进行人工拆包，废弃的防护物还要作后续的废品处理。

本节介绍一种"防划伤涂布纸箱"的新产品：在纸箱里层的牛皮纸上，定量涂布一层特殊的化学涂料，使纸箱内表面形成一层薄膜，它具备优良的阻尼系数和耐摩擦性能，可有效保护内装物免遭损伤。

对瓦楞纸箱进行特种涂布加工，是近年来在美、日、欧兴起的一项新工艺。

从美国进口的新型涂布机，以及配套的"全自动涂布流水线"，如图2-2-1所示。国内有些企业采用刮刀式涂布（精度稍差），或经改造的印刷机也可实行一般性的涂布工艺。

进口涂布机工作的原理是：先在整卷原纸的表面定量涂上所需涂料，经过几组可调压力的滚轮挤压，同时用高温瞬

图 2-2-1　精密滚式涂布机

间烘干，涂料中的有效成分被纸张表面吸收，在纸张的浅表层形成了一个新的物质层（见图2-2-2），而涂料中的水分则在烘干时被蒸发。这种原纸表面的涂层厚度可控、精确、均匀，与原纸结合牢固，可有效改变原纸表面的物理与化学性能。目前能进行涂布的品种已有几十款，而"防划伤纸箱"就是其中的一种。

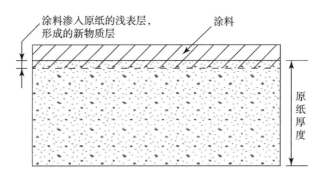

图 2-2-2　涂布后表面示意图

有的涂料（或功能性油墨）虽然也可以在纸箱印刷机的常压常温下加工，但它们的缺陷是：涂液（或油墨）与纸箱表面的结合力较差，涂刷不均匀，涂层厚度较难控制。

防划伤涂布纸箱在正常使用情况下，一般有两种供应状态：

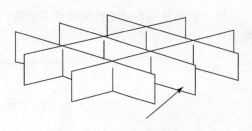

图 2-2-3　此两面都需涂布

（1）在纸箱的内壁"单面"涂防划伤涂料；

（2）如内装物为较小零件，需在纸箱中加分割插片或分层用的垫板，则须在插片和垫板的"双面"都涂防划伤涂料（见图2-2-3）。

防划伤涂料能将原纸表面原有的凹坑、孔隙等缺陷填充补平，使纸张的表面由粗糙变得光滑，而且涂层本身还具有一定的黏性。

内装物与黏性涂层发生相对运动时产生的阻力，学术上称之为"动力学阻尼"，它与速度的平方成比例，这种黏性阻尼，可使运动能量衰减，大大减轻零件被划伤的可能性。

涂布加工的质量水平，在很大程度上，取决于涂料本身的优劣。美国MICHELMAN公司生产的NOMAR70AF涂料，它的主要成分是：40%的聚合物（内含粒径0.1～10μm的高硬度粒子）和60%的水。它的黏度是125～250cP·s，黏度检测情况为3#量杯15～20s流完。

"防划伤涂布纸箱"按产品性质、易损等级、运输条件等不同，其涂布量分为两类：①轻量涂布：每面涂布量10～20g/m²；②重量涂布：每面涂布量20～30g/m²。

防划伤的涂布质量要求很高，一般须做到：

（1）涂布定量允差小于5%；

（2）表面粗糙度≤3μm；

（3）尘埃度≤1个/米²；

（4）交货水分8%±1%；

（5）纸面平整，涂布均匀，不应有肉眼能看得到的褶皱、破损、斑痕、鼓泡、硬块及条痕等外观缺陷；

（6）正常使用条件下，涂布层的防划伤功能应保持两年。

涂布后的防划伤纸箱，必须进行两次严格的鉴定测试，即"耐磨性测试"与"摩擦系数测试"，由于前者没有相应的国家标准，所以目前一般都采用美国标准"ASTM D5264"《印刷与涂布材料耐磨性测试》，在专用的进口测试仪上进行（见图2-2-4）。

（1）耐磨性测试（按美国标准ASTM D5264执行）

①试样尺寸：3英寸×6英寸；

②摩擦头的重量：2磅（约合0.91千克）；

③摩擦速度：42圈/分钟；

④摩擦材料对（副）：通用硬质工程塑料与涂布层纸板。

（2）摩擦系数测试（按国家标准GB 10006—2021《塑料　薄膜和薄片　摩擦系数的测定》执行）

①试样尺寸：63mm×63mm；

②试验头重量：2磅（约合0.91千克）；

③加压重量：202克；

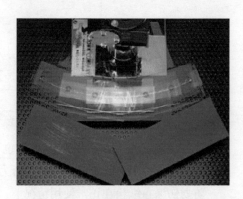

图 2-2-4　耐磨性测试仪（进口）

④测试速度：（100±10）毫米/分钟。

对测试结果的评判，最起码要满足如下两点：

（1）摩擦次数≥300圈，表面无任何划伤痕迹；

（2）摩擦系数μ≥0.18。

只有达到如上质量标准时，涂布纸箱才能判断为合格，允许出厂。

当涂布好的原纸转入下道工序加工时，对涂层的保护不可忽视，如在流水线上复合纸板（接触高温）、外表面印刷（可能接触碱性油墨）、模切与结合（可能刮蹭涂层）等。

"防划伤涂布纸箱"每批次质量是否稳定，须按GB/T 2828.1—2015规定，进行加严检验。

（1）常规产品每隔3~6个月，随机抽样一次，涂布纸送SGS作常规测试（目前国内其他第三方权威机构还不具备该测试条件）；

（2）当客户有特殊要求时，随时送检。

"防划伤涂布纸箱"是一项全新的高科技产品，在国内还是"第一个吃螃蟹者"，没有任何经验可以借鉴，以往使用该类特种纸箱的用户，都是从欧美国家直接进口的。

在试制过程中，先后解决了以下问题：

（1）涂层的精密控制与均匀性；

（2）快速烘干温控技术；

（3）涂层与纸张本体的结合牢度；

（4）涂层表面的功能寿命（应达两年以上）；

（5）解决纸箱后道的印刷、模切、黏结、封箱等问题。

上述这些措施，使包装箱的物理与化学性能，都得到了优化与改善，而且生产成本低廉，每平方米仅增加成本几毛钱，既可接受一卷纸的小订单，更适宜于大批量的工业化连续生产。

牛皮纸在经过防划伤涂布后，不但可为纸箱内装物提供优良的防划伤保护，而且纸箱的环压强度、耐破强度、耐折度、表面吸水性等其他技术性能指标，也有不同程度的提高，它与传统的防护措施相比，具有安全可靠、使用方便等优点。

"防划伤涂布瓦楞纸箱"属环保产品，不含重金属，不污染环境，可回收再生利用，经SGS检测，符合欧盟RoHS指令，包装物中的有害物质含量远远小于100ppm。

目前，这款新产品的主要客户群，分布在汽车零部件、精密电子、镜面零件、塑料电镀抛光件等行业，与传统用"贴海绵""包绵巾纸""抽真空"等方法相比，具有突出的优势，正在被越来越多的客户所认识与使用。

第3节　气相防锈防硫纸箱

金属零件在储存、流通过程中，常常会发生表面锈蚀氧化。

据美国腐蚀工程学会2004年的报告统计，腐蚀造成的经济损失占国民生产总值的3.1%，而我国统计的数据则接近5%。

目前市场上常用的防锈方法，主要归为以下两类（根据GB/T 4879—2016《防锈包装》）。

1. 直接防锈

将防锈物质直接涂覆在产品金属表面的防锈方法。经常采用的材料有防锈油、防锈脂、凡士林、防锈纸、防锈剂、防锈液等。

这是较传统的一种防锈方法。在涂抹或包裹防锈物质时，人工费用较大，终端用户开启使用前，清理零件上的防锈物质又很麻烦，当零件形状复杂时，常会因一些细槽、深孔等位置涂覆不到而造成废品，而且该方法往往会对环境造成一定的污染。

2. 间接防锈

不直接对产品的金属表面进行防锈处理的防锈方法。市场上一般选用的材料有干燥剂与气相缓蚀剂（Volatile Corrosion Inhibitor，VCI），后者以粉剂、片剂或丸剂为主。

它们的缺点包括以下几点：

（1）防锈等级较低；

（2）对温、湿度要求较高，防锈材料及制品不能贮存在温度 ≥ 65℃及相对湿度 ≥ 85%的环境中（江南黄梅天时的相对湿度常常大于85%）；

（3）VCI与有色金属铅、锌、镉、镁及其合金接触时，有较多的限制条件（详见GB/T 14188—2008《气相防锈包装材料选用通则》）。

金属制品的防锈历来是个大课题，人们早已将它视作工业产品设计与生产链条中的重要一环。在林林总总的防锈工艺中，气相防锈异军突起，它是最具发展前景的一种防护技术，因此研究者众多。

目前国内使用最多的气相防锈方法，是将固态VCI装在若干个透气袋中，并将它们均布（固定）在容器内，以抑制大气对内装物的腐蚀。

据国家权威查新机构资料显示，我国有关气相防锈包装的专利并不少，例如：有的在纸箱内壁粘贴上一张防锈纸，也有的贴一层防锈膜；有的则将零件先装入气相防锈袋内，然后再放入运输箱中；有的在瓦楞纸板复合前，将VCI溶解在淀粉糨糊（黏结剂）中；有的则将涂有低氯的箱板原纸与涂有防锈剂的瓦楞原纸，复合在一起成为防锈纸板；还有的先用防锈材料将产品包装后，再用防水隔断方法处理；等等。

这些传统的防锈机理一般是这样认为的：

缓蚀剂中的化合物分子结构与空气中的水分子作用时，能分离出具有缓蚀作用的基团，产生适中的蒸汽压，在容器中达到一定的浓度，使VCI在金属表面起到阳极钝化作用。当非极性基的有机阳离子，定向吸附在金属表面上时，就形成了一层"憎水性膜"，它会增加金属表面的电阻，既屏蔽了腐蚀介质的作用，又降低了金属电化学的反应能力，从而保护金属制品不生锈。但这种方法需要空气中具有适量的水蒸气，以提高缓蚀基团的传递速度，否则会降低它的防锈效果。

查新机构提供的这些专利新技术及机理，或多或少存在着这样那样的缺陷，如有的防锈可靠性较差，有的不宜大批量生产，有的加工效率低下，有的纸箱成本太高……

更重要的是，它们大都未涉及合金与有色金属的防腐蚀，但在电子工业飞速发展的今天，对银基、铜基等精密元器件的防腐蚀，已经提上了议事日程。

针对以上诸多问题，现开发研制了一种新的气相防锈方法（见图2-3-1）。即在瓦楞纸板合成前，先将特殊的液态防锈涂料，均匀涂覆在里层牛皮纸上，用它加工成纸板、纸箱后，在这个相对封闭的微环境容器里，纸箱内壁上的涂料不停地释放出VCI，阻止金属表面发生氧化、酸碱或电化学等不良反应，避免金属材料变质、出现锈斑、腐蚀点或产生疏松状产物等，防锈有效期可达两年以上。

纸箱内层涂有防锈缓蚀剂

图 2-3-1　新的气相防锈方法

这种特殊的防锈涂料，在常温下即具有很强的挥发性，通过升华，在短时间内就可充满容器的各个角落和缝隙，因此对形状复杂产品的防锈效果尤其显著。

利用纸箱内壁上的气相缓蚀剂对制件进行防锈防腐，就全球范围而言，美国企业在这方面的应用较广泛，技术也较先进，特别是在军工产品领域，已使用得相当成熟和成功。

涂料是从MICHELMAN公司进口的，这是美国一家著名的特种功能涂料公司。现以最常用的铁基（黑色金属）防锈涂料为例，它的牌号为105#，它的主要成分为：48%聚合物，其余为水，黏度125～250cP·s，黏度检测用3#量杯，15～25s流完。

当需防护的金属制件，系有色金属或合金材料时，视其具体成分含量的多少，供应商会提供不同组分的防腐蚀涂料牌号与品种。

经SGS测定，这些非铁基用涂料均不含重金属，不污染环境，符合欧盟的RoHS规定。它的主要缺点是具有一定的刺激性气味（持续时间不长）。

这种新型涂料的防锈防腐机理，与我国传统理念并不相同：

它在常温常压下，纸箱内表面释放出具有缓蚀作用的基团，向外迁移，充满整个纸箱，并在金属表面的浓度达到最高，以达到最好的抗腐蚀效果。空气中适量水蒸气会提高缓蚀基团传递速度，但MICHELMAN公司的涂料却可以不需要水，也能传递到金属表面。当金属表面的气体保护层达到相对饱和时，VCI气体的释放速度会自行放慢，以此来延长防腐蚀时间，因此它的防锈防腐性能比传统涂料更为优异。

防锈纸箱加工的工艺流程是这样的：

（1）将整卷牛皮纸（一般重1～2t），在进口的"MRC-1000"精密滚式"定量涂布机"上均匀地涂上"液态防锈涂料"，并瞬间用170℃高温烘干、烫压、整平；

（2）在瓦楞纸板复合自动流水线上，将此涂布纸与瓦楞纸及面纸等复合黏结成纸板；

（3）再将此"防锈瓦楞纸板"经过印刷、开槽、打钉等后道工序，加工成"防锈纸箱"。

牛皮纸上涂布防锈剂量的确定，是一项技术含量很高的工作，它主要取决于：

（1）需防护产品自身的抗锈蚀能力；

（2）产品的形状与包装箱密封程度；

（3）流通环境及贮存时间；

（4）纸箱的设计结构等。

一般常用的铁基防锈纸箱涂布量的计算方式是：每立方米密封纸箱内的VCI≥30g，经过换算，可以采用6#涂布辊，使纸箱表面的涂布量达到20g/m²左右，即能满足此要求。

涂布量的多少，决定了VCI的释放量，而VCI含量及防锈能力的测定，可参照一个专用的国家标准：GB/T 16267—2008《包装材料试验方法气相缓蚀能力》。

防锈涂布面的质量要求很高，一般应做到：

（1）涂布定量偏差允许值<8%；

（2）表面粗糙度≤5μm；

（3）涂布面应该平整，不应有褶子、斑痕、鼓泡、硬块、漏白等缺陷。

涂布面质量合格与否，应该每批都检测，检验的标准是按 GB/T 2828.1—2012 规定，质量限 AQL=6.5。

气相防锈缓蚀源（即纸箱内壁），到被防护零件所有表面的最佳距离应≤200mm，因为当距离较远时，VCI的有效浓度就会减弱，所以碰到某些形状不规则的曲轴、汽缸、齿轮箱等零部件，在设计纸箱时，往往还须添加必要的纸质防锈附件，如隔档、插片、套管、垫板等。

图2-3-2的"曲轴"是一种非对称性零件，图中的位置A（应该有多处），就需要加塞矩形小纸管（见虚线表示的位置）。

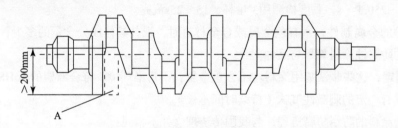

图 2-3-2　曲轴

图2-3-3为常见的伞形齿轮零件，处理的办法也很简单，只要在"伞柄"部位，套一个简易的圆形纸管即可。

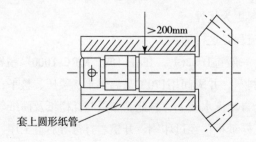

图 2-3-3　伞形齿轮零件

如果金属小制件在纸箱内需层层堆置时，那么每层零件之间，都应放一块双面涂有VCI的纸板，如箱内零件须用"井"字类插片隔离时，那么用来隔离的瓦楞纸板的两面，也都应涂有VCI涂料。对个别深孔、盲孔类构件，还可将防锈纸板卷好后，直接嵌塞入孔内。若金属制品上本身就有突起的部位或尖角，则应在包装前，先采取必要的防损措施，避免运输途中将包装箱戳破，造成VCI流失。

防锈纸的选材对牛皮纸表面的致密度有一定要求，参照GB/T 13024—2016《箱纸板》的规定，应选用"紧度"较高的"优等品"，而且牛皮纸的"定量"（厚度）一般应＞200g/m^2。

瓦楞纸板本身的"含水率"也要严加控制，实际制备时往往会取"国家标准"规定的下限，建议在8%～10%。

防锈纸箱在包装厂制作完成后，到金属零部件厂使用前，中间有一段仓储与运输的过程，为减少纸箱内壁上的VCI在空气中过多暴露与损失，应对入库后的整捆纸箱或整托盘纸箱，用缠绕膜裹扎，尽量与环境中的大气隔绝，形成一个封闭的环境，直到需要包装零件时才把它打开。

防锈纸箱的储运时间应尽量缩短，因为两年的防锈保质期是从纸箱制作开始的，为便于使用厂的管理，应在纸箱明显位置标出制造日期或有效使用期限。

入箱前的制件须清洁干燥、没有污垢，装箱时，忌用汗手接触，防止有机物污染制件表面，影响日后气相防锈的效果，因为VCI对手汗无置换作用。

当纸箱必须在湿度很高的环境中工作时，建议箱内适当放些干燥剂（注意相容性），以避免VCI因长期接触到过多水分子而加速失效。

金属制件装入纸箱后，除在上下摇盖的中缝处进行常规封箱外，在纸箱上下两侧，也应加贴封箱胶带（见图2-3-4），胶带建议选用黏性好、宽度≥6cm的为佳。

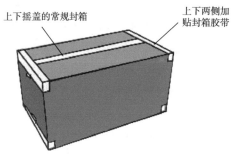

图 2-3-4 两侧加贴防气漏胶带

有的用户在纸箱外，直接用热收缩膜包裹，其可靠性则更高。

防锈包装的过程应该是连续的、不可中断的，一旦防锈纸箱在使用中，发生被刺穿或破损时，应及时更换新的防锈纸箱，如原纸箱的破损时间已较长，则建议对零件用"直接防锈法"来补救。

经过几年来的生产实践，涂布防锈纸箱的物理与化学性能，都得到了优化、改善与稳定，这种新的气相防锈防腐方法，不但具有防护可靠，使用方便，成本低廉的优点，而且宜于大批量工业化生产。目前的客户群主要为汽车零部件及机电行业。

第4节 瓦楞涂色的防伪纸箱

运输包装用瓦楞纸箱的"防伪"始终是一个沉重的话题，一些著名品牌和高附加值的商品常会遭到假冒伪劣侵害，目前市场上常见包装箱的"防伪"措施，主要有以下几种：

（1）纸箱印刷时，采用"防伪油墨"；

（2）纸箱上加贴"激光防伪标签"；

（3）加印或加贴"条形码""二维码"。

以上方法的效果均不甚理想，"防伪油墨"来源容易，加工简单，星罗棋布的小纸箱厂，几乎各厂家都能做。而"激光防伪标签"，也大多是小型工厂和家庭作坊所制，管控松弛，要获得这些标签非常方便。而采用"条形码、二维码"需用"专用解码器"或电话查询等，手续麻烦、程序烦琐，防伪性能差，难以推广普及。

为此，不少科研机构和生产企业都在进行不懈的研究探索，如：

中国专利2007 2012 1833.9——用柔性印刷技术在纸箱上印刷防伪图案；

中国专利2004 2005 4181.8——在瓦楞纸与芯纸间嵌入三色线材标识；

中国专利2008 2008 3913.4——在瓦楞纸与印刷面纸之间，设置智能性电子标签（设有微型芯片与天线等）；

广东某网站上推出一项新技术——在常规纸板中再糅合进一层超细瓦楞纸板，作为防伪手段，即所谓的"假七层""假九层"等。

这些新发明、新技术有的防伪措施过于简单，有的生产成本昂贵，有的难以进行工业化量产，因此它们的实用性还有待进一步探讨。

本节介绍一种新的防伪纸箱，它的定义是：充分利用现有的进口特种设备，将整卷的瓦楞纸（每卷1~2t重），在"大型涂布机"上涂上任意颜色油墨或特定的图案，可以涂单面，也可以涂正反两面，然后上"纸板流水线"与其他面、里、芯纸等复合粘贴、烘干、烫平、修边、压线等，外观与常见的普通瓦楞纸板一般无异（可以是单瓦楞、双瓦楞或者三瓦楞），用这种纸板加工成的纸箱，被称为"防伪纸箱"。

防伪纸箱的配组选择余地极大，可以有成千上万个变化品种，不仅涂刷的颜色和图案可以任意变化，而且欲涂瓦楞的层数及单、双面都可以进行随机选择，使一家客户或一个产品，确保只有一个防伪特征，绝不雷同。

下面是常用的双瓦楞防伪纸箱的剖面示意（图2-4-1）：

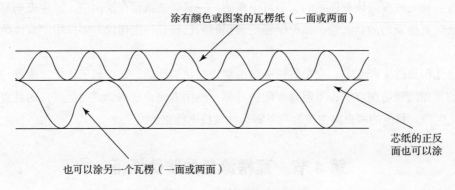

涂有颜色或图案的瓦楞纸（一面或两面）

芯纸的正反面也可以涂

也可以涂另一个瓦楞（一面或两面）

图 2-4-1　双瓦楞防伪纸箱

该新产品的主要技术难点包括：

（1）涂布机设备的资金投入较大，属于大型特种设备，它原来的设计使用范围，主要是在牛皮纸的表面涂防水、防油、防锈、防粘、防滑、防划伤、防静电等特种涂料，以改变纸箱的某项物理或化学性能，因此使用局限性较大；

（2）瓦楞纸涂上油墨后，在复合纸板时，黏结性大大降低，一般涂布后的"黏合强度"常常只有320N/m左右，有时还造成大量纸板脱壳或黏结不良等的废品。因此，技术难度很大。

经过技术人员的努力攻关，主要从以下两个方面成功解决了这个难题。

（1）对油墨进行改性：目前，纸箱厂常用的"环保型水溶性油墨"，它的主要成分是30%色浆，70%丙烯酸树脂，这种乳液中的树脂会使印刷表面形成一层膜，油墨干燥后，具有耐磨、抗水的特性，但用此油墨面来黏结，却是一个大忌。为此，在配制油墨时，应该大大降低丙烯酸树脂的含量，由70%降到30%以下，从而取得了很好的黏结效果。

（2）在淀粉黏结剂中，加入了特种添加剂：瓦楞纸板流水线所用的黏结剂都是玉米淀粉糊，经高温烘干后迅速熟化，达到黏结效果，涂色后的瓦楞纸会产生一定的拒水性，因此黏结效果较差。为此，从国外进口了一种"淀粉糊专用黏结增强剂"添加在淀粉中，它是一种水溶性的高分子复合物，使用效果明显。

目前能达到的"黏合强度"，已可稳定控制在450N/m以上（注：国家标准GB/T 6544—2008中5.2.2规定合格品标准为大于400N/m即可）。

为了降低涂色成本，在实际生产中，往往不会在瓦楞纸上满版涂色，而只是进行局部涂色，仅在纸箱端口边缘5～6cm处才进行涂色（当纸箱较小时，宽幅瓦楞纸需剖切多裁，这时应在瓦楞卷纸的中间恰当部位，涂刷多条色带）。但为此也增加了加工难度，这可在涂布机上进行必要的设备改造，以顺利达到这个目的，如图2-4-2所示。

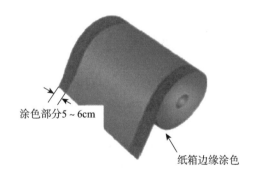

涂色部分5～6cm

纸箱边缘涂色

图2-4-2　涂色

对某些被仿冒频率较高的著名产品（如烟、酒等），它的防伪要求特别严格，除简单涂颜色外，还要求在瓦楞纸上预涂特种图案，如商标、文字、标记、广告等，当然这种加工的难度系数将进一步加大。

将防伪纸板转入后道纸箱加工时，可在纸箱表面印刷工序中，添印简单的防伪说明、鉴别方法和操作图示（位置靠近纸箱开启处），终端用户阅读后，不需要开启纸箱，只要轻轻撕开纸箱的一个小角，即可判断真伪，如图2-4-3所示。

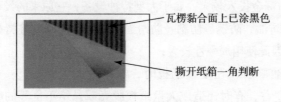

瓦楞黏合面上已涂黑色

撕开纸箱一角判断

使用说明：

开箱时请揭开纸箱端口一角，内中瓦楞应为黑色，否则即为假冒产品

图 2-4-3　判断真伪

从本技术方案中得到的"防伪瓦楞纸板"，在瓦楞涂色后，其防潮性能、边压强度等，均有不同程度的加强，提高了瓦楞纸箱的整体物理技术指标。

本新产品特别适宜大批量工业化连续生产，加工成本很低，一般情况下仅增加0.2～0.3元/m²（不同颜色的油墨、图案之间有差异）。

瓦楞涂色防伪纸箱的出现，在运输包装纸箱的防伪领域中，是一种新的尝试，也增添了一种新的可靠的应用途径。

由于瓦楞纸或夹芯纸的可涂面众多，油墨颜色变化无穷，特种图案的唯一性，决定了可供选择的防伪配组的品种极为丰富。

在纸箱行业中，由于大型涂布机设备的社会存量极少，加上加工难度大，技术含量高，所以抗仿制能力特别显著。从近几年进入市场的数千万只防伪纸箱来看，至今还未发现一例仿冒成功者。

该新产品具有独特的防伪功能，有防伪特征隐蔽，终端用户鉴别简单，加工成本低廉等优点，市场前景十分诱人。

第5节　高性能的防静电纸箱

随着电子行业的迅猛发展，产品高度精细化、小型化、集成化，使其电磁感应敏感度越来越高，即越易受到电磁、静电的干扰，如电子管、集成电路板、电子连接元件等。

在生产、搬运、储存、运输、使用的过程中，由于摩擦、撞击、接触、分离产生的静电电压，极可能影响产品技术参数，降低稳定性甚至使产品失效，因此静电防护包装显得尤为重要。

美国静电放电协会从静电放电（ESD）防护原理及包装材料的导电性出发，将防ESD材料（防静电材料分类）分为下列几种：

（1）静电屏蔽材料（电阻小于1kΩ）；

（2）导静电材料（电阻小于10kΩ）；

（3）静电耗散材料（10kΩ≤电阻<1000GΩ）；

（4）绝缘体（电阻≥1000GΩ）。

目前市场上的防静电瓦楞纸箱，基本上都是通过印刷机在纸箱表面印刷一层功能性油墨，它的缺陷是油墨与纸箱表面的结合力很差，印刷层不均匀，厚度不能控制。

这些油墨的主要导电成分为炭颗粒，印刷后油墨中的炭粒极易从纸箱表面脱落，触摸后双手粘黑，因此必须在纸箱表面再印刷一层"罩光油墨"，以减少油墨中炭粒的掉落，但这层"罩光油墨"的阻隔，使防静电性能明显下降，一般只可以达到1MΩ。此外，油墨本身含水，会出现瓦楞纸箱吸水后质量不稳定等问题。

基于此，笔者采用进口涂布机进行定量、高温、高压的防静电涂料涂布，达到了优异的效果。

陆运、海运及空运时，常常会遇到环境温湿度骤变，速度突变，颠簸引起包装件的相互撞击、跌落等情况，内装物与瓦楞纸箱内壁不断摩擦，也会引起防静电层的磨损与性能的衰减。为了清楚地掌握环境温湿度以及运输中振动、冲击产生的机械力摩擦对防静电性能的影响，本节就这些影响因素进行了分析、实验、研究。

采用美国MICHELMAN公司生产的STB 7009.S涂料，在精密涂布机上，对整卷原纸的表面定量涂上特种防静电涂料，经过多组可调压力的滚轮挤压，同时在160~170℃的高温瞬间烘干，涂料中水分瞬时蒸发，有效成分被嵌入纸张表面，在纸张的浅表层形成了一个新的物质层（不需要像印刷机上加工印刷油墨后，还要进行二次罩光油墨印刷），然后用涂布好的原纸生产成具备防静电性能的瓦楞纸板、纸箱。

在原纸上实现不同量的防静电涂料涂布，通过测定瓦楞纸板的表面电阻率来确定防静电等级。研究的涂布量分别为8g/m²、12g/m²、16g/m²。

电子、电器类产品包装，客户对瓦楞纸箱防静电的要求，主要在1~100kΩ范围内，因此，在符合防静电等级要求的瓦楞纸板上，实验分析不同温度、相对湿度及摩擦对防静电性能的影响，每组测试样本数为10件。

国内外包装运输环境不同，参考"国际安全运输协会"（ISTA）的测试标准，温度的实验值为23℃、38℃、60℃，相对湿度的实验值为50%、65%、85%。根据GB/T 11210—2014防静电材料表面电阻率的测试环境为温度23℃，相对湿度50%。在研究不同温度对瓦楞纸板防静电性能的影响时，相对湿度保持50%，研究不同湿度对瓦楞纸板防静电性能的影响时，温度保持在23℃。

运输中引起的振动、冲击，在防静电性能包装件上的表现，是内装物与纸箱内壁间的不断摩擦，为探索这些摩擦是否会对防静电纸箱的性能有影响，依据GB/T 7706—2008中的摩擦试验机，对防静电纸板进行摩擦试验，其中摩擦荷重为（20 ± 0.2）N。以牛皮纸、符合GB/T 9258.1—2000的2500目（粒度5.4μm）、1000目（粒度12.4μm）砂纸分别与防静电样品形成一对摩擦副，模拟不同的摩擦强度对防静电性能的影响。

实验前后对样品进行表面电阻测定，均经过温度23℃、相对湿度50%、24h的预处理。

摩擦次数：50、100、150、200、250，摩擦纸为牛皮纸。

摩擦强度：由牛皮纸、普通砂纸（2500目、1000目），分别与防静电性能样品形成摩擦副，摩擦次数为50。

测量时，按图2-5-1所示位置2次测量，分别记为R_1，R_2，则有：

$$R_S = (R_{S1}+R_{S2})/2$$

式中　　R_S——防静电纸板表面电阻率，Ω/cm^2。

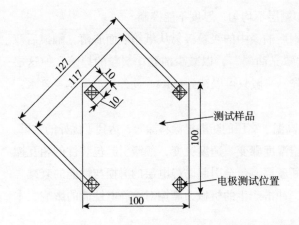
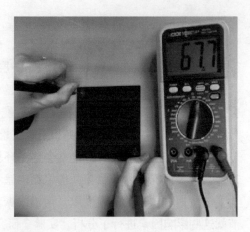

测试样品

电极测试位置

图 2-5-1 **表面电阻率测量**

瓦楞纸板静电防护的等级，主要通过表面电阻率来区别。表面电阻率在数值上，等于表面为正方形材料的两对边电极间的表面电阻，与该正方形尺寸无关。

表面电阻率的主要测定方法包括使用静电仪直接测得和使用万能电表换算测得。本节利用万能电表按GJB 2604对表面电阻率进行测定，见图2-5-1，对角测试，测量电极采用尺寸为10mm×10mm的铜方块。

结果与讨论

1. 涂布量与防静电等级对应关系

为了解不同涂布量瓦楞纸板的防静电性能，依据防静电材料等级的划分标准，测定不同涂布量的瓦楞纸板的表面电阻率，分析所达到的静电防护性能等级。

由图2-5-2可知，防静电瓦楞纸板的表面电阻率，随涂布量的增加而减少。主要原因是涂布量越多，单位面积内的导电粒子含量越高，导电能力越好，表面电阻率越低。

涂布量分别为8g/m², 12g/m², 16g/m²，具体的防静电等级均为导静电材料，可达$10^3\Omega/cm^2$，较印刷工艺的指标高很多，可满足高端电子产品静电防护的需要。

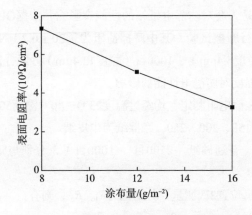

图 2-5-2 **不同涂布量与表面电阻率的关系**

2. 温度对防静电性能的影响

由图2-5-3可知，在23℃、38℃、60℃这3个温度环境中，随着温度的升高，防静电纸板的表面电阻率稍有升高，但不明显。

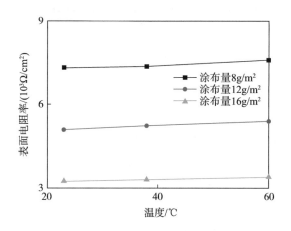

图 2-5-3 温度对防静电性能的影响

主要原因：在研究的范围内，随着温度的升高，体积膨胀，导电粒子间的距离逐渐增大，则单位面积内的导电粒子数减少，导致电阻率有增大的趋势。3种涂布量纸板的防静电等级未发生变化，说明在实际物流运输中，随着温度的升高，其表面电阻率有增大的趋势，但是这种增大没有改变材料的防静电等级，不会影响防静电纸板对静电的防护能力。

3. 相对湿度对防静电性能的影响

由图2-5-4可知，随着相对湿度增大，表面电阻率越大，其中相对湿度85%比65%的变化更明显。主要原因：高湿环境在涂层表面形成一层水膜，而温湿度测试室（房或厢），所用的水源是蒸馏水，严格意义上涂层上的水膜不可能是纯水，会有一定的导电性，但是导电性非常弱，远不如涂层中炭颗粒的导电性，因此，水膜起到了阻隔作用，使其导电性能变弱，表面电阻率变大。

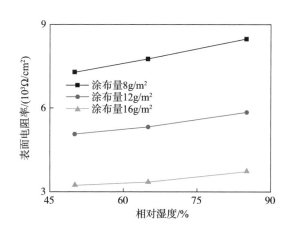

图 2-5-4 相对湿度对防静电性能的影响

原纸对水分的吸收，导致导电粒子间的距离变大，所以表面电阻率变大，而且随着相对湿度的增大，粒子间的距离继续变大。这种迁移有了阻碍的作用，导致电阻率稍微升高，因此电阻率的变化趋势不如相对湿度85%的明显。3种涂布量纸板的防静电等级未发生变化，说明随着相对湿度的升高，表面电阻率有增大的趋势，但是这种增大没有改变材料的防静电等级，不会影响防静电纸板对静电的防护能力。

此外，比较图2-5-3与图2-5-4可以发现，相对湿度的变化对防静电性能的影响比温度明显。

4. 摩擦对防静电性能的影响

以每组10个涂布量为8g/m²的防静电纸板为样品，测定样品在实验摩擦前后的平均表面电阻率，来分析摩擦对防静电性能的影响。

由图2-5-5可知，以牛皮纸与用涂布方式加工的测试样品形成摩擦副，用20N力进行摩擦，50~250次的摩擦对瓦楞纸板的防静电性能稍有影响，但是纸板的防静电等级未发生变化，仍为导静电材料。主要是因为牛皮纸在20N的压力下，来回摩擦样品表面，只会引起原纸表面少量的涂料脱落，对静电性能指标影响很小。随着摩擦次数的增加，用涂布工艺加工的涂料脱落现象并不明显，因此它有很好的静电防护性能，仍属于导静电材料。

利用摩擦介质表面粒度的不同来模拟摩擦的强度，由图2-5-6可知，摩擦强度越大，表面电阻率越大。经2500目、1000目砂纸摩擦的样品，表面电阻均大于10kΩ，属于静电耗散型材料，仍然具备良好的静电防护性能。

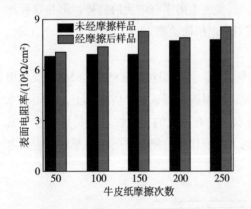

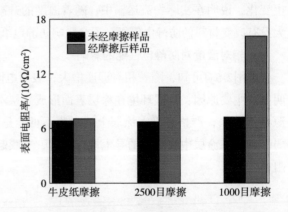

图 2-5-5　摩擦次数对防静电性能的影响　　图 2-5-6　摩擦 50 次情况下摩擦强度对防静电性能的影响

主要是因为砂纸表面不同大小的粒度在20N的压力下，在防静电纸板表面摩擦，虽然原纸外表层的防静电涂料大部分脱落，但是嵌入原纸浅表层的涂料没有被破坏，仍起到静电防护作用。

摩擦次数、强度分别模拟了运输中因振动、冲击等机械力引起的频率、强度变化。比较图2-5-5与图2-5-6可知，摩擦强度比摩擦次数对瓦楞纸板的防静电性能影响更为明显，但由于先进的涂布生产工艺，使得嵌入原纸纤维的涂料起到静电防护作用，仍然能够保护包装物免受静电的损坏。

基于定量涂布研制的防静电瓦楞纸板、纸箱，不仅能够保护内装物避免静电的伤害，而且性能稳定不易脱落。借助试验手段研究运输中温度、相对湿度及机械力引起的摩擦对其防静电性能的影响。

试验中发现随着温度、相对湿度的升高，表面电阻稍有增大，其中相对湿度的影响较为明显，但是不影响静电防护等级，仍具有很好的静电防护效果。此外，还发现摩擦对防静电性能的影响最为明显，但是仍为静电耗散型材料，能够有效保护内装物不受静电危害，而且加工成本低廉。

第6节 抗磨损纸箱

瓦楞纸箱对包装物有良好的保护功能，纸箱的规格与尺寸易变更，能适应各种类型的装潢印刷、封箱、捆扎方便，运输费用低，且废箱可回收利用。然而瓦楞纸箱的强度有局限性，运输中易被坚硬内装产品磨损甚至磨破，目前均采用给纸箱内置白色发泡塑料的方法解决（见图2-6-1），但这不符合环保要求。本节介绍了一项利用涂布工艺实现瓦楞纸箱抗磨损功能的新技术。

图2-6-1 用白色发泡塑料防护的常见纸箱

1. 瓦楞纸箱磨损原因及危害

生产生活中的许多产品都具有体积大、质量重、棱角坚硬、结构不规则的特点，例如音响、微波炉、空调、炉灶等家电以及某些机械产品。这些产品在运输过程中不可避免地会与粗糙瓦楞纸箱表面接触且产生相对运动，任何两个接触表面的相对运动都会产生摩擦，因此纸箱和产品会产生摩擦效应。若运输过程中振动较大，则由于机械作用，包装物会使纸箱发生材料脱落、破洞等磨损现象，最终使纸箱丧失保护产品的功能，继而导致产品损坏，因此用来包装此类产品的材料必须具备良好的抗磨损性能。

2. 解决纸箱磨损问题的措施

（1）填充缓冲衬垫

在纸箱的上下两层及4个棱边均放置厚厚的塑料缓冲材料，如可发性聚乙烯泡沫塑料（EPE）、可发性聚苯乙烯泡沫塑料（EPS）等，以避免产品和瓦楞纸箱接触。

然而，塑料泡沫及其添加剂均属于高分子材料，化学性质稳定，一般不能自行降解，容易形成永久性垃圾。个别发泡塑料虽可降解，但降解成本高、耗时长，且多数消费者并无集中处理此类塑料的概念，依旧会习惯性随手丢弃，造成白色污染。

废弃塑料所产生的污染是社会可持续发展的一大公害，特别是一次性塑料包装材料的废弃物量大、分散、脏乱，很难收集。其中一部分随生活垃圾进入处理系统，而另一部分被随意丢弃，散落在地面、湖泊、河流，污染城市市容，破坏生态环境。

（2）填充纸质材料

使用瓦楞纸板、蜂窝纸板等纸质材料，做成形状各异的折叠式缓冲结构，它虽然解决了对环境的污染问题，但这些结构设计工作量大，生产成本高，仓储体积大。

（3）更换新的瓦楞纸箱

顾客购物时都会选择包装完好的产品，若产品到达经销商手中时纸箱已破损，将会增加销售难度，因此往往有人会在运输中途或零售前更换新包装，这样会导致包装及运输成本增加。

3. 涂布抗磨损瓦楞纸箱

瓦楞纸箱涂布工艺是近年来在发达国家兴起的一项新技术，该工艺是通过对瓦楞纸箱涂布涂料的方式实现纸箱防水、防潮、防霉、防腐、防静电、防划伤等功能。

本节介绍的抗磨损纸箱，内部不放置任何塑料缓冲材料，而是通过涂布抗磨损涂料来抵抗产品对纸箱造成的磨损破坏。

涂布抗磨损瓦楞纸箱的纸板结构如图2-6-2所示。

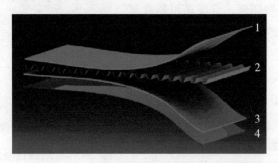

1—面纸层；2—瓦楞纸层；3—耐磨里纸层；4—涂料层

图 2-6-2　抗磨损瓦楞纸板结构

抗磨损瓦楞纸板大体由3部分组成：面纸层、瓦楞纸层、耐磨里纸层（由里纸层与涂料层组成）。面纸层为一定克重的牛皮纸、箱板纸、美卡等。瓦楞纸层由瓦楞芯纸经瓦楞辊压制而成。耐磨里纸层是在箱板纸（或其他纸基材料）的表面涂布了抗磨损涂料，达到抗磨损效果。其生产流程如图2-6-3所示。

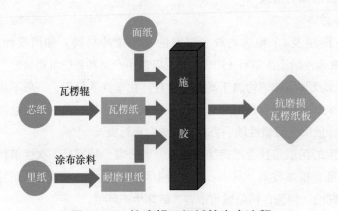

图 2-6-3　抗磨损瓦楞纸箱生产流程

抗磨损瓦楞纸板的质量标准有很多指标，比如纸板的边压强度、耐破度、黏合强度、戳穿强度以及纸板耐磨性等，其中纸板耐磨性尤为重要。耐磨里纸即为抗磨损瓦楞纸板的内表层，通常由箱板纸经特种涂料涂布而成。抗磨损瓦楞纸箱的耐摩擦磨损性能主要取决于耐磨里纸。而里纸之所以具有耐磨性能，是由于表面和纤维浅表层附有抗磨损涂料，该涂料能增强纸箱抗磨损功效的原因主要有以下几点：

第一，该涂料的主要抗磨损成分为石蜡和烃蜡，液体石蜡热稳定性较好，用量较多时制品易发黏，因此给瓦楞里纸涂布一定量的涂料可使得纸箱内表面黏性增大，进而阻尼增大，即包装件振动或滑移时，产品接触纸箱内表面，振动能量会耗散在纸张内表面阻力中，从而减轻振动对纸箱造成的破损。

第二，瓦楞里纸表面粗糙多孔，内装产品与纸箱接触发生相对运动时，由于纸箱内表面粗糙，因此滑动摩擦力大，纸箱易被坚硬有棱角的产品摩擦甚至磨损。涂布涂料后，纸张表面形成了连续平滑的薄膜，且液体石蜡作为涂料的主要成分，本身具有良好的润滑效果。

此时，纸张表面由粗糙多孔变为光滑连续，摩擦系数大大降低，进而滑动摩擦力减小，纸箱则具有了一定抵抗产品磨损的效果。

此外，涂布技术主要有刷式涂布、刮刀涂布、气刀涂布、薄膜压榨涂布、喷雾涂布、帘式涂布和辊式涂布等。各种涂布技术及其主要特点见表2-6-1。

表2-6-1　各种涂布技术及特点

涂布技术	主要用途	主要特点
刷式涂布	涂布墙壁纸	能耗大、成本高、涂层易产生刷痕
刮刀涂布	涂布多种纸张	涂层平滑、对原纸质量要求较高、刮刀需经常更换
气刀涂布	涂布印刷纸、复写纸、蜡光纸、防锈纸	产品适应性较好、涂层质量较高、涂布量可以在一定范围内调节、平滑度较低、表面平整度差
薄膜压榨涂布	涂布新闻纸及高档纸	投资少、效率高
喷雾涂布	涂布中低定量涂布、生产表面改性新闻纸	非接触式涂布技术、涂布速度快
帘式涂布	涂布热敏记录纸、无碳复写纸、彩喷打印纸	耗能大幅度减少，涂布速度较慢
辊式涂布	涂布防水纸、票证纸、装饰纸等轻涂纸	涂布机构造简单，不易产生涂布条痕、不易得到涂布厚度，平滑度和光泽度略差

本节中耐磨里纸采用辊式涂布方式，所用机器为达成集团在美国引进，将整卷原纸表面定量涂布抗磨损涂料，在纸张的浅表层形成了新的物质层。

该型涂布机涂布方式较之于其他方式的优势在于，其涂布过程采用高温高压，此时涂料中的有效成分不仅仅覆盖在纸基材料的表面，也存在于纤维浅表层。这样一来，即便运输过程中产品和纸箱碰撞刮掉表面的抗磨损涂层，但内表面纸张纤维浅表层已经被涂料充满填平，因此能有效抗磨损。

4.市场现状及发展预测

这款新产品可用于冰箱、空调、音响、微波炉等质量重、坚硬有棱角的家电产品包装，另外可用于不方便使用缓冲衬垫的大型机械零部件包装等。"抗磨损涂布瓦楞纸箱"是一个全新的高科技产品，目前国内并无企业生产，也无高校针对该产品进行研究。

通过涂布达到纸箱抗磨损的方式，能够避免采用发泡塑料衬垫，避免白色污染，而且大大缩小了纸箱体积，降低了储运成本。笔者做过一个有意思的实验，将某品牌的微波炉，分别装入普通纸箱与抗磨损纸箱内，在振动测试仪上进行24h的公路颠簸测试对比，前者出现多处破洞，而后者仅有些划痕（见图2-6-4）。

（a）纸箱侧面磨出破洞（未涂布）　　　　（b）纸箱侧面仅出现划痕（已涂布）

图 2-6-4　公路颠簸测试结果对比

该新型抗磨损纸箱属于绿色产品，不含重金属等污染环境的物质，废箱可回收利用，符合当代社会低碳环保的理念及产品出口欧美市场的要求。因此，该新型产品具有光明的发展前景。

第7节　抗油脂沾染的纸箱

瓦楞纸箱是目前应用最广泛的包装容器之一。据报道，全球瓦楞纸箱需求量正以每年4.2%的速度递增。然而作为纸质包装材料，瓦楞纸箱本身的憎液性能较差，已有大量研究表明，水分对其力学性能的影响非常显著。

在日常生产和生活中，除要经常包装含水量较多的物质外，也经常会包装很多含油物质，比如汉堡、比萨等快餐食品，涂有防锈油、润滑油的机械零部件等。

当使用普通瓦楞纸箱来包装这些含油物质时，油脂会渗透到纸板内部，最终在纸板外表面形成糟糕的油斑。目前油脂沾染对瓦楞纸板、纸箱力学性能影响的研究其少。

本节基于实验研究油脂沾染量及沾染时间，对瓦楞纸板的黏合强度、边压强度及耐破强度的影响，以期为瓦楞纸箱在防油包装领域的应用提供参考。

1. 实验

（1）材料

材料：葵花籽油，脂肪质量分数≥99%，中粮食品营销有限公司；3层C楞瓦楞纸板，配纸为200+120+200（g/m^2），皆优等品。

（2）仪器与设备

仪器与设备：GT–6011型微电脑环压试验机、GT–7013AD型电子破裂强度试验机，台湾高铁科技股份有限公司；KTHA–015TBS型恒温恒湿箱，庆声科技股份有限公司；移液器，大龙兴创实验仪器有限公司。

（3）方法

①试样的制备

取样按照GB/T 450—2008进行。试样采取完成后，使用定量移液器在试样表面上滴一定量的油脂，然后迅速采用手工涂布的方式将油脂均匀覆盖在瓦楞纸板表面。通过改变涂布量（120g/m²、360g/m²、600g/m²、840g/m²、1080g/m²）及样品放置时间（1~7d），来分别研究油脂沾染量及沾染时间对瓦楞纸板黏合强度、边压强度及耐破强度的影响。

由于纸板含水率的差异，会给测试结果带来严重误差，故在实验前，将纸板放置在温度为23℃、相对湿度为50%的恒温恒湿箱中预处理24h。同时严格保证实验环境条件。

②测试标准方法

依据GB/T 6548—2011测定黏合强度，依据GB/T 6546—1998测定边压强度，依据GB/T 6545—1998测定耐破强度。

2. 结果与分析

（1）油脂沾染量对瓦楞纸板力学性能的影响

在瓦楞纸板样品的表面分别涂布120g/m²、360g/m²、600g/m²、840g/m²、1080g/m²的油脂后，放置在标准大气环境下。由于纸张表面分布着产生毛细管现象的无数空隙，所以油脂会借助毛细管张力通过纸张中的孔隙发生扩散。两天后油脂已经完全渗透到瓦楞纸板的另外一个表面，见图2-7-1。

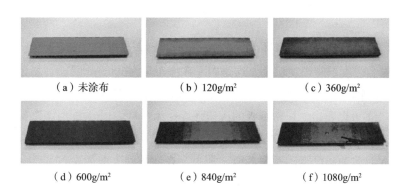

| （a）未涂布 | （b）120g/m² | （c）360g/m² |
| （d）600g/m² | （e）840g/m² | （f）1080g/m² |

图 2-7-1　油脂的渗透情况

由图2-7-1可以看出，随着油脂涂布量的增大，油脂渗透到瓦楞纸板另外一个表面的油脂增多。其中涂布量为600g/m²时油脂已完全浸透整个实验样品，当涂布量为1080g/m²时，有多余的油脂渗出，说明此时瓦楞纸板的含油量已经饱和。

将不同油脂涂布量下的实验样品，进行相关力学性能测试，测试结果见图2-7-2。

由图2-7-2可知，油脂的沾染对瓦楞纸板的各项物理技术指标产生了削弱作用。瓦楞纸板的黏合强度、边压强度及耐破强度均随着油脂沾染量的增加而下降，且下降幅度分别为7.7%、3.5%及8.7%。

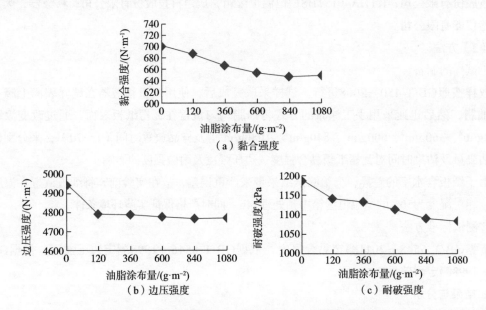

（a）黏合强度

（b）边压强度 （c）耐破强度

图2-7-2 油脂沾染量对瓦楞纸板力学性能的影响

对于瓦楞纸板而言，它依靠淀粉黏结剂将箱板纸和瓦楞芯纸黏合在一起构成了一个整体。常温下，油脂与淀粉黏结剂之间不会发生化学反应，而油脂的沾染，导致瓦楞纸板黏合强度下降，主要是因为破坏了黏结剂的凝聚黏合与表面黏合作用，由淀粉黏结剂中含有大量羟基可以推断，油脂主要是破坏了氢键力的作用。情况严重时，瓦楞纸板各层原纸会分离，最终失去纸箱的基本功能。

由图2-7-2（a）可以看出，涂布量在0～600g/m²时，黏合强度下降幅度较大，而当涂布量大于600g/m²后，黏合强度下降幅度较小。这是由于在涂布量为600g/m²时，油脂已经完全浸透整个实验样品，所以当涂布量再增加时，对黏合强度的影响相对较小。

由图2-7-2（b）可以看出，瓦楞纸板的边压强度在涂布量为120g/m²时下降幅度较大，之后下降幅度较小。这是因为瓦楞纸板的边压强度较大程度上取决于瓦楞芯纸的横向环压强度，当涂布量为120g/m²时，油脂已浸透瓦楞芯纸，所以当在此基础上增加涂布量时，油脂对瓦楞纸板的边压强度影响相对较小。油脂对瓦楞纸板边压强度的削弱，主要是因为油脂在渗透的过程中，对纸张产生了一定的润涨作用，导致纸张纤维间距变大，内聚力下降。

瓦楞纸板的耐破强度近似于面纸和里纸的耐破强度之和。由图2-7-1和图2-7-2（c）可以看出，由于随着油脂涂布量的增大，油脂逐渐浸透面纸和里纸，瓦楞纸板的耐破强度也随之下降。

（2）油脂沾染时间对瓦楞纸板力学性能的影响

在瓦楞纸板样品表面涂布600g/m²的油脂后，将其放置在标准大气环境下，实验分7d进行，数据见表2-7-1。

表2-7-1　油脂沾染时间对瓦楞纸板强度的影响

时间/d	黏合强度/（N·m⁻¹）	边压强度/（N·m⁻¹）	耐破强度/kPa
0	704	4919	1171
1	682	4792	1134
2	651	4788	1105
3	645	4803	1099
4	600	4799	1112
5	604	4776	1104
6	599	4780	1102
7	601	4775	1104

结果表明：

（1）瓦楞纸板黏合强度在0～4d内随着时间的增加而下降，第4天后基本保持稳定不变，并且黏合强度下降了14.8%。

（2）瓦楞纸板边压强度在第1天内下降2.6%，之后基本保持稳定不变。

（3）瓦楞纸板耐破强度在0～3d内随着时间的增加逐渐下降，第3天后逐渐保持相对稳定，下降约6.1%。

（4）实验说明随着油脂沾染时间的增加，油脂对瓦楞纸板黏合强度的影响较大，但影响较缓慢；对边压强度及耐破强度的影响相对较小，但影响较迅速。

3. 结语

研究表明，油脂的沾染会对纸板的力学性能造成影响。当纸板沾染一定量的油脂后，随着时间的增加，纸板黏合强度、边压强度及耐破强度均会先下降后趋于稳定，其中黏合强度下降最明显。

油脂沾染量的增加也会导致瓦楞纸板黏合强度、边压强度及耐破强度的下降。油脂的沾染不仅会影响瓦楞纸箱的美观，油斑上极易沾染灰尘，也会削弱它的强度。

所以在使用瓦楞纸箱来包装含油物质时，有必要采取一定的措施来阻止油脂渗透到纸板的内部。另外，提高淀粉黏合剂的耐油性能也是降低油脂对瓦楞纸箱力学性能影响的一个有效途径。

本技术项目的研究，在快餐纸盒（含油食品）和工业包装箱（机电零部件）的应用领域中有现实意义。

第8节　军用被服包装箱的防霉抗菌技术

凡是在基质上长成绒毛状、棉絮状或蜘蛛网状菌丝体的真菌，均称为霉菌，其广泛存在于空气和土壤中，在物品上经过生长繁殖后，出现肉眼能见到的霉菌称为霉变。

影响霉菌生长的因素主要有水分、温度、营养物质等。通常适宜霉菌生长的自然条件为温度23～38℃，相对湿度85%～100%。

被服、皮革等制品，在运输以及储存过程中要进行防霉处理。

传统的防霉方式，存在有效期短、毒性大、防霉方式单一的缺点，特别是作为战备物资长期存储的军用被服等。因此采取综合防护手段、有效消灭霉菌的同时，阻断其营养供应成为必然。

纸类包装材料属天然有机物料，加工后表面又涂覆涂料、黏结剂、油墨、颜料等，使纸箱本身以及内装物极易发生霉腐现象。

本节将防水防潮和防霉这两种防护手段应用于同一纸箱上，检测分析其防霉性能。

材料：防霉剂；防水涂料X300F，MICHELMAN公司；纯棉毛巾；原纸、纸板以及纸箱。

将防水涂料涂布于250g/m²箱纸板上（纸箱外表面），涂布量20g/m²，170℃烘干后收卷，作为面纸备用。

将阳离子防霉剂、缓释型防霉剂和工业酒精，按照质量比30：2：68的比例混合均匀，使用涂布机将此涂料涂布于230g/m²的牛卡纸上（纸箱内表面），烘干后收卷，作为里纸备用，并以未涂布的纸箱作为参照对比箱。

防水涂布面纸、防霉涂布里纸、复合瓦楞芯纸，经过纸板自动生产线，制备成双瓦楞纸板和纸箱。

1. 性能测试

防水性能测试按照GB/T 1540—2002《纸和纸板吸水性的测定 可勃法》的要求，使用可勃法测试仪，测定相同材质空白原纸以及涂布防水纸的吸水率情况。

加速防霉等级实验，按照GB/T 4768—2008《防霉包装》的要求，评价涂布防霉剂后对纸板、纸箱防霉性能的影响。

（1）纸板防霉。将未经涂布处理的普通牛皮纸和涂布有防霉剂的牛皮纸，分别置于含有霉菌培养基的培养皿里，将霉菌菌种喷于各培养皿中，在霉菌试验箱中处理7d。

（2）纸箱防霉。将相同的纯棉易生霉的毛巾作为模拟件，置于3个纸箱中，模拟实际应用中，纸箱对被服等的防霉保护能力。

其中1号包装箱未经防霉防潮涂布处理；2号包装箱外表面经过防潮处理，内表面涂布8g/m²的防霉涂料；3号包装箱外表面经过防潮处理，内表面涂布18g/m²的防霉涂料。

按照标准要求将霉菌孢子悬浮液均匀喷在箱内样品上，置于温度为（29±1）℃，相对湿度为（96±1）%的试验箱中28d。

2. 吸水性

瓦楞纸箱的原纸是由植物纤维制造而来，纤维材料具有亲水性并且纤维之间具有大量孔隙，这些孔隙就形成为数众多的毛细管。由于毛细管的吸附作用，瓦楞纸箱极易吸潮变软。

涂布前后面纸吸水性能对比见表2-8-1，其中未经处理的牛皮纸表面吸水性达到34.6g/m²。经防水涂料涂布处理，一方面能够填充纸张表面的孔隙，提高纸张的光滑度，减小毛细管吸附作用；另一方面防水涂料为硅氧烷类物质，涂布后与原纸结合，形成的新物质层表面张力较低。根据表面能理论，与此表面接触的水就会尽量地缩成球形，以保证接触面积最小，减小表面势能，此时接触角大于等于90°，纸张表面不会被润湿。

表2-8-1　涂布前后面纸吸水性能对比

试样号	未涂布纸吸水量/（g·m⁻²）	防水涂布纸吸水量/（g·m⁻²）
1	31	2.2
2	35	2.7
3	38	2.9
4	35	2.7
5	34	2.3
平均值	34.6	2.56

　　防水涂布处理后，原纸表面的吸水量大幅下降，仅为2.56g/m²。经防水处理的纸箱面纸，能够阻隔空气中的水汽侵蚀，有效保持纸箱抗压强度的同时，纸箱内部空间的相对湿度较低，能切断霉菌生长的水分供应。

3. 防霉性能

　　将未经涂布处理的普通牛皮纸和涂布有防霉剂的牛皮纸，进行7d防霉试验后，霉菌的生长情况见图2-8-1。未涂布防霉剂原纸表面长满霉菌，霉菌生长为100%，而涂布防霉剂后的牛皮纸，表面无霉菌生长，霉菌生长情况为0。

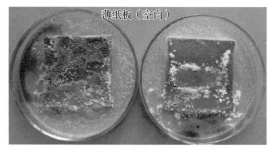

（a）无涂布防霉剂　　　　　　　　　　　　　　（b）有涂布防霉剂

图 2-8-1　有无涂布防霉剂的牛皮纸霉菌实验结果

　　吸附型防霉剂是长碳链结构，带有正电荷，阳离子通过化学键和静电作用绑定在纸箱内表面，所带正电荷主动吸附带负电荷的霉菌，刺破细胞壁，使其无法生存。保护恶劣储运环境中的包装容器本身不会发生腐蚀，同时防霉剂不断吸附箱内环境中的游离霉菌。

　　在吸附型防霉剂的基础上，加入缓释型防霉剂，制成复配型防霉剂溶液，均匀涂覆于纸箱的里纸上。整个里纸表面的缓释型防霉剂不断地挥发，封箱后，在纸箱"微环境"中气相沉积，形成防霉高压气团，作用于产品的各个部位。

　　装有纯棉毛巾的实验箱进行28d霉菌试验，由实验结果可知，里纸未涂布防霉剂的1号包装箱，箱内样品霉菌生长严重，防霉能力差；里纸涂布8g/m²防霉剂的2号包装箱，内外表面未发现霉菌生长，箱内样品未发现霉菌生长，防霉等级为Ⅰ级，防霉能力极强；里纸涂布18g/m²防霉剂的3号包装箱，内外表面未发现霉菌生长，箱内样品未发现霉菌生长，防霉等级为Ⅰ级，防霉能力极强。

从实验检测结果可知，防霉纸箱在防霉剂的涂布量为8g/m²时，就能起到很好的效果，达到最高防霉等级，再增加涂布量已无实际意义，只会增加生产的成本。

4. 结语

纸箱面纸经防水涂布处理，表面吸水率降低92.6%。吸附和缓释型防霉剂复配，机械吸附和缓释作用结合，保护包装纸箱不受霉腐的同时，在内环境中形成防霉气团，有效防止内装被服发生霉腐。防水和防霉涂布技术应用于同一纸箱上，纸箱防霉等级达到最高等级，对纸箱以及内装物都能起到有效的防护作用。

此防霉纸箱主要用于被服等易发霉物质，特别是恶劣储运环境中的物品，如军队后勤物资等，且有效期可达两年。

第9节　涂布工艺在军品包装中的应用

现代战争从某种意义上说，就是打后勤，后勤保障能力影响与制约着战争的进程和结局。

军用装备是具有特定用途的物资，除军队平时训练外，其余均处于长期储存状态，以便在战时能迅速启用，因此要求包装物必须具备高可靠性、长寿命、多功能等特点。

在民用涂布项目中，已成熟应用的瓦楞包装新技术，都可以移植到军品包装和部队的后勤保障中，如防潮防水纸箱（见第二章第1节），高性能的防静电纸箱（见第二章第5节），防划伤涂布纸箱（见第二章第2节），防锈纸箱（见第二章第3节），抗磨损纸箱（见第二章第6节），抗油纸箱（见第二章第7节），防霉纸箱（见第二章第8节），等等。除此之外，还包括以下类型的纸箱。

1. 保鲜纸箱

给在边远地区进行国防施工的人员和远洋舰船上的官兵供应新鲜蔬果是后勤保障的一个难点。目前社会上各种保鲜技术层出不穷，下面将从不同的视角介绍一种低成本的涂布纸箱保鲜技术。

纸箱内层的保鲜涂料，是用物理与化学相结合的方式，对蔬果进行抑菌保鲜，能使内装物保持最低水平的有氧呼吸，并锁住水分的蒸腾，再配合低温箱保存，即可取得较好的保鲜效果（见图2-9-1）。

图 2-9-1　出口鲜花与蔬果用纸盒

根据有关资料介绍，某国海军采用这种技术，使很难保存的"生菜"的保鲜期达1～2个月，其他非叶类蔬菜的保鲜期长达一年。

日本在这方面的技术也比较领先，他们在纸箱内涂上一层可释放出远红外线的陶瓷涂料，它能放射出14μm远红外线，给予蔬果中的水分子以振动并使之活化，从而防御微生物的侵蚀，并能防止氧气的散失，大大延长了保鲜时间。

2. 抗盐雾纸箱

无论是水下潜艇、水面舰船还是岸炮部队，都会面临盐雾腐蚀金属物件的问题，假如在纸箱的表面涂布一层含有机钛的"抗盐雾涂料"，就能使内装的军械或零备件，有效防止盐雾中的氯离子与金属发生的电化学反应，该涂料在海底电缆上做过超长时间的试验，具有优异的表现。

3. 防尘纸箱

纸箱内壁上的防尘涂料，能将空气中飘浮的极细微尘埃，吸附在内壁上，在纸箱这个微环境中，使之内腔近似真空状态，特别适合高精密零件，如航空活塞类备品的长期储运。

4. 防硫纸箱

它是防锈技术的延伸，主要应用在精密电子元器件行业（注：本项目由达成集团、美国麦可门、日本夏普、江南大学包装系等四家单位共同研发）。以白银、铜合金等有色金属作为触点的精密电子元器件（或备件），当它们未封装前与空气中的二氧化硫发生反应后，表面会产生腐蚀。这是电脑、手机等产品发生死机的原因之一。纸箱内壁上的防硫VCI涂料相当特殊，需视有色金属的具体成分及含量来确定涂料的品种，如图2-9-2所示。

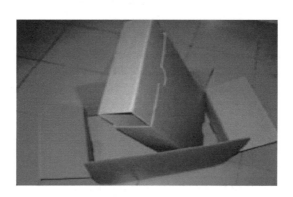

图2-9-2　防硫纸箱，有效期可达两年

5. 阻燃纸箱

一般常用纸箱都是易燃的，这在战场上或在有明火的环境中，都是一个大忌。在纸张正反表面涂上15～18g/m²的阻燃涂料后，纸箱就具备了良好的防火性能，当它接触明火后，纸箱只会短时间冒烟、炭化，而不会起明火燃烧，而且烟雾很快就会自动熄灭。

6. 防滑纸箱

当纸箱内装机件的重心是不对称的或偏移的，或者仓储时堆码过高，为了防止失稳倒伏，可在纸箱表面涂布防滑涂料，笔者公司在民用啤酒箱的堆码中取得过很好的应用实效。

7. 智能化包装物流

工业4.0促进了智能化包装物流的发展，特别是对军队的大型仓储、场站的意义更加深远。

我们与某军工所合作，在对纸箱进行特种涂布的基础上，采用镶嵌在纸箱上的无源RFID无线射频技术，对多品种、大批量物品从出厂、运输到仓储、出库的全过程进行信息化管理（见图2-9-3）。不但可以轻松寻址，而且能蜂鸣提示或夜间发光寻址，在野外则可以用北斗卫星快速精确定位。假如药品、食品、生物样本、武器装备及器材、备件等，对仓储环境有特殊要求的，则可加装温湿度、气体等检测模块，实现自动检测报警功能。

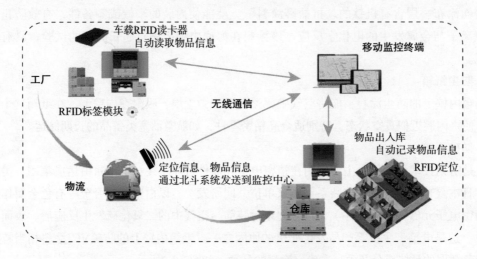

图 2-9-3　智能包装物流示意图

具有特种功能的纸箱品种还有很多，如抗电磁、防粘、防污、耐热、防红外线等。

当需要纸箱担当多种防护功能时，可用15～30mm宽的条状间隔，涂布不同涂料的方法来解决，图2-9-4即为"防硫+防静电"的双重涂布。

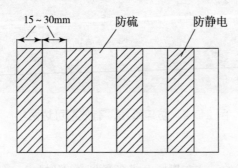

图 2-9-4　　"防硫＋防静电"双重涂布

涂布技术的核心是涂料，国内虽然也有生产，但品种较少，质量尚欠稳定，所以往往以进口为主。

由于涂布工艺简单，质量可靠，应用面广，价格低廉，涂层不含重金属、有害物质与微生物，因此也可以用于与食品、药品等直接接触的内包装。

第三章　相关包装标准的解读

第1节　中外包装标准的识读对照与数据转换

外资企业的产品包装，和我国海量的外贸出口订单所用包装，很多会选用瓦楞纸箱，而且大多数会按照外企母国的标准（或产品目的地国的标准）来生产与验收，因此读懂、理解世界主要工业国的纸箱标准，并且将它们与中国标准一一对照衔接，是承接涉外纸箱订单的第一步。

1. 纸箱的物理机械性能

瓦楞纸板各项技术指标的优劣，直接决定了日后瓦楞纸箱的性能，它主要涉及三个主要标准：美国标准、欧洲标准和中国标准。

（1）美国纸箱标准中的技术参数（见表3-1-1），采用英制，主要应用区域有美洲、大洋洲和东南亚地区等。品种等级的代号常以"ECT xx"来表示，因为单、双瓦楞纸箱的ECT数据都是不相同的，所以不会混淆，使用也很方便。

表3-1-1　美国瓦楞纸板技术参数

内装物最大质量/磅	纸箱最大综合尺寸/英寸	耐破强度/（磅/英寸^2）	面、里纸最小综合定量/（磅/1000英尺^2）	边压强度/（磅/英寸）
单瓦楞				
20	40	125	52	23
35	50	150	66	26
50	60	175	75	29
65	75	200	84	32
80	85	250	111	40
95	95	275	138	44
120	105	350	180	55
双瓦楞				
80	85	200	92	42
100	95	275	110	48
120	105	350	126	51
140	110	400	180	61
160	115	500	222	71
180	120	600	270	82

注：美国标准ASTM原标准中还有硬纸板与三瓦楞数据，因不常用，所以表中未引入。

我国采用公制单位，所有纸箱厂的设备、检测仪器等，都不具有英制识读功能，而某些公、英制力学值的转换又相当麻烦，具体的"单位换算"参考如下。

> 内装物的质量1 lbs = 0.4536kg
>
> 纸箱综合尺寸1 in = 25.4mm
>
> 耐破强度① 1 lb/in^2 = 6.896kPa
>
> 耐破强度② 1 lb/in^2 = 0.0703kgf/cm^2（日、韩常用）
>
> 边压强度1 lb/in = 175N/m
>
> 原纸定量1 lbs/1000feer^2 = 4.8825g/m^2

使用表3-1-1时需要注意的是，各项指标的选取，应该在同一档次上，如果某指标不在该档时，则应以较大的一档为准（在中国标准GB/T 6543表1"注"中也有相同的表述）。

应用举例：在外企正规纸箱图纸、技术文件或印刷唛头稿上，假如"质量标准"或"技术要求"中出现"ECT32"字样，具体操作方法是，先查表3-1-1，即可知道以下信息：

①瓦楞纸箱厂最关注的四个技术指标——该纸箱是单瓦楞，耐破强度值为200 lb/in^2，边压强度值为32 lb/in，面、里纸的最小综合定量84 lbs/1000ft^2；

②再按表3-1-1下面绿色框内所列的"单位换算"式，将它们转换成国内设备所能识读的公制单位，即耐破强度值为1379kPa，边压强度值为5600N/m，面、里纸的最小综合定量为410g/m^2；

③有了上述技术参数，就可以选配纸箱的具体用材了，由于各地原纸的等级、定量、含水率、生产厂家等有较大差异，确定用材后还需按"凯里卡特公式"或"马基公式"，复验该配材能否达到图纸规定的"耐破"和"边压"等要求（也可打实样验证）。

（2）欧盟纸箱标准中的技术参数（见表3-1-2，中文为笔者所加），主要采用德国DIN 55468—1（2004）《瓦楞纸板》之标准。

与美国标准不同的是，欧盟标准单位采用了公制，增加了戳穿强度值，并规定表3-1-2中的数据，不适用于D、E、F、G等特殊楞型，如单瓦楞是B楞时，表中边压强度等数据则应降低10%。

品种等级的代号以三位数字表示，如1.20或2.50等。

表3-1-2 欧盟瓦楞纸板参数

Type （类型）	Grade （等级）	Burstingstrength （耐破强度/kPa）	Punctureresistance （戳穿强度/J）	Edgewise crushresistance [边压强度/(kN/m)]
Single-wallcorrugated Fibreboard 单瓦楞纸板	1.10	600	3	3.5
	1.20	850	3.5	4
	1.30	1100	4	4.5
	1.40	1350	4.5	5.5
	1.50	1600	5	6.5
Multiple-wallcorrugated Fibreboard 多层瓦楞纸板	2.20	850	6	6.5
	2.30	1100	6.5	7
	2.40	1350	7.5	8
	2.50	1600	8.5	8.5
	2.60	1900	9.5	9
	2.70	2200	10.5	9.5

需要注意的事项如下。

①欧洲标准中细分了用于"运输"和仅作"存储"之用的两种不同纸箱，它们除了等级代号不同外，主要区别在于后者不需要测试戳穿强度值（注：因在华欧企极少用到后者，所以表3-1-2中将它与三瓦重型纸板数据作了删节）。

②纸箱成型后再测试各项指标数据时，欧洲标准规定实测值允许低于表3-1-2所示值，耐破强度不低于7.5%，戳穿强度不低于6%，边压强度不低于5%（注：中国标准GB/T 6543—2008在5.1.1中，规定各项技术指标允许低于表列规定值的10%），这一点往往被人们所忽视，也是供需双方常常产生矛盾纠纷的原因之一。

（3）中国纸箱标准中的技术参数（见表3-1-3），其相关的技术数据，分列在两个不同的国家标准中（即GB/T 6543—2008《运输包装用单瓦楞纸箱和双瓦楞纸箱》和GB/T 6544—2008《瓦楞纸板》），其中GB/T 6543—2008在起草制定时，主要参照了日本工业标准JIS Z 1506《运输包装瓦楞纸箱》（见GB/T 6543—2008中"前言"的首行说明），两者内容大同小异，因此对日资企业的纸箱，可变通参考中国的这两个标准。

表3-1-3　中国瓦楞纸板技术参数

种类	GB/T 6543—2008			GB/T 6544—2008		
	纸板代号（Ⅰ类）	内装物最大质量/kg	最大综合尺寸/mm	瓦楞纸板最小综合定量/（g/m²）	耐破强度/kPa	边压强度/（kN/m）
单瓦楞	S-1.1	5	700	250	650	3.00
	S-1.2	10	1000	320	800	3.50
	S-1.3	20	1400	360	1000	4.50
	S-1.4	30	1750	420	1150	5.50
	S-1.5	40	2000	500	1500	6.50
双瓦楞	D-1.1	15	1000	375	800	4.50
	D-1.2	20	1400	450	1100	5.00
	D-1.3	30	1750	560	1380	7.00
	D-1.4	40	2000	640	1700	8.00
	D-1.5	55	2500	700	1900	9.00

注：中国标准中将纸箱质量分为"1类箱（即优等品）"和"2类箱（即合格品）"，后者的各项技术指标均要低30%左右，一般外企不会采用2类箱，所以未采纳。

另外，当有些中小外企产品的销售，主要是面向中国市场时，他们也会入乡随俗，选用中国的纸箱标准。

2. 质量保证章（又称"纸箱证明书"，简称BMC）

由美国率先发起使用，后欧、日、韩等也逐渐模仿，它是一个质量保证的标志，证明该纸箱的各项物理指标，均达到或超过表列指数，是日后可能发生的投诉或争端的依据。它须与表3-1-1配套才能使用，一般印制在纸箱底部，由两个大小不等的同心圆组成，外圆直径为（3±1/4）英寸（69.9~82.6mm），当纸箱尺寸过小时，允许等比例缩小，但不得小于2英寸

（50.8mm）。在美国的纸箱标准中，规定了"质保章"有以下两种表述方式。

A类（图3-1-1），强调纸板的耐破强度。

B类（图3-1-2），强调纸板的边压强度。

包装箱制造商

瓦楞楞型类别

声明：纸箱性能合格

瓦楞纸板耐破强度

面、里纸最小综合定量

纸箱最大综合尺寸

内装物最大质量

包装箱生产国与城市

图 3-1-1　A 类质保章

图 3-1-2　B 类质保章

在美国"铁路运输规则" 41号第222条中，对质保章的格式、类型、用语、指标、数据等都作了明确的规定：

在内外圆的上方，印纸箱生产企业的名称，下方印该企业所在的国家和城市（产地证明）；内圆印有一项声明和四项技术指标（B类质保章只有三项指标）。

使用"质保章"时需要注意的事项如下。

（1）在A类质保章的表述中，未列出边压强度值。而B类的表述中未列出耐破强度和最小综合定额量值，因此必须在表3-1-1中寻找该一档次的对应数据。

（2）一些中小型外企，有时只提供母国公司的样箱，要求按样箱上的"质保章"生产，这时应该将"质保章"与表3-1-1结合起来读，并将各项英制数据转换成公制。

（3）"质保章"是纸箱生产商对质量的"符合性声明"，在"质保章"上印有"纸箱性能完全满足质保章规定的各项技术要求"的文字承诺，但有些纸箱厂不知其中利害，认为客户不具备专业测试手段，为低价抢夺市场订单，采用偷工减料、降低标准等不当做法，一旦客户出示第三方的专业测试报告，供需双方引起的纠纷、退货、索赔案件绝不在少数，既砸了自己企业的锅，也败坏了国家的声誉。

（4）"质保章"的使用还规定，当纸箱为三瓦楞（七层重型纸箱）时，纸箱是不测"耐破强度"的，而用"戳穿强度"替代，数值标注在"A类"图形的第一行上，单位是in.oz（英寸盎司），与公制单位的换算按1unit = 0.0299J（焦耳）。

（5）对组合包装（或称合成包装overpack），"质保章"需印制在外箱上，形状则由圆形改为矩形，尺寸为"3.5英寸×2英寸"（误差为0.25英寸）。

（6）印制"质保章"之前，应与客户协调，究竟是印A类图形还是B类，如客户没有特别指向，一般按习惯采用前者。

3. 瓦楞纸箱的不同箱型

由于瓦楞纸箱的结构、使用条件、材质、内装物形态等差异很大，所以纸箱的箱型有成百上千种，现国际上常见的箱型主要有以下两大类。

一类是由"欧洲瓦楞纸箱协会"等联合制定的"国际标准箱型"，目前是全球市场应用的主流，也是我国国家标准所规定的使用箱型，在GB/T 6543—2008"附录A"中，从02型至04型，共列有10款常用图谱，而09型则有44款图谱。它一般由4位数字组成，前二位是箱型种类，后二位是箱型的序号，并附有展开平面图和立体图，如0201、0421等，看起来很直观，使用很方便。

另一类是由日本、美国制定的它们的国家原标准，用"英文字母+数字"的命名方法，如A-2、C-3等等。目前，日本、美国等国家和地区也正逐步向"国际标准箱型"过渡靠拢，旧标准的使用频率已减少了很多。

但在一些外企纸箱图纸上，还经常会出现日美旧标准，很多纸箱厂往往会无从下手，其实只要按表3-1-4所列对照，就能很方便找到我们所熟悉常用的"国际标准箱型"了（该表摘自"日本工业标准" JIS Z 1507—1989《瓦楞纸箱箱型》，日文版）。

表3-1-4　两种常用箱型对照

分类	国际标准箱型	日、美国原标准	分类	国际标准箱型	日、美国原标准
02型	0201	A-1	03型	0301	C-1
	0202	A-2		0314	C-2
	0203	A-5		0320	C-3
	0204	A-3	05型	0504	B-1
	0205	A-4		0510	B-2
			06型	0608	B-6

4. 原纸的定量（俗称"克重"或"基重"）

在很多外企的纸箱技术标准中，常常会指定每张用纸的定量，而美国标准与中国标准里规定的都是"面、里纸综合定量"，由于中外包装用纸标准的差异，要按前者每张纸的定量都一一对应上，是有难度的，要么直接使用进口纸，要么选定量接近的国产纸（宁高勿低），配材时，除满足定量要求外，更要注重该纸的物理技术性能，确保纸箱在整个生命周期中，都能对内装物起到充分、有效的保护。

国外包装用纸的定量标准，最初源自美国的"铁路运输规则41号"，瓦楞纸只有26磅（127g/m^2）一种，箱纸板只有26磅（127g/m^2）、33磅（161g/m^2）、42磅（205g/m^2）、69磅（337g/m^2）四种（注："磅"的单位均为1 bs/1000feer^2，下同），其中26磅的箱纸板一般只用作五层纸板中间的夹芯纸。

后来欧洲、日本等沿用了美国标准，并将英制单位改成了公制（注：原纸定量单位转换时，可参见表3-1-1下面所列的绿色换算框）。

在中国标准中，瓦楞纸列有9种，箱纸板则有14种之多，优点是可选择余地大，缺点是生产加工时流水线频繁停机换纸，效率低、损耗多。

中国包装用纸的标准主要分以下两部分：

（1）国家标准GB/T 13024—2016《箱纸板》（民间俗称"牛皮纸"），规定的定量从90g/m^2～360g/m^2（见表3-5-2）。我国主要以再生废纸为原料，所以该标准中，分列了"优等品""一等品"和"合格品"三种，它们在紧度、耐破、环压、平滑、耐折、吸水等技术指标上差异很大，而欧美国家是没有后两种的，所以我们在配材时一定要注意这一点。

（2）国家标准GB/T 13023—2008《瓦楞芯（原）纸》，规定的定量从80g/m^2～200g/m^2（见表3-5-1），而且也列出了"优等品""一等品"和"合格品"三种，在优等品中又细分了"AAA""AA"和"A"三类，其中"优等品AAA"的物理指标与欧美的用纸标准相近，配材时应该别无他选。

5. 港式纸箱标准的识读

在我国还有一个地方标准，即流行于粤港地区的"纸箱标准"。

改革开放初期，大量港资企业落户广东，它们的包装纸箱都采用港式标准，（在粤的台资企业很多也采用港标），特点是纸张轻量化、品种单一，纸板规格少，能简化的则尽力简化，以压减库存，适应香港都市工业"地少租金贵"的特点。但随着改革的深入，很多港企（含台企）的产能又纷纷向内陆迁移，这对内地纸箱厂识读这些标准带来了不少困难。

（1）标准中使用英制和粤语方言

双瓦楞称"双坑"或"孖（音mā）坑"，用符号"="表示。单瓦楞称"单坑"，细瓦楞称"幼坑"。

三瓦楞用符号"≡"表示。瓦楞芯纸称"苤（音bì）纸"

（2）箱纸板用大写英文字母表示，英制，只有三种常用定量，如：

K纸，指36磅（205g/m^2）进口纯牛卡（很少用其他定量的）；

A纸，指33磅（160g/m^2）普通挂面牛卡；

B纸，指26磅（127g/m^2）普通挂面牛卡；

W纸，指26磅（127g/m^2）白卡纸。

（3）常用瓦楞芯纸只有一种规格，即26磅（127g/m^2）。

（4）常用纸板的楞型

常见的双瓦楞为BC楞，（AB楞一般不用），单瓦楞一般有B楞或C楞，电子行业需模切的单瓦楞（称"单坑啤盒"），一般用E楞。

（5）代号及含义

①单瓦楞常用代号：K3K，K3A，B3C，B9B，W3B……

例：A3B，指单瓦楞，面纸160g/m² + 瓦楞纸127g/m² + 里纸127g/m²，单瓦楞代号中的数字是指不同的楞型，如"3"指B楞，"9"指E楞等。

②双瓦楞常用代号：K=K，A=B，B=B，W=B，A=A……

例：K=A，指双瓦楞，面纸为进口205g/m² + 芯纸与瓦楞纸皆为127g/m² + 里纸为160g/m²。

双瓦楞代号中"="不是"等于"的意思，而是指双瓦楞，（音mā）。

③三瓦楞常用代号：K≡K或K#K都可以。

需要注意的是，在中国香港执行的标准中，用纸定量并不严谨，而且均未标明原纸等级，所以有时B纸并不一定比A纸差，因此供应商在接单时，一定要详细了解客户内装物的质量、附加值、箱内有无刚性支撑、是否易碎品等客观情况，合理配材，最好的办法是要求客户另附耐破强度、边压强度等技术指标。

瓦楞纸箱产品是一种抛货，运输成本占了很大比例，所以合理的采购半径应在一二百公里范围内，但有些外资企业和国内外贸生产厂，在当地找不到合适的纸箱生产厂，其中原因除纸箱厂的设备条件、技术水平外，还有就是对境外标准的判读困难，所以往往只能舍近求远。在我公司配套服务的客户中，大部分是涉外生产企业，分布在全国二十多个省、区、市，最远的送货距离达2000多公里，有的纸箱还直接整柜出口海外，这在纸制品行业中实属罕见。

第2节　化工染料产品的包装标准释读

所谓"标准"，是在一定范围内制定的共同法则，并经权威机构批准的行业"宪法"，无论在国内还是国外，纸包装行业历来都是标准化程度高度密集的领域。

同时，"标准"也是供需双方合作的基础，是技术评判、质量优劣、纠纷处理等经济行为中的"法律法规"，特别是在外资企业、高端客户中，"标准"的概念意识都非常强烈，因此学好标准，用好标准，贯彻标准，是每一个从业人员必备的基本功。

国家标准GB/T 25810—2019《染料产品标志、标签、包装、运输和贮存通则》（注：以下简称《新标准》），已于2019年10月18日正式发布，并将于2020年9月1日开始实施。

该标准2015年由国家标准化管理委员会立项，经酝酿、起草、讨论、修改、会审，历时四年，笔者作为主要起草人，现来谈谈对新标准中涉及纸箱包装的一些感悟。

中国是染料生产与出口的大国，现有中外生产企业约450家，产量占世界的70%以上。国内染料成品外包装的形式很多，经我们对中国主要的大染料生产区域的一百多家生产厂的调研，这些包装物所占的比例大约为：

钢桶包装占1%，纸桶包装占6%，编织袋包装占5%（含吨袋），纸箱包装占88%。

染料包装每件内装物重量绝大多数为25kg（见新标准4.4.2.5），一般堆码高度8层，属于重磅码垛，仓储时间少则数月，多则数年，而且存储条件往往都较差，甚至很恶劣。

过去国内染料外包装皆以铁桶为主，后为降本逐步改为纸桶，随着经济发展，世界染料巨头德司达、汽巴（亨斯迈）、科莱恩（昂高）等纷纷进入中国市场，而他们100%采用瓦楞纸箱包装，这些超强染料纸箱的特点如下。

（1）纸箱抗压强度特高：可达8000N以上，高出国家规定的纸箱出口标准值（见SN/T 0262—1993的3倍多，已胜过纸桶（国家纸桶标准GB/T 14187—2008规定"一级桶"的堆码载荷仅为4900N）。

（2）包材成本低廉：超强复合纸箱之单价，仅为纸桶价格的1/2和铁桶的1/3 。

（3）大大降低运输成本：由于方型纸箱能在同等空间内，创造最大限度容积，如一个20英尺标准货柜内，可以装载12~15t染料（视染料品种而定），与圆形的铁桶、纸桶相比，能节省海运费20%左右。

（4）节省仓储空间：纸箱未使用前，可折叠成平面，比圆桶节省仓储容积90%以上。

（5）加快了生产线的包装速度：这种超强纸箱，去除了传统低档纸箱所需的围衬、垫板等附件，提高了包装速度，降低了工人劳动强度及包装成本，更适宜自动包装线机械化包装与真空吸附提升移位。

（6）纸箱表面可进行防潮处理：有利于较长时间的储存及恶劣条件下的运输。

（7）提高了包装物的品位：纸箱可作精美印刷（四色或更多），有利于提高产品的档次及企业形象的宣传，是纸桶、铁桶所无法比拟的。

（8）环保与资源再生：使用完毕的纸箱，不但不会造成环境问题，而且是宝贵的再生资源，完全符合出口欧美的绿色、节能、减排要求和RoHS指令。

装载染料的瓦楞纸箱与我们常见的普通纸箱是两个不同的品种，从表3-2-1的各项指标数据的比较中即可看出：

国内外常规纸箱的各项技术指标，都无法满足染料包装的需要，而且差异巨大。

近年来，虽然瓦楞纸箱在机电行业已得到广泛应用，但它们的载荷能力往往不需要很高，因为内装物本身能承重（如汽车零部件）、箱内有发泡塑料等附件（如冰箱、洗衣机等），它们本身可以分担部分压力，而染料纸箱却完全要靠纸箱来承重，因为箱内无任何刚性支撑。

表3-2-1　国内外染料用箱比较

相关标准或要求 / 主要指标	中国GB/T 6544—2008中对应的双瓦楞纸板	中国SN/T 0262—1993规定的出口双瓦楞纸箱的指标	美国ASTM标准所规定的的相关指标	具代表性的用户汽巴（亨斯迈）规定的染料箱指标
边压强度/（N/m）	7000	6850	7350	12200
耐破强度/kPa	1380	1570	1379	2660
空箱抗压强度/N		3635		6300（且有四处切口）

用重型瓦楞纸箱装载化工染料，德国技术最先进，早在1987年就制定了标准DIN 55468—1：1987，该德国标准不但规定了重型包装箱的各项物理技术指标，而且将创新的"复合双瓦楞"技术引入标准的附录中。

在两张复合瓦楞纸中间，被固化了的是玉米淀粉黏结剂，它好像一层薄薄的塑料硬片，在两张柔软的瓦楞纸中，起到了刚性骨架的强化作用，因此，它比同材质、同定量、同工艺的常规双瓦楞纸板的边压强度要高出20%以上，平压强度更是出众，要高出数倍。

我们在消化吸收该德国技术时，成功改造了进口流水线，创造性地在玉米淀粉黏结剂中添加了特种防潮剂与玻璃纤维等增强材料，使纸板的各项强度指标更上一层楼。

本次新标准中，增加了六处关于"危险货物"与"危险化学品"（亦称"危险品"）的表述，这是两个不同的概念，但相关从业人员与承运者往往会将它们混淆。

国际上"危险货物"的概念来自TDG（即"关于危险货物运输的建议书"规章范本），其针对的是该货物的运输环节，强调其短期危害性。

而"危险化学品"主要来源GHS（即"全球化学品分类与标签统一协调制度"），它主要指该化学品在生产、使用、贮存、流通、废弃等环节中的长期危害性，两者没有必然的联系。

"危险货物"不一定是"危险化学品"，如锂电池、汽车安全气囊等。

"危险化学品"也不一定是"危险货物"，如六溴联苯、二苯基甲烷二异氰酸酯等。

它们两者各自有几百种不在对方的序列中。对包装容器的生产企业而言，重点关注的是前者"危险货物"。

染料的品种很多，除用于各类纺织品外，在油漆、涂料、塑料、橡胶、皮革、纸张、木材等行业，都有广泛的应用。

目前在我国生产的染料品种约有1200种，其中因腐蚀、有毒、易燃、致癌等原因，被列入"危险化学品"的仅几十种，在GHS中占比极低。但在TDG中，大多数染料品种却被列入了第9类"杂项危险物质和物品"，它主要的危险表现是"危害环境"，它们在联合国"危险货物"名录中的编号分别是UN 3077（固态）和UN 3082（液态）。

当大多数属于"危险货物"的染料产品需要出口时，按国际通行的做法，我国规定了对其包装容器要进行强制性检验，一般流程需两周左右。

①染料生产厂先提供权威机构出具的该染料"货物运输条件鉴定书"（有的省市为"危险货物分类鉴定书"等）。如鉴定结果不属于"危险货物"（极少数），那很幸运，按正常普货标准生产包装容器即可。如确认是"危险货物"，那"鉴定书"中会包含该染料的危险属性、类别、联合国编号、特定运输方式、包装容器的等级（视危险程度，由大到小分为Ⅰ、Ⅱ、Ⅲ类包装），以及其他一些信息。

多年的生产实践告诉我们，大多数染料品种使用的都是危害程度相对较轻的Ⅲ类危包。

②具有"危包生产资质"的包装厂，按照"鉴定书"规定的包装容器危险等级，按GB 12463—2009中对应的堆码、跌落等具体指标要求，设计、加工特定的包装物。

③国家海关总署（原"国家出入境检验检疫局"）派员在包装厂现场抽样、盖章、封存。

④包装厂将样品送指定的国家权威机构，对它的质量进行法定检验。

⑤包装容器检验合格后，由海关总署出具"出入境货物包装性能检验结果单"，作为该染料日后出口通关的重要凭证（该单证一年内有效，可拆分使用6次）。

瓦楞纸箱是一种纤维物质，它对大气中的水蒸气十分敏感，一旦吸潮，纸箱的各项强度指标都会大幅度下降，甚至完全失去功能，而现在的"防潮包装"（GB/T 5048—2017），只是采用在箱内放置干燥剂等措施，并不能解决纸箱本身受潮的问题。

目前市场上较多采用一种丙烯酸类的溶液，在纸板复合过程中将它涂覆在纸板表面，以达到防水防潮效果。而用进口涂布机加工的防水层，表面的吸水性指标已达到2.56g/m²的高水平（可作盛水容器）（详见第二章第1节），目前已被广泛应用在染料包装纸箱上（见新标准4.3.2）。

另外，瓦楞纸箱黏结点上的糨糊含水率，一般在80%左右，水分子会向原纸内部不断渗透，在瓦楞中形成水分梯度，即水分多的地方向水分少的地方漫延，使整个瓦楞纸板逐渐受潮变软（见图3-2-1），因此像亨斯迈等一些染料巨头，他们所用的纸箱实行强制性"抗水性黏结"的要求，即ISO 3038：1975《瓦楞纸板胶粘抗水性的测定（浸水法）》之规定，（注：国家标准GB/T 22873—2008以它为蓝本），解决此问题的办法是在常规黏结剂中加入特殊添加剂，以锁住水分的流动，保持纸箱的刚性。

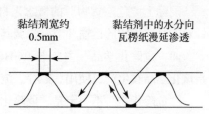

图 3-2-1　瓦楞纸板受潮的过程

瓦楞纸板的强度提高后，带来的另一个问题是封箱时摇盖回弹，用封箱带常会封不住，因此不少大型企业改用了自动或手工的"热熔胶封箱"工艺（见图3-2-2），而且摇盖上的压线往往会采用"碰线机"等特殊设备与手段。

鉴于染料包装现场环境恶劣，及人力成本的不断提高，很多大中型染化厂都使用了自动或半自动包装线，正规自动线的末端都需要用真空吸附的方式，将包装好的纸箱提升后位移到托盘上（图3-2-3），但由于纸张表面的空隙等原因，普通纸箱往往形成不了足够的真空度，必须对纸张表面进行特殊的处理，只有当纸箱的表面透气度小于等于3.5μm/（Pa·s）时，才能将毛重约27kg的纸箱提升起来，并且时间长达7秒以上（详见第五章第6节）。现在较多的解决方法是在纸箱的局部位置印刷一层特殊油墨，更好的方法是在纸箱表面涂布一层特殊涂料。

图 3-2-2　手工封箱

图 3-2-3　某染料厂 9 箱同时真空提升

对染料纸箱而言，还有很多其他特殊要求，例如以下几种。

（1）染料纸箱必须与内层塑料袋配套使用，塑料袋的周长应大于纸箱内径5%左右（见新标准4.4.2.2），以保证装料时纸箱四角能填充满，当然如能采用方底塑料袋效果则更佳（见新标准4.4.2.1）。

塑料袋一般采用聚乙烯吹塑薄膜（注：高密度聚乙烯用于束带扎口，低密度聚乙烯用于高温热封）（见新标准4.4.2.3），厚度≮0.1mm，不允许使用回料，拉断力、伸长率、冲击强度、水蒸气透过率等主要技术指标应符合GB/T 4456—2008与GB/T 10004—2008的规定（见新标准4.4.2.4），足够的耐破强度，能确保内袋在与纸箱内角凸起的接舌摩擦时不致破损。塑料内袋还应具有防静电的功能，以防止倾倒时染料黏附在塑袋内壁上。

（2）纸箱接合处宜用粘接方式，一般不允许采用打钉，以防止锋利的钉头将内装的塑料袋钩破。

（3）染料在动态运输时，内装物对纸箱壁的向外张力很大，所以纸箱接合处的外层应加粘夹线强力水胶带（图3-2-4）。

（4）高端染料箱与出口欧美的染料箱，还要求装撕裂带（俗称拉链），使用时可直接拉开上盖，而不需要使用美工刀等锐器开箱（见图3-2-5），它一方面符合国际惯行的"职业健康安全管理体系"（即"OHSAS 18001"）所规定的对现场作业人员的相关要求，同时也可避免用美工刀等锐器开箱时割破内塑料袋的风险。

图 3-2-4　加粘夹线强力水胶带

图 3-2-5　拉开撕裂带开箱

（5）80%以上的染料纸箱，都需要在箱面上加粘不干胶标贴（见新标准5.1），为使粘贴位置正确、齐整，需要在纸箱上预印加粘框，一般有这么几种方式：图3-2-6中1与2为固定式，3为不确定式。

（6）由于大多数染料因污染环境而被归入第9类"杂项危险物质和物品"，按照国务院第591号令"危险化学品安全管理条例"与国家质检总局2012年30号公告，"关于进出口危险化学品及其包装检验监管有关问题的公告"，无论内销还是出口的大多数染化产品，都应该印上国际通行的第9类"危险货物"标签（见新标准5.3）（见图3-2-7）。

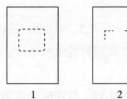 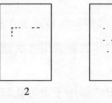 

图 3-2-6　加粘不干胶标贴　　　　　图 3-2-7　"危险货物"标签

（7）大多数中小染料厂，均采用传统的手工装箱方式，操作工手套上的颜色常常会污染到纸箱的外表面，为此，不少染料厂采用了"以色遮丑"的办法，在纸箱外表面大面积印刷特种油墨颜色，尽量与染料颜色相近。

（8）对染料纸箱的使用也有讲究，由于是重磅码垛，所以使用不当会出现很大问题。日常所见的悬臂堆码、错落堆码、狼牙交叉式堆码等都是不允许的，而推荐使用齐平式堆码或更先进的"底部二层活用堆码"或加纸护角堆码等（详见第一章第7节）。

（9）国家质检总局、商务部和海关总署于2007年联合发布了"第70号公告"，对"不用于人类食品或动物饲料"的124种产品，在外包装上还必须印刷"仅用于工业用途"等字样，染料也名列其中。

（10）新标准中对25kg装染料纸箱的长、宽平面尺寸，作了规范（见新标准4.4.3.4）。目前多数染料厂在1200mm×1000mm标准托盘上，摆放纸箱的排列次序为3×4或3×3，即纸箱平面尺寸为333mm×300mm和400mm×333mm。

（11）出口染料如属"危险货物"，还应在包装容器的醒目位置，按规定印上国际通行的"双排信息码"（见新标准5.4），它应包含包装类别、危险等级、内装重量、染料形态、包装物的生产地与生产厂家、生产批号等详细信息（见图4-5-3）。

（12）大尺寸的托盘吨箱（见新标准4.4.5），现用超强瓦楞纸箱的也逐渐增多，特别是出口欧美的染料，其纸箱的结构也有了较大的变化，如八角箱、加撑套箱等。

（13）当包装采用胶带封箱时，封箱带在纸箱两侧面的下垂距离一般在50mm以上，因此，有的包装标准会对印刷位置作相关的规定，如GB 1019—89的5.2.1.7中就有如下描述："纸箱采用压敏胶带封箱，胶带宽度不应小于60mm，二端下垂长度不应小于50mm，且不得压盖箱面标志及字迹。"

（14）染料装箱时往往温度较高，当封箱密闭后，箱内高温降到常温所产生的水蒸气，会被纸箱吸收，使强度迅速下降，解决的办法是在适当位置开排气散热孔或在纸箱内层涂防水剂（详见第五章第7节）。

综上所述，染料纸箱虽然具有重磅纸箱的一些共性，但也有很多其他纸箱所不具备的特性，从加工设备、材料、工艺、设计、技术指标、测试、使用等各个环节都可以看到这一点。

我们生产染料包装用瓦楞纸箱，已有十几年的历史，除引进德国纸板流水线，采用德国加工标准外，还自主研发取得了一批国家专利，染料纸箱的全国市场占有率约为2/3。

与染料特性相近的其他化工原料、医药半成品、化学中间体、助剂、添加剂等，已大量采用染料纸箱的这些技术，成为出口用包装容器的主力，取得了较好的经济效益与社会效益。

第3节 标准托盘与硬质直方体纸箱的尺寸

瓦楞纸箱的尺寸设计如何与标准托盘匹配，是很多产品生产企业急需要解决的一个问题，它是企业包材标准化、降低物流成本和走集装化单元运输的必由之路。

在物流系统中，说到纸箱，必然会牵扯到托盘。

国务院十部委于2018年发布了《关于推广标准托盘发展单元化物流的意见》，要求在2020年底前，标准托盘的保有量应提高到37%以上。

所谓的"通用托盘"又被称为"可移动地面"和"活动货台"，是货物物流的重要载体，是衔接运输、包装、仓储、装卸、配送、搬运等物流环节的主要接口，以实现物流全过程的效率最大化、成本最小化。

托盘的材质无论是木、纸、塑、金属还是其他，结构是单面还是双面、双叉还是四叉，它们的平面尺寸都是标准的。

①美国及大洋洲内国家的尺寸标准：

1219mm×1016mm（48英寸×40英寸）

1144mm×1144mm（45英寸×45英寸）（利用率高）

②欧洲的尺寸标准：

1200mm×1000mm

1200mm×800mm

③日本、韩国、新加坡等国家的尺寸标准：

1100mm×1100mm

1067mm×1067mm（42英寸×42英寸）

上述六种托盘尺寸均被国际标准化组织认定为国际标准（ISO 6780），中国从中精选了两种，目的是结合中国实际，力求简化统一，与全球经济融为一体。

④中国的通用平托盘标准尺寸确定为（见国家标准GB/T 2934—2007）：

一种是1200mm×1000mm（优选，主流），另一种是1100mm×1100mm。

中国的标准托盘尺寸，和货物进出口所用的国际标准集装箱尺寸是协调匹配的，以确保集装箱内容积的空间利用最大化，图3-3-1是这两种托盘尺寸在国际标准集装箱中的摆放。

从图3-3-1可见，1100mm×1100mm的托盘空间利用率会更高。

托盘随着货物在生产商、批发商、销售商和用户之间周转，托盘的这种流通性，要求托盘尺寸具有以下性质：

（1）要与产品包装模数相适应，以保证托盘有最佳的载货效率；

（2）要与各类叉车尺寸相适应，以优化装卸效率；

（3）要与货架规格相适应，以提高仓储效率；

（4）要与货运汽车、火车篷车、集装箱规格相适应，以改善运输效率。

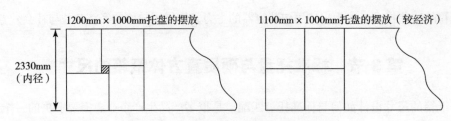

图 3-3-1　不同尺寸托盘的摆放方式

为此，中国邮政系统调整了包裹包装模数，工业和信息化部修改了卡车车厢的轮廓尺寸，陆运集装箱尺寸也做了修订，国家还重新规划了一系列与托盘有关的设计标准，如桥梁、隧道、货站站台、仓库支柱间距等。

可以说，中国商贸物流的标准化取得了很大成果，将托盘作为抓手，力图打通上下游的物流，以求"书同文""车同轨"。

但几年来，实际的使用情况却并不理想，不少企业仍自行其是、自定尺寸，例如某公司主产某化工原料，每只纸箱装25kg，托盘的规格尺寸竟多达11种，每种都需要备库，光托盘仓库就有楼上与楼下之分，占了很大库容，所用的纸箱之平面尺寸更是五花八门、规格繁多，无法优化仓库管理和标准化作业。后来工厂进行现代化改造，欲将手工包装改为全自动机械包装，这时才发现问题，因为光频繁调试自动线的尺寸，就耗用了大量的时间。

作为托盘上的货物载体——纸箱，它的平面尺寸与托盘是严格匹配的，在GB/T 4892—2008《硬质直方体运输包装尺寸系列》（也就是ISO 3394：1984，NEQ）中，对直方体包装箱尺寸作了规范，国家标准中的"倍数"值就是托盘平面尺寸，另外列出了"模数"和"约数"两个概念，并配有完整的图谱。

国家标准中1100mm×1100mm款的"约数"大多呈小数，使用时不很方便。

目前市场上的纸箱，码放在托盘上，不外乎呈三种情况，正确使用的比例并不高。如图3-3-2所示，纸箱尺寸超出托盘，形成了糟糕的悬臂梁力学结构，这种现象在大多数工厂都存在，资料证明，当纸箱露出托盘12mm时，纸箱的抗压强度将下降29%（详见第一章第7节）。图3-3-3，托盘四周均有留空，浪费了运输与仓储空间，提高了物流成本，降低了托盘最佳的载货效率，更严重的是，增加了动态运输时码垛上部纸箱的摇晃幅度，造成最下层纸箱的加速破损。图3-3-4，纸箱与托盘齐平，是理想状态（注：实际使用时，纸箱往往还应缩进托盘单边1～2cm为佳，对某些物料，还要防止装箱后鼓肚，设计纸箱尺寸时要预先将它考虑进去）。

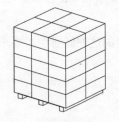 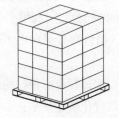 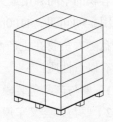

图 3-3-2　纸箱尺寸超出托盘　　图 3-3-3　托盘四周均有空　　图 3-3-4　纸箱与托盘齐平

纸箱内装的产品面向的是各行各业，太多太杂，不可能像托盘那样制定一个统一的纸箱平面尺寸标准，但国际上一些著名企业的做法却值得推崇，它们不是"以物定箱"，而是"以箱定数"（小件物料很容易做到）。

表3-3-1与图3-3-5是全球某顶级汽车制造厂纸箱标准规格，只有20款纸箱尺寸，它可以使分布在全球的数以千计的零部件供应商，使用统一的纸箱尺寸标准，为数十万种材质各异、形状千差万别的汽车零部件包装所用，标准化、系列化、通用性程度极高。

表3-3-1　标准纸箱的技术参数

指标 序	型号 IMC Carton Number	公制尺寸/mm Exterior Dimensions (mm)			英制尺寸/英寸 Exterior Dimensions (in)			包装箱自重 Tare Weight (est.)	耐破 Minimum Carton Burst Strength (lbs)	楞型 Flute Size (Combo)	箱型 Box Desing (Type)	最大装载量 Maximum Weight Per Box kgs(lbs)
		L	W	H	L	W	H	kg.(lbs)				
1	IMC010	140	240	120	9.5	5.5	4.75	0.1(0.3)	275#	C	RSC	15(33)
2	IMC020	140	240	240	9.5	5.5	9.5	0.2(0.4)	275#	C	RSC	15(33)
3	IMC030	280	240	120	11	9.5	4.75	0.2(0.5)	275#	C	RSC	15(33)
4	IMC040	280	240	240	11	9.5	9.5	0.3(0.7)	275#	C	RSC	15(33)
5	IMC050	280	480	120	19	11	4.75	0.4(0.8)	275#	C	RSC	15(33)
6	IMC060	280	480	240	19	11	9.5	0.7(1.6)	275#	C	RSC	15(33)
7	IMC070	560	240	120	22	9.5	4.75	0.3(0.8)	275#	C	RSC	15(33)
8	IMC080	560	240	240	22	9.5	9.5	0.8(1.7)	275#	C	RSC	15(33)
9	IMC090	560	480	120	22	19	4.75	1.3(2.9)	275#	C	D/C	15(33)
10	IMC100	560	480	240	22	19	9.5	21.(4.5)	400#	CA	RSC	30(66)
11	IMC110	560	480	480	22	19	19	2.8(6.1)	400#	CA	RSC	60(132)
12	IMC120	560	960	120	38	22	4.75	2.3(5.0)	275#	C	D/C	30(66)
13	IMC130	560	960	240	38	22	9.5	3.9(8.5)	500#	CA	RSC	60(132)
14	IMC140	560	960	480	38	22	19	5.1(11.2)	500#	CA	RSC	60(132)
15	IMC150	1120	480	120	44	19	4.75	1.7(3.7)	275#	C	D/C	30(66)
16	IMC160	1120	480	240	44	19	9.5	3.7(8.1)	500#	CA	RSC	60(132)
17	IMC170	1120	480	480	44	19	19	4.9(10.8)	500#	CA	RSC	60(132)
18	IMC180	1120	960	240	44	38	9.5	8.2(18.0)	500#	CA	RSC	60(132)
19	IMC190	1120	960	480	44	38	19	9.6(21.2)	500#	CA	RSC	210(462)
19	IMC193	1120	960	480	44	38	19	12.7(28.0)	1100#	CAA	RSC	250(550)
20	IMC200	1120	960	960	44	38	38	12.3(27.1)	450#	CA	RSC	420(924)
20	IMC203	1120	960	960	44	38	38	17.0(37.4)	1100#	CAA	RSC	500(1100)

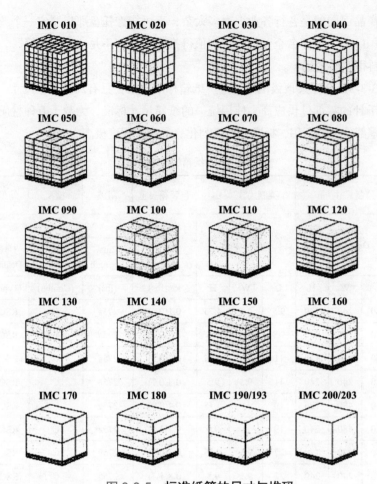

图 3-3-5　标准纸箱的尺寸与堆码

表3-3-1列出了这20款纸箱的尺寸（公英制）、楞型、箱型、纸箱用材自重、物理指标、纸箱内装物的最大重量等主要数据。

图3-3-5是这20款纸箱在标准托盘上的码放位置、方向、高度（层数）等信息，从中也可看到，纸箱尺寸与托盘尺寸是无缝对接的。

在选用纸箱长宽平面尺寸时，同时还要兼顾纸箱的高度尺寸。

著名科学家华罗庚在20世纪70年代，简化、推广了有名的"0.618法"，也被誉为"黄金分割原理"，有人称它为"华罗庚法则"，它在纸箱行业的应用效果同样是很显著的。

纸箱是三维立方体，作为产品生产用户，重点关注的是纸箱的内容积，而纸箱厂计价，则是以纸箱展开后的实际用材大小乘以平米单价，它们之间有个最佳黄金分割比，即

$$长：宽：高 = 1.618：1：1.618$$

当符合此法则时，纸箱的容积最大，用材最省，价格最低、强度最合理，搬运时更符合人体力学原理。

笔者曾为世界500强的某制药厂做方案整合，在纸箱材质和内装小盒数量不变的前提下，只是调整了长、宽、高三者的尺寸关系，每年的纸箱采购价就下降了220万元，而且由于纸箱本身高度

增加、堆码层数减少（限高3m），最下层纸箱的承压减轻，运输的破损率也有明显改善。

木质托盘上铺板的条数与尺寸，对绝大多数用户而言，都不太会去关注"内悬臂"的危害，它与图3-3-2"纸箱超出托盘边缘"造成"外"悬臂梁破坏一样，常常被人们所忽略（详见第一章第8节）。

GB/T 31148—2014《联运通用平托盘木质平托盘》中，规定1200mm×1000mm优选款托盘的铺板条数与尺寸有两种：

①标准中B.1和B.2项规定；铺板设11条，其中9条宽度90mm，2条宽80mm，铺板间空隙尺寸为25mm（注：指1200mm长度方向，下同）；

②B.3项规定：铺板设9条，除2条宽115mm外，另7条宽90mm，铺板间空隙为39mm。

但在很多中小企业托盘的实际使用中，真正符合国家标准要求的托盘并不多，不知是用户为降低采购成本还是供应商偷工减料。有的托盘减少了铺板条数，有的使木条尺寸变窄，结果铺板间的空隙大大增加，造成了图3-3-6（圆圈中）那样的"内"悬臂梁结构，加速了堆码纸箱的劣化，有时产品在仓库里还未出货，最底层纸箱边缘落在铺板木条空隙处的部分，就已变形或塌陷。

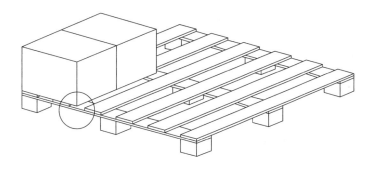

图 3-3-6　　"内"悬臂梁结构

解决的办法：

①采购符合国家标准规定的托盘；

②在托盘与纸箱间增加一块垫板。

对出口型企业而言，托盘的尺寸往往会采用目的地（国）的规格。

在我国的沿海地区，有成千上万的化工企业，它们出口的化工原料、医药半成品、中间体、添加剂、助剂等，大多数采用欧、美惯用的25kg装纸箱，托盘尺寸则采用美、澳标准中空间利用率最高的一款，即1144mm×1144mm，纸箱在托盘上的布局为3×4（见图3-3-7），纸箱平面的长、宽尺寸基本已定型，为370mm×275mm（注：已考虑装粉料后纸箱可能的鼓肚量），而内装物比重的不同，只须调节纸箱的高度即可。另外该纸箱的长、宽、高之比，也比较接近"黄金分割"的比例。

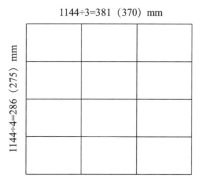

1144÷3=381（370）mm

1144÷4=286（275）mm

图 3-3-7　　1144mm×1144mm 的托盘

第4节 第9类危险品包装用纸箱

国际上将危险品分为9类，前8类都有明确的划分指向和标准，如易爆、易燃、氧化、有毒、感染、放射性、腐蚀等，而第9类的界定则比较复杂困难。凡不具有前8类危险特性、而在物流过程中又会对环境、人员与设施（如航空器）造成伤害或干扰的物品，全部列入第9类，统称为"杂项危险物质与物品"。

按照联合国相关法规，我国公布的"危险化学品目录"（2015年版），主要是指单一化学物质。而第9类杂项皆未列在这个目录中，后者包含的品种繁多，分类复杂，运输要求各异。

其中除含一般化学品外，还包括比较常见的锂电池、安全气囊、救生器材、鱼粉、磁性材料、微细粉尘，燃烧可形成二噁英、含致癌与使细胞突变、转基因微生物的物品，以及对环境有害的固体与液体、需高温运输的货物等。

人们泛指的"危险品"，实际上包含了"危险货物"和"危险化学品"两大类，而困扰包装容器生产和使用企业的是：常常会将它们两者混淆，造成货物进出海关时受阻。

国际上"危险货物"的概念来自TDG（即《关于危险货物运输的建议书》规章范本），它共列出了3495种产品条目，其针对的是该货物的运输环节，强调其短期危害性。

而"危险化学品"主要来源GHS（即"全球化学品分类与标签统一协调制度"），它共有2828项目录，主要指该化学品在生产、使用、贮存、流通、废弃等各环节中的长期危害性，两者没有必然的联系。

"危险货物"不一定是"危险化学品"，而"危险化学品"也不一定是"危险货物"。它们两者各自有数百种不在对方的序列中。

对包装容器的生产企业而言，重点关注的是前者"危险货物"。

表3-4-1是两者的示例说明。

表3-4-1　两者的示例说明

序号	货物名称	危险化学品	危险货物	说明
1	甲醇	Yes	Yes	挥发性液体、易爆、有毒
2	六溴联苯	Yes	No	致癌，短期无明显危害
3	锂电池	No	Yes	易爆易燃，但不属于化学品范畴
4	氯化钠	No	No	化学稳定性好（食盐的主要成分）
5	二苯基甲烷二异氰酸酯	Yes	No	低毒，运输中一旦泄漏与水反应生成脲类化合物，不会造成危害

由于"第9类危险货物"分类、鉴别的专业性强，技术含量高，而一般人员与机构均不具备这方面资质，因此，包装企业在承揽"第9类危险货物"的包装业务时，一定要货主提供有资质的"国家权威检测机构"出具的该产品的"货物运输条件鉴定书"，该"鉴定书"会作出此物品是否属于"危险货物"的结论。如"是"，那"鉴定书"还会提供该货物的危险性质、国际通行的UN编号及包装容器的等级（注：按危害大小程度的不同分为Ⅰ、Ⅱ、Ⅲ级），不同等级的容器对堆码、跌落等技术指标的要求差异很大，因此包装厂要严格按照规定等级来设计、生

产强度指标相适宜的容器。

制造完成后的危包容器，还需要经过国家法定部门的现场封样，并送指定危包测试中心，经检验合格后，方会以国家海关的名义颁发"出入境货物包装性能检验结果单"（俗称危包证），此单证是该货物进出口通关的必备凭证。

我们每年生产的"第9类危险货物"所用的危包纸箱约1500万只，主要涉足"第9类危险货物"中批量较大的几个板块。

1. 污染环境类产品

这类产品以化工染料为典型代表。

全球的染料品种共有2.7万余种，其中在国内生产的有1200余款，大多数属"危险货物"，但绝大多数又不属于"危险化学品"，权威机构在鉴定某染料是否属"危险货物"的主要依据是：强制性国家标准GB 30000.28—2013《化学品分类和标签规范第28部分：对水生环境的危害》中所细列的各项具体技术指标与数据，检测结论证实，绝大多数染料品种都被归入了联合国"危险货物"，其编号为UN 3077（固态）和UN 3082（液态），且多数属于危害程度较轻的Ⅲ类危包。

常用染料纸箱的设计标准：箱型0201，内装物重25kg，堆码8层，储存时间两年，由于内装物不具备刚性支撑，完全靠纸箱的四个角与四条边承重，因此对纸箱的抗压、耐破、防潮等指标要求都很高，我们专门研发了一种专利产品——六层复合双瓦楞高强度防水纸箱，空箱抗压强度可达1000kg以上，很好满足了上述苛刻要求（详见第一章第2节）。

2. 粉尘危害类产品

主要指医药原料、化学半成品、中间体、添加剂、助剂、生活用粉类等微细粉尘状产品，它的界定依据是GB/T 5817—2009《粉尘作业场所危害程度分级》，将"可进入肺泡的粉尘粒子，其空气动力学直径均在7.07μm以下"的物质，导致"可进入整个呼吸道（鼻、咽和喉、胸腔支气管和肺泡）"，这类危害人体健康的粉尘归入了"第9类危险货物"。

这部分产品种类繁多，包装情况基本与染料纸箱类似，大多数内装25kg物料，内衬塑料袋，箱内无刚性支撑，对纸箱有较高的堆码指标要求。

部分产品的包装形式采用"带托盘吨箱"，它的纸板采用"AA双瓦楞"或"ABC、ACC或AAA三瓦楞"，主要用于大批量出口，纸箱的承重能力都要求在1吨以上。

3. 锂电池产品（含锂金属电池和锂离子电池）

锂电池是近年发展迅猛的一种新能源产品，作为应用广泛的清洁能源，涵盖了很多电子电器领域，但由于它的性能不够稳定，发热后易爆易燃，因此被归为危害程度中等的"Ⅱ"类危货。

我们承接某著名外企品牌的电动汽车专用大容量扁平锂电池，自重达170kg，电容量一般都在20Ah以上，外形长度超过1m，而且重心严重偏移，所以纸箱在设计时采用了"03套合型"，由于堆码层数多，承重大，纸箱内设计了多处承重块（采用蜂窝纸板裁切后拼接），见图3-4-1"T"型锂电池及包装箱。

另外，单一的锂电池与装在设备上的锂电池，对包装箱要求是不同的，联合国的UN编号也不同（详见第四章第5节）。

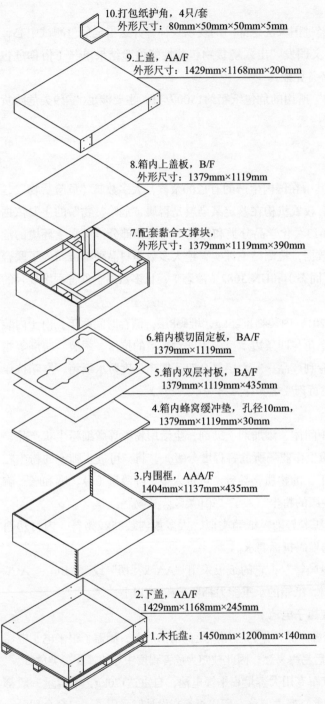

10.打包纸护角，4只/套
外形尺寸：80mm×50mm×50mm×5mm

9.上盖，AA/F
外形尺寸：1429mm×1168mm×200mm

8.箱内上盖板，B/F
外形尺寸：1379mm×1119mm

7.配套黏合支撑块，
外形尺寸：1379mm×1119mm×390mm

6.箱内模切固定板，BA/F
1379mm×1119mm

5.箱内双层衬板，BA/F
1379mm×1119mm×435mm

4.箱内蜂窝缓冲垫，孔径10mm，
1379mm×1119mm×30mm

3.内围框，AAA/F
1404mm×1137mm×435mm

2.下盖，AA/F
1429mm×1168mm×245mm

1.木托盘：1450mm×1200mm×140mm

图 3-4-1　大型锂电池包装纸箱

4. 气体发生器类产品等

主要指救生器材、汽车安全气囊、安全带卷收器等货物。由于这类产品形状各异，所以很考验包装容器设计者的功力，所用的包装纸箱，对各项强度指标要求都很高，而且往往会采用异型箱，生产时需要模切加工。

还有一些批量较大、成分各异的液态物质，如电子清洗剂、医用试剂等，它们的包装以前主要以塑料桶为主，现也快速呈现出向"纸箱+塑料袋"方式转变的趋势。

其他的一些杂项危险货物，如交运温度高于100℃（液态）或温度高于240℃（固态）、转基因微生物和有机物、干冰等杂项危货，一般是不会选择纸箱来包装的。

需要特别指出的是，在"第9类危险货物"中，有些产品的危险属性，是随着运输方式的不同会改变的，例如：

（1）空运受限的货物

a.磁性物品（如手机、游戏机、某些配件等），在陆运与水运时都可按普货对待，但在航空运输时，只要距其包装物表面任意一点2.1m处测得的磁场强度H≥0.159A/m（安/米），即视作危货，因为它会干扰飞机仪表的正常工作（如罗盘）。

b.具有麻醉、刺激或其他类似性质物质，能造成驾驶人员情绪烦躁或不适、危及飞行安全的，如水果榴莲、大蒜油等，在空运时也被视作危货。

（2）海运受限的货物

a.遇水会膨胀并会放出易燃气体的物质，如聚苯乙烯类化合物等。

b.鱼粉，它是优质饲料的重要原料，成分为脂肪与蛋白质，具有氧化与微生物繁殖的条件，遇水则发热，当热量积累到一定程度时，就会产生自燃，因此海运时被视作危货。

作为包装容器的生产企业，一旦遇到上述货物时，一定要向客户核实清楚它的运输状态，才能决定是按普货还是危货来设计生产包装容器。

在"第9类危险货物"的包装容器上，有一些特殊的标志、标签必须正确印刷。具体如下：

（1）在显要位置印上第9类"杂项危险物质和物品"的识别标志（见图3-2-7），具体要求请看GB 190—2009《危险货物包装标志》中的示例。

（2）储运标志的印刷应按照GB/T 191—2008和GB/T 19142—2016的规定。

（3）"危险货物"的包装容器上，还必须按联合国的规定，印上全球通行的"UN双排信息码"（见图4-5-3），其标注方法可参看GB/T 0370.1—2009《出口危险货物包装检验规程第1部分：总则》中的附录C示例。

（4）需要航空运输的锂电池包装容器上，还需要按照"国际航空运输协会"（IATA），"运输锂金属和锂离子电池"《技术细节》中的规定，印上特殊的操作标签（见图3-4-2），尺寸为120mm×110mm，当位置不够时可按105mm×74mm，除图形外还应印上锂电池生产厂名称、电话号码等，便于运输单位了解该"危险货物"的相关信息。

图 3-4-2　操作标签

（5）按照国家质检总局、商务部、海关总署等三部委，于2007年联合发布的"第70号公告"，它强制性地规定，对非人类食品或动物饲料等原材料（如染料），在外包装上还必须要标明"不得用于食品与饲料"或"仅用于工业用途"等字样。

（6）大多数使用后的废弃纸箱，都是宝贵的再生资源，它符合绿色、节能、减排的大趋势，因此，在纸箱上还须印上相应的"回收标志"。鉴于货物到达目的地国的不同，有四种常用标志可供选用：

a.图3-4-3（a）是国家标准GB/T 18455—2010所推荐的纸质容器回收标志；

b.图3-4-3（b）是通行的"国际瓦楞制品的回收标志"（须授权）；

c.图3-4-4（a）是货物出口到欧盟所用的"绿点"回收标志（须注册）；

d.图3-4-4（b）是货物出口到欧盟的另一种回收标志（须注册）。

（a）纸质容器回收标志　（b）国际瓦楞制品的回收标志　　　（a）"绿点"回收标志　（b）欧盟另一种回收标志

图 3-4-3　常用标志 1　　　　　　　　　　　图 3-4-4　常用标志 2

随着现代工业的发展与科技的进步，"第9类危险货物"的品种还在不断地增加与更新，它所涉及的标准、规定都具有很强的政策性、国际性和强制性，包装从业人员在这方面碰到的问题、吃的亏也很多，我们对它的认知还需要不断地深入与探索。

第5节　包装原纸的性能特点与检测标准

运输包装行业所讲的"原纸"，主要是指"箱纸板（俗称牛皮纸）"和"瓦楞芯纸"。它是纸箱生产中最主要的原料，约占总成本的75%。

由于原纸的产地、品牌、定量、等级、成分、纤维品种与含量、抄造工艺等差异很大，因此其各项物理、化学性能也千差万别。特别是近年原纸供应状态不正常，价格犹如过山车，而进口高档纸常缺货，造成生产现场换纸、代用等频繁发生，因此充分掌握了解原纸的各项性能与特点，是合理、经济配材的先决条件。

近年来国家有关部门，大量更新发布了纸包装国家标准，使中国的标准化水平迅速与国际（ISO）及欧、美、日先进标准接轨。从现有资料看，涉及纸、包装与检测的国家标准多达300多项，其中约有1/5与瓦楞包装箱关系密切。这些国家标准是供需各方对纸箱质量认定的权威依据。同时它对纸箱从业人员来讲，也提出了更高的专业认知要求。

包装原纸的质量与性能指标，习惯分为以下几个方面：

（1）物理性能：如定量、厚度、紧度、偏斜度等；

（2）化学性能：如水分、灰分、施胶度、酸碱度、吸墨性、燃烧性等；

（3）机械性能：如拉伸强度、裂断长、伸缩性、耐折度、撕裂度、耐破强度（BST）、层间结合性、平压强度（FCT）、戳穿强度、环压强度（RCT）、柔软度等；

（4）光学性能：如白度、不透明度、光泽度、光吸收度等；

（5）表面性能：如平滑度、粗糙度、表面强度、匀度、透气度、透油度、表面吸水性等；

（6）其他性能：如耐久性、耐电压强度、介电损耗、电导率等。

本节主要介绍与瓦楞包装关系密切的原纸特性与检测标准。

为方便理解国家标准的一些表述方式，需要特别指明的是：各类原纸细分为"纸与纸板"两大类，它们是以定量或厚度来界定的（详见国家标准GB/T 4687—2007中的3.14），市场上区分的一般习惯做法是：

当定量小于200g/m²或厚度小于0.1mm的，称为纸；

而定量 ≥ 200g/m²或厚度 ≥ 0.1mm的，称为纸板，它与人们常说的"瓦楞纸板"是两个不同的概念。

1. 原纸的性能与检测

（1）物理性能

①定量（GB/T 451.2—2002《纸与纸板的定量检测》）

定量又俗称"克重"，指单位面积纸张的质量，单位是g/m²，对不同定量的瓦楞纸与箱纸板的允许误差值是不同的（见本节表3-5-1和表3-5-2），一般在5%左右，因此有些客户要求每批纸箱的重量完全一致，这是做不到，也是不合理的。

纸箱业务在填写合同时，需要注意的是：新国家标准中已取消了原纸老标准中的A、B、C等级，取而代之的是优等品（瓦楞芯纸中还含A、AA、AAA级）、一等品与合格品。

②厚度与紧度（GB/T 451.3—2002《纸与纸板厚度的测定法》）

纸张厚度的测定，需用专用的仪器进行，它需要满足被测件接触面积、压力和测头降落速度三项基本要求。

紧度是衡量纸张结构疏密的程度。若紧度过大，则纸张易脆裂，吸墨性下降，印迹不容易干燥，会产生粘脏与拖墨现象（如俄卡）。

紧度"D"的计算公式（单位：g/cm^3），$D = G$（纸张定量）$\div d$（纸张厚度）

计算的结果，可与造纸厂供货时承诺的标准值或国家标准值进行比对及评判，进口高档箱纸板的紧度，一般都远低于同类国产纸。

下面是两种经常互相代用的箱纸板的紧度值：

国产优等级箱纸板$D = 280g/m^2$（定量）$\div 0.33mm$（厚度）$= 0.85g/cm^3$

进口美卡箱纸板$D = 250g/m^2$（定量）$\div 0.38mm$（厚度）$= 0.66g/cm^3$

结论：美卡适印性、耐折度更佳，但牺牲了部分耐破强度值。

大多数国内纸箱厂，在检测入库原纸质量时，主要检查耐破强度和横向环压指数，忽视了耐折度，而某些造纸厂为了提高耐破强度值，不是去提高木浆的质量、含量与工艺方法，而是加大低成本的添加剂，造成紧度过高，耐折度很差，导致后续纸箱摇盖爆线、断裂等大事故。

③纵横向（GB/T 450—2008《纸与纸板试样的采取及试样纵横向、正反面的测定》）

俗称"纸纹"，当纸浆从流浆箱中高速喷到造纸网上时，纤维是顺着纸机运行方向的，我们称之为纵向，反之则称横向。鉴别纸张纵横方向，一般有如下几种方法：

a. 纸条弯曲法；

b. 纸页卷曲法；

c. 强度鉴别法；

d. 纤维定向鉴别法；

e. 手撕法。

纸张的纵向应与纸箱的瓦楞受力方向垂直，否则会降低纸箱的抗压强度。特别是彩色贴面纸箱，生产厂家常会为凑尺寸而颠倒彩面的纵横向，造成彩面自然卷起或贴时露楞等严重弊端。

④尘埃度（GB/T 1541—2007《纸和纸板尘埃度的测定》）

尘埃度又称纸疤，是指纸面上用肉眼可见的小点或脏块，并以$1cm^2$面积内所含黑点的个数表示。测定的方法：在尘埃度测定仪的透光条件下观察，与标准尘埃图对照，并确定不同尘埃的面积大小。

尘埃度高的纸板会造成印刷的不良后果，纸箱厂每年遭到的投诉与退货不在少数，因此对这些客户应尽量选用较高等级的面纸材质。

⑤伸缩性（GB/T 459—2002《纸和纸板伸缩性的测定》）

是以增减了的尺寸与原纸样尺寸的百分率来表示的，实际应用中一般有如下两种情况。

a. 在试样上用划线器划出相距200mm的标记线，放在20℃水中浸泡2h，取出试样，在玻璃平板上用10倍放大镜测量标记线的变化量。

b. 另一种情况是取出浸水试样后，放在滤纸上自然风干，再测量200mm的变化量。特别要说明的是：纵横向一定要分别取样测量。

按规定，纵向应小于0.5%，横向应小于2.5%。

纸张的伸缩率与纸浆的品质直接相关。纵向变化远小于横向宽度。笔者做过这样的实验：

普通常用的双瓦楞材质纸板，当温度相差20℃、经过72h后，纵向的尺寸变化大于8‰。这也很好解释了某些尺寸精细的内盒，尽管是同一副模具加工，但在不同季节、不同温湿度或存放时间过长，它得到的实际尺寸及变化都很大，为此也遭到过不少客户的投诉。

中、低档的原纸伸缩性较大，所以常会造成流水线跑板时边缘缺材，业务下单时应留有充分的余地。

（2）化学性能

①水分（GB/T 462—2003《纸和纸板水分的测定》）

传统的水分测定是用105℃下的烘干称重法：取一定质量的纸样，在烘箱中烘2～4h，取出冷却后称重，来计算它的含水率。

$X = (m_1-m_2)/m_1 \times 100\%$（式中$m_1$为称前质量，$m_2$为称后质量）

市场上使用较多的快速水分仪属于非标准测试，误差较大。

纸的水分是随气候干湿的变化而变化的。通常空气中的水分约为7%，纸张水分之大小，会影响很多性能，对尺寸、伸缩率、强度等影响很大。

水分过大，油墨延缓干燥，纸箱各项强度降低，而且无形中提高了购进原纸的售价（以重量计）；水分过小，纸面发脆断裂，容易产生静电等问题。

GB/T 6544—2008《瓦楞纸板》中5.2.3规定："瓦楞纸板的交货水平应小于14%。"

在高温高湿的夏天或梅雨季节，客户投诉纸箱偏软或强度不够，大多为纸箱含水率偏高所致。

②施胶度（GB/T 460—2008《纸施胶度的测定》）

纸张表面的施胶，可以减轻水分的渗透力。检测的方法主要有墨水划线法、可勃表面吸水法及电导测定法。

包装用纸一般用可勃法（Cobb）较多，将试样与水接触一定时间（一般为1~2分钟），然后测量其表面吸收水分后所增加的重量。

GB/T 13023—2008《瓦楞芯纸》中规定优等品的吸水性应小于100g/m²。

GB/T 13024—2003《箱纸板》中规定优等品的吸水性应小于35g/m²。

达成集团经过防水涂布的牛皮纸，最高的吸水性水平可达2.56g/m²，已享有国家专利。

对储存条件恶劣，时间长，湿度大的瓦楞纸箱储存，应考虑必要的防水防潮处理。

拒水性的快速测定，也可在45°斜面测试仪上进行，观察水滴流动的痕迹，与标准图谱比对来判定优劣。

③酸碱性（GB/T 1545—2008《纸、纸板和纸浆水抽提液酸度或碱度的测定》）

酸碱度即纸的pH值，它是由制浆、漂白中的残留物及添加剂所造成的，测定的方法主要有冷抽提法和热抽提法。

纸张的酸碱性对印刷质量影响较大，pH值低的纸张，其酸性物质会与油墨中的干燥剂起化学作用，令干燥过程受阻，造成拖墨与粘脏；而pH值高的纸，在印刷中分解出的碱性物质会降低印品的光泽，并产生较大的色差。

当了解原纸中的pH值后，在高质量印刷时，可在油墨中增加必要的添加剂，来提高印刷的品质。

（3）机械性能

①环压强度（GB/T 2679.8—2016《纸和纸板环压强度的测定》）

将一定尺寸的试样，插在圆形环座里，在上下压板之间施压。试样在压溃时所承受的最大力叫环压强度值（图3-5-1），它直接影响到今后瓦楞纸板的"边压强度"与纸箱的空箱抗压强度。

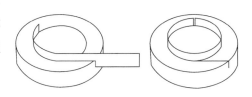

图 3-5-1　环压强度值

试样尺寸：长（纵向）152mm×宽12.7mm

取样10张，其中5张面朝里，5张面朝外，求出它们的平均值。

试样来源应从卷筒不同部位取得试样，尺寸必须严格准确。

环压强度和环压指数的换算公式：

环压强度R（N/m）= F/0.152，F是试样压溃时读取的力值，单位：N，0.152是试样长度，单位：m

环压指数Rd（N·m/g）= R/W，W是试样的定量，单位：g/m^2

②耐破强度（GB/T 454—2002《纸耐破度的测定》）

这是原纸的重要技术指标。

它是纸与纸板在单位面积上所能承受的均匀增加的最大压力，用kPa表示。它与纤维长度和纤维结合的方法及打浆度有关，也是纸张强度性能的综合反映，它与抗张强度、伸长率、撕裂强度都互相影响。

耐破强度除用kPa单位表示外，还常常能见到用kgf/cm^{2}与1b/吋^{2}表示的，它们之间的换算关系是：

$$1lb/in^2 \div 14.22 = 1kgf/cm^2$$

$$1lb/in \times 6.895 = 1kPa$$

③纸与纸板的挺度（GB/T 2629.3—1996《纸和纸板的挺度测定》）

它指纸和纸板抵抗弯曲的强度性能，衡量纸板抵抗变形能力的一个物理量。影响原纸挺度的两个主要因素是纤维的尺寸和体积，挺度差的原纸容易出现弯翘、变形等弊病，同时也影响瓦楞纸板的各强度值。

需要提醒的是，有些产品对纸板挺度有严格的要求，加工时一定要引起高度重视（如绕线圆盘等）。

④抗张强度（GB/T 12914—2008《纸和纸张抗张强度的测定》）

抗张强度（也叫拉力或拉伸强度）、伸长率和裂断长。它是一个重要的基本参数，可直接判断原纸上了纸板流水线后会不会被拉断。

抗张强度是指原纸每单位断面面积所能承受的最大拉力，用kN/m表示（试样尺寸宽15mm，长大于250mm）。

裂断长是指由于原纸本身重量而裂断时的长度，用km表示。

伸长率指原纸受到外界拉伸直到拉断时的长度增长值与试样原来长度之比，用%表示。

抗张强度比较复杂，它是耐破度、抗撕力和耐折度等指标的总成。

裂断长是抗张强度、厚度和定量的函数。

构成纸张抗张力有四个主要因素：

a. 纤维结合强度；

b. 纤维平均长度；

c. 纤维内部组织方向交错系数；

d. 纤维原来的强度。

⑤耐折度（GB/T 2679.5—1995《纸与纸板耐折度的测定》）

耐折度是指标准宽度的试样，往复折叠至断裂所需的双折次数。它显示原纸耐疲劳强度的指标与能力，并直接影响到纸箱成箱后摇盖的耐折度。

影响耐折度的因素很多，如纤维的长度、强度、柔韧性和纤维之间的结合力、含水率等。如在针叶木浆中配加成本较低的阔叶木浆和草浆，耐折度将明显下降。当厚度与定量增加时，耐折度也会下降，原纸中含水量的大小，对耐折度影响也很大，冬天摇盖易折断，即为一例。

⑥层间结合强度（无相应国家标准，只能采用美国标准TAPP1 UM403）

它指原纸抵抗层间分离的能力，单位为J/m^2，本厂曾多次发生200g/m^2瓦楞纸作"C"楞，而发生分层，造成瓦楞纸板报废的严重后果。原因是在压制波浪楞型时，由于曲率半径小，纸张受到很高的剪切力，一旦纸张的层间剥离强度低时，即会发生质量事故。

增加原纸的层间结合强度的方法有：

a. 各层纸料的打浆度差异小于3～5℃；

b. 控制纸机流浆箱浓度、伏辊和压榨辊的压力；

c. 层间喷淋淀粉等。

但这些在中小型造纸厂的土设备上是很难做到的。

（4）光学性能

①白度（GB/T 7974—2002《纸、纸板和纸浆白度的测定》，漫射/垂直法）

当日光作用于白纸上被反射后，人眼看到的感觉称之为白度或亮度，它是采用457nm波长的光（近蓝色光），照射纸面所得到反射率与已知在相同照射条件下氧化镁板的反射之比。

目前，市面上常见白卡的白度为：72%±2%（本白），大于等于80%（增白）。要求同批纸的白度应相同，否则对印刷色差影响很大，而且也不宜久储，否则白卡会泛黄，白度降低。

当白度≥80%时，纸表面作了特殊的漂白处理，吸墨性变差，而且泛黄速率加快，因此不宜作复杂、多色、精细的水性印刷。

②光泽度（GB/T 8941—2007《纸、纸板镜面光泽度的测定》）

纸张的光泽度是纸张表面反射入射光的能力与完全镜面反射能力接近的程度，它分为75°角与20°角测定法。

影响纸张光泽度的决定因素，是纸张的平滑度大小。纸张凹凸不平，会把光反射成各个角度，光泽度降低，同时也影响到印刷质量。因此在GB/T 13024—2016《箱纸板》国家标准中，增设了平滑度要求（详见第三章第6节）。

涂布纸比普通原纸光泽度高，是因为纸张经过涂布后，涂料的细微粒子填满了原纸表面的凹坑，使纸张平滑度提高，涂布量及表面的压光力对光泽度影响很大，光泽度的大小对表面吸水性与印刷性能有直接影响。

（5）表面性能

①纸和纸板吸水性（GB/T 1540—2002《纸和纸板吸水性的测定可勃法》）

指单位面积（100cm^2）的纸和纸板，在一定压力、湿度下，在规定时间内表面所吸收的水量，用g/m^{2}表示。

它检测纸和纸板表面施胶后的拒水性能，特别是在南方，温度、湿度相差很大，对纸箱的实际使用性能至关重要（详见第六章第3节）。

②表面强度（GB/T 22365—2008《纸和纸板印刷表面强度的测定》）

表面强度就是纸张所能承受的最大表面拉力。

表面强度低的纸张不能满足高速印刷的需要，否则纸张表面会掉粉掉毛，严重时会引起纸张起泡分层，造成废品。

③耐久性

即纸张经过一段时间后，依然能保持它的物理与化学性能的稳定性，也就是纸张的寿命。

目前采用人工快速老化法测定：将纸张在105℃的恒温箱中，人工老化3天、6天、12天、24天，即相当于在自然条件下贮存25年、50年、100年、200年，老化前后选用的指标主要有耐折度、撕裂度、白度、黏度等。

目前，某进口品牌美卡变色，白卡泛黄等，都是投诉较集中的问题。

2. 纸箱印后的检测

（1）油墨耐磨性（GB/T 7706—2008《凸版装潢印刷品》）

印后纸箱耐磨程度的差异，会导致运输途中，印刷表面因摩擦而造成互相污染，此国家标准规定印刷品墨层耐磨性应大于等于70%，客户有特殊耐磨要求时，可事先在油墨中添加抗磨剂。

（2）条形码

也称线性条码，它是通用商品的包装标签，俗称商品的身份证。条形码是由一组宽窄不等，黑白相间的平行线条，按特定格式与间距组合起来的符号，代替各种文字信息，并通过解码器读取数据。

印刷时应墨色均匀一致，版面不脏不糊，线条清晰无断画，这是基本的要求。另外要特别注意的是：

①条码线条的方向应与印刷进纸的方向一致，否则条码精度会变差；

②国际标准中，条码印刷的质量等级共分5级，即从4到0，等级"4"表示质量最好，等级"0"表示最差（注：也有用ABCDF来表示的）；

目前一般纸箱厂能做到的水印质量为2、1、0级（即C、D、F），确认订单时，一定要与客户沟通清楚，避免事后的纠纷与退货。

3. 瓦楞芯纸与箱纸板的标准

（1）瓦楞芯纸的技术标准（见表3-5-1）

表3-5-1　瓦楞芯纸（GB/T 13023—2008）

指标名称	单位	等级	规定 优等品	一等品	合格品
定量（80、90、100、110、120、140、160、180、200）	g/m²	AAA / AA / A	（80、90、100、110、120、140、160、180、200）±4%	（80、90、100、110、120、140、160、180、200）±5%	
紧度　不小于	g/cm³	AAA	0.55	0.50	0.45
		AA	0.53		
		A	0.5		
横向环压指数 ≤90g/m² 大于90g/m²～180g/m² ≥140g/m²～180g/m² 不小于 ≥180g/m²	N·m/g	AAA	7.5 8.5 10.0 11.5		
		AA	7.0 7.5 9.0 10.5	5.0 5.3 6.3 7.7	3.0 3.5 4.4 5.5
		A	6.5 6.8 7.7 9.2		
平压指数　不小于	N·m²/g	AAA	1.40	1.00	0.80
		AA	1.30		
		A	1.20		
纵向裂断长　不小于	Km	AAA	5.00	3.75	2.50
		AA	4.50		
		A	4.30		
吸水性　不超过	g/m²	—	100	—	—
交货水分	%	AAA	8.0±2.0	8.0±2.0	8.0±3.0
		AA			
		A			

（2）箱纸板的技术标准（见表3-5-2）

表3-5-2　箱纸板（GB/T 13024—2016）

指标名称		单位	规定		
			合格品	一等品	优等品
定量ᵃ		g/m²	90.0±4.0　100±5　110±6　125±7　160±8 180±9　200±10　220±10　250±11　280±11 300±12　320±12　340±13　360±14		
横幅定量差≤	幅宽≤1600mm	%	6.0	7.5	9.0
	幅宽大于1600mm		7.0	8.5	10.0
紧度≥	≤220g/m²	g/cm³	0.70	0.68	0.6
	＞220g/m²		0.72	0.70	0.6
耐破指数≥	＜125g/m²	kPa·m²/g	3.50	3.10	1.85
	≥125g/m²，小于160g/m²		3.40	3.00	1.80
	≥160g/m²，小于200g/m²		3.30	2.85	1.70
	≥200g/m²，小于250g/m²		3.20	2.75	1.60
	≥250g/m²，小于300g/m²		3.10	2.65	1.55
	≥300g/m²		3.00	2.55	1.50
环压指数（横向）≥	＜125g/m²	N·m/g	8.50	6.50	5.00
	≥125g/m²，小于160g/m²		9.00	7.00	5.30
	≥160g/m²，小于200g/m²		9.50	7.50	5.70
	≥200g/m²，小于250g/m²		10.0	8.00	6.00
	≥250g/m²，小于300g/m²		11.0	8.50	6.50
	≥300g/m²		11.5	9.00	7.00
平滑度（正面）≥		s	8	5	—
耐着度（横向）≥		次	60	35	6
吸水性（正/反）≤		g/m²	35.0/50.0	40.0/100.0	60.1/—
交货水分		%	8.0±2.0	8.9±2.0	
横向短距压缩指数ᵇ≥	＜250g/m²	N·m/g	21.4	19.6	18.2
	≥250g/m²		17.4	16.4	14.2

a　也可生产其他定量的箱纸板。
b　横向短距压缩指数不作为考核指标。

4. 涂布包装纸

涂布加工纸是达成集团的一大特色，现有涂布纸的国家标准很多，其中很多的指标与规定，都可供我厂涂布机生产时借用。

原纸表面涂布厚度（也称涂布量），是以每平方米纸吸收的涂料重量来定义的（国家标准规定有轻量涂布与重量涂布等）。

（1）涂布箱纸板及性能指标（GB/T 10335.5—2008《涂布纸和纸板涂布箱纸板》）

涂布箱纸板，是将本色箱纸板进行涂布加工，制成具有特需色的纸板，且根据需要可予以光泽压光，使其具有良好的印刷适应性。

达成集团的涂布加工工艺属于此类。

（2）涂布白纸板及技术指标（GB/T 10335.4—2004《涂布纸和纸板涂布白纸板》）

指原纸面层为漂白纸浆，经单面涂布后压光的纸板，一般有白底与灰底两大类，分优等品、一等品和合格品三个等级。

我们承揽的高档涂布白卡，主要是在进口美卡上进行（黄卡涂成白卡）。与众不同的是，涂上去的并非白木浆，而是以白油墨色浆作为涂布剂，因此成本低，且可以承接各种小批量订单，市场更有竞争力，但它的适印性略差。

第6节 "箱纸板平滑度"的特性与测试

纸制包装产品的性能取决于所用原纸的各项性能指标，例如定量、紧度、耐破、平滑度、环压、耐折度、吸水性等。包装的主要功能为运输、销售、保护，但为了更多地展示产品信息，不管运输包装还是销售包装大多需要印刷。

随着经济的快速发展，客户对印刷精度的要求越来越高，印刷产品占比飞速增长，印刷机的速度也越来越快，因此箱纸板的适印性能也越来越受关注。

2017年7月1日正式实施的GB/T 13024—2016《箱纸板》中，新增加了一项平滑度测试要求。箱纸板的平滑度是评价箱纸板表面凸凹程度的一个指标，对印刷用纸非常重要，因为它直接影响油墨的均一转移。因此深入了解平滑度，对改善纸制品包装的印刷效果具有指导意义。

1. 平滑度特性

箱纸板平滑度是指纸张表面的平整、均匀及光滑的程度，它取决于箱纸板制造工艺及原材料的特性；平滑度缺陷会造成局部吸收油墨不一致，从而导致印刷局部发花等弊端。同样的印刷设备、印版、油墨、操作者，如果发现不同批次材料印刷效果不一致时，我们就有理由去怀疑箱纸板的平滑度性能。

最新国家标准GB/T 13024—2016《箱纸板》中，仅对优等品和一等品要求检测平滑度。优等品平滑度不小于8秒，一等品不小于5秒。市场上有部分产品对印刷的要求相对较低，如合格品箱纸板，GB/T 13024—2016中未对这些产品进行要求。

平滑度好的箱纸板，在印刷的时候只需较小的印刷压力就能够使印版和纸面得到均匀的接触，印版上的图字可以很好地再现，不仅线条清晰，颜色均匀，而且省油墨。平滑度差的箱纸板，表面不平整，与印版接触不均匀，印压不均，影响油墨的转移量，导致印刷深浅不一。如果是网点印刷，就不能够真实地再现原稿上图像的浓淡变化，深浅层次，影响网点印刷的质量，见图3-6-1。如果是实地印刷，因油墨转移量的不均，出现印刷颜色条状、块状的不均，严重影响印刷品质。

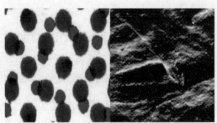

（a）平滑度好的纸箱　　　　　　　　（b）平滑度差的纸箱

图3-6-1　网点印刷效果

2. 测试原理

从测试原理来看，箱纸板的平滑度定义是：在特定的接触状态和一定的压差下，试样面和环形版面直接由大气通过一定量空气所需的时间。

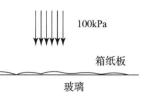

图 3-6-2　平滑度测试原理

依据GB/T 456—2002对箱纸板的平滑度进行测定，测试原理（见图3-6-2）：

平滑度指纸张表面凹凸不平的程度，选择玻璃作为参照物（玻璃相对于箱纸板平滑度是极好的），因此测试时试样的测试面贴向玻璃，上部硅胶密封圈在一定压力（100kPa±2kPa）下夹紧试样，并形成一定的真空度。此时，箱纸板表面纤维凹凸不平处与光滑的玻璃间就会形成间隙，这就是空气泄入的通道，间隙越大，那么降至一定真空度所需的时间越短，反之间隙越小，所需的时间越长。因此，测试数据越大，说明箱纸板的平滑度越好，反之说明平滑度越差。测试仪见图3-6-3。

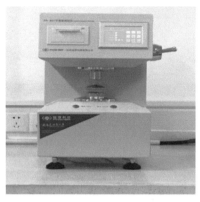

图 3-6-3　平滑度测试仪

3. 测试步骤

（1）按GB/T 450—2008采样，正反面各取10个试样，试样面积至少60mm×60mm，试样上无褶子、皱纹、可见裂痕或其他纸病。

（2）按GB/T 10739—2002进行温湿度预处理。

（3）将试样的测试面贴向玻璃板放置，然后将胶垫与上压板放在试样上，施加（100±2）kPa的压力，并在大真空容器（设备的A档）中产生50.66kPa的真空，测量并记录真空度从50.66kPa降到48.00kPa时所需要的时间。如时间大于300s，则改用小容积（设备的B档），用另外的试样重新测试。如时间小于15s，则用另外的试样测试真空度从50.66kPa降到29.33kPa时所需时间（设备的C档）。

（4）测试得10个试样的数据，进行数据分析（平均值、标准差、均方根等）。

不同平滑度印刷效果的对比：

从达成包装常用箱纸板中选两款，分别定义为A、B，利用上述测试原理分别测试A、B两款箱纸板的平滑度，见表3-6-1，其中A属于优等品，B属于一等品。

表3-6-1　A、B两款箱纸板的平滑度测试数据

类型	试样1 s	试样2 s	试样3 s	试样4 s	试样5 s	试样6 s	试样7 s	试样8 s	试样9 s	试样10 s	平均值 s
A	12.4	13.6	12.2	13.1	14.3	13.4	13.2	12.5	14.1	14.2	13.3
B	7.2	6.6	6.3	5.8	5.6	6.1	7.2	6.5	6.6	6.4	6.4

箱纸板A的平滑度平均值为13.3s，B的平滑度为6.4s，通过同一印版、印刷机、操作人员、油墨进行印刷比较。并在500倍的放大镜下显示箱纸板的纤维结构，蓝色油墨印刷对比效果，见

图3-6-4。

从图3-6-4中可以看出，在500倍放大镜下，平滑度高的箱纸板A的表面纤维平整度好于平滑度低的箱纸板B。印刷着墨情况A也优于B。

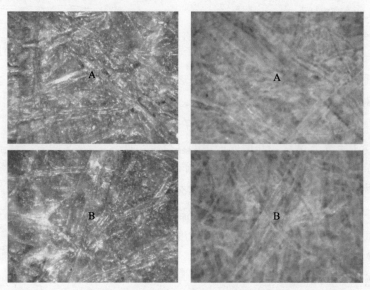

图 3-6-4　500 倍放大镜下不同平滑度印刷效果的对比图

以往当瓦楞纸箱出现印刷不佳现象时，我们更多的只是考虑吸水性，很少会关注到箱纸板平滑度的问题。而图3-6-4的印刷效果再次验证了平滑度对印刷质量的影响，不容忽视。

4. 结语

箱纸板平滑度的高低是影响纸包装印刷质量的重要因素之一，所以纸箱印刷质量要求高的包装产品，在配材时要注意：在其他因素相同的情况下，尽量要选取平滑度好的箱纸板。对箱纸板平滑度的测试、了解和分析，对于纸制品配材的选择具有指导意义，同时也说明新国家标准GB/T 13024—2016中，新增平滑度测试指标的必要性。

第 7 节　ISTA 标准测试入门

在出口欧美的产品中，很多客户都会要求纸箱供应商，对产品的运输包装件作ISTA性能的测试与评价，并由法定测试机构出具权威的检测文书，作为日后通关验证的"文牒"。

ISTA测试标准是个"舶来品"，现在大多数人对它还比较陌生。

下面对ISTA作简单的入门介绍。

1. 什么是ISTA

ISTA（International Safe Transit Association），即"国际安全运输协会"，是一个国际性的非营利组织，它的前身是"美国国家安全运输协会"，目前在全世界的会员中，已有数千家知名的货运公司和实验室。

ISTA发布了一系列的标准、测试程序及测试项目等文件。

它模拟包装后或发货前的产品，在实际运输中可能经受的振动、受压、跌落、冲击、温湿度等的破坏，作为全球对运输包装的安全性能进行评估的统一依据。简单来说就是将产品在物流过程中，可能产生的各种风险浓缩在实验室中，进行仿生试验与评价。

2. ISTA的意义

（1）设计开发科学、合理、优化的包装物、包装方法（详见第三章第8节）。

（2）提高产品的运输包装安全性能。

（3）防止或减少产品在运输与搬运中的损坏。

（4）节省与降低物流成本。

（5）减少与消除索赔争议。

（6）缩短包装物开发的时间。

（7）为运输企业提供技术参考数据。

3. ISTA测试的项目

依据产品脆值、运输状态、包装形式、产品附加值等的不同，ISTA制定了一系列的测试标准，常用的有如下几种。

（1）ISTA 1系列测试

指非仿真、非完整性能测试，它只对产品和包装组合的力度及稳健性进行测定。具体测试的项目，见表3-7-1。

表3-7-1　ISTA 1系列测试项目

序号	程序	产品重量/磅	测试项目
1	1A	小于150	定频振动+冲击
2	1B	大于150	定频振动+冲击
3	1C	小于150	定频振动+随机振动+冲击
4	1D	大于150	定频振动+随机振动+冲击+压力+旋转棱跌落
5	1E（成组负载）	大于150	定频振动+随机振动+冲击+旋转棱跌落
6	1G（任意摆动）	小于150	随机振动+冲击
7	1H（任意摆动）	大于150	随机振动+冲击+旋转棱跌落

（2）ISTA 2系列测试

指部分模拟性能测试，具体测试项目，见表3-7-2。

表3-7-2　ISTA 2系列测试项目

序号	程序	测试项目
1	2A	环境（即温湿度）+压力+振动（定频+随机）+冲击（跌落+斜面）
2	2B	环境（即温湿度）+压力+振动（定频+随机）+冲击（跌落+斜面）+旋转棱跌落
3	2C	环境+动载荷堆码+随机振动+冲击（跌落+斜面）
4	2D	定频振动+跌落+旋转面跌落+危险物冲击
5	2E	定频振动+转动棱跌落+跌落+旋转面跌落+桥式冲击

（3）ISTA 3系列测试（模拟实验），是现价段应用频次较多的项目。具体测试项目，见表3-7-3。

表3-7-3   ISTA 3系列测试项目

序号	程序	测试项目
1	3A	环境（可选）+跌落+堆码随机振动+随机振动+冲击（标准件+小件+扁平件）+旋转棱跌落（扁平件+长条件）+倾翻（扁平件+长条件）+集中冲击（扁平件）+桥架冲击（长条件）
2	3B	环境（可选）+跌落+随机振动+集中冲击+跌落+旋转棱跌落+集中边冲击
3	3E	环境（可选）+冲击（斜面）+旋转棱跌落+压力+随机振动+旋转棱跌落
4	3F	环境（可选）+跌落+压力+随机振动
5	3H	环境（可选）+水平冲击+转动面跌落+旋转棱跌落+转动面跌落+旋转棱跌落+随机振动+水平冲击+转动面跌落+旋转棱跌落+转动面跌落+旋转棱跌落+压力
6	3K	环境（可选）+悬垂堆码+跌落+斜面冲击+随机振动+跌落

除这三种常用的基本系列外，还有一些比较特殊的系列，它们是在ISTA的基础上进行了创新与扩展（测试项目可查ISTA手册中的对应表格）。比如：

ISTA 4系列，基于计算机网络的测试与评估技术（如加强模拟）；

ISTA 5系列，一种加强性测试，很少用；

ISTA 6系列，由少数大牌物流公司、电商自行制定的测试内容（如联邦快递、亚马逊等）；

ISTA 7系列，开发性试验（如温度试验与温控包装件的性能试验等）。

4. 自由跌落高度

模拟测试包装箱在搬运过程中遇到坠落、撞击等情况，通过跌落或面（水平）冲击，模拟搬运、运输过程中所经历的冲击，跌落高度一般与产品的重量相关，跌落位置因标准而异（表3-7-4是以1A为例的跌落高度值）。

表3-7-4   ISTA自由跌落高度规定

序号	包装箱重量/kg	跌落高度/mm	冲击速度/（m/s）
1	小于10	762	3.9
2	10～19	610	3.5
3	19～28	457	3.0
4	28～45	305	2.5
5	45～68	203	2.0

ISTA的跌落高度指标，是用户争议较多的地方，它与危险品跌落（见GB12463—2009）和电子电工产品跌落（见GB/T2423.8—1995）的规定高度值有显著区别。

5. 实验室

达成集团的"ISTA实验测试中心"，于2014年8月建立，目前已是长三角地区享有盛誉的第三方检测机构，可以从事全系列项目的标准测试，并出具权威的法定检测报告。图3-7-1是ISTA总部认证后授权的资质证书。

图 3-7-1　ISTA 总部认证后授权的资质证书

第 8 节　运输包装件 ISTA 测试的案例分析

本节介绍运输包装件的测试及其应用，以具体产品的包装设计为例，依据ISTA国际标准的测试规范，不断改进包装设计的不足，使得包装方案更趋完善，获得客户的认可。

只有通过合理的运输包装测试，设计科学、合理优化的包装，才能防止或减少产品在运输与搬运中的损坏，提高产品运输的安全性。

运输包装的主要功能，是保护产品在运输与仓储中免受外界各种力、运动、环境的破坏。运输中各种不确定因素、集成化运输等原因，使得包装终端用户，不得不对运输包装的安全可靠性提出更高的要求。

"包装单元"可能是单个包装件的形式，也可能是多种包装件、同品种单个或多个包装件在托盘上的组合包装形式，这些包装设计组合是否合理，是否能够抵御物流环境的破坏，有效的保护内装物，是每一位运输包装设计师及包装终端用户所关心的课题。

运输包装测试、评估，在包装设计方案中被广泛应用。例如：新品开发，新的包装方案不确定是否满足产品运输包装的需求，需要进行运输包装测试；包装产品到客户端损坏严重时，包装方案则需要重新设计修改，在大量投产之前需要进行运输包装测试；产品包装提出减量轻质需求时，优化方案执行之前需要运输包装测试等。

1. 运输包装测试

运输包装测试是指在实验室内，模拟实际流通环境全过程中，可能发生的各种对包装件性能造成的影响进行检测，是个浓缩了的仿生试验。通过测试，不断地完善产品结构、包装材料、包装结构等，以免出现过包装或欠包装的现象。测试项目包括：振动测试、压力测试、冲击测试、跌落测试、环境测试等。

目前，包装测试标准主要有：国家标准（GB/T 4857系列）、美国试验和材料协会标准（ASTM D 4169系列）、国际标准化组织标准（ISO 418系列）、欧洲标准（EN 13427系列）及国际安全运输委员会标准（ISTA系列的测试程序和方案）。

其中ISTA测试是全球认可度最高的标准之一，它包含多个系列标准，主要有：1系列（非模拟试验）、2系列（部分模拟试验）、3系列（模拟试验）、4系列（加强模拟试验）、6系列（会员性能试验）、7系列（开发性试验）。每个系列根据不同运输方式或不同包装件，又分为多个测试标准。运输包装测试可以依据包装件的包装型式、重量、运输方式、产品类型等信息，选择合适的ISTA运输包装测试标准进行检测。

能够综合模拟实际运输环境的是3系列，其中3A、3E最为常用。单个包装件中3A测试项目，比较贴合实际运输环境，得到了越来越多企业的认可，尤其是出口订单较多的家电企业，要求运输包装需要满足3A的测试标准。

达成包装公司的"ISTA实验测试中心"已获得ISTA总部认证，具备ISTA的全系列测试及第三方认证资质。

2. 案例分析

国内某知名家电企业，有一款新推出的智能洗衣机，需要出口到美国市场。客户要求外包装能够保护产品免受物流因素的破坏，并明确提出整个包装方案需要获得ISTA 3A测试的认证。

ISTA 3A程序标准，适用于质量不大于70kg，并以包裹形式运输的单个包装件，其将包装件分为4种类型：标准型、小型、扁平型、长条型，新品洗衣机属于第一类标准型包装件。实际包裹运输环节中的"搬运—运输—搬运"与"冲击—振动—冲击"项目十分吻合，不考虑可控温湿度的测试，运输包装需要进行的测试项目见表3-8-1。

表3-8-1　ISTA 3A标准件的测试项目

序号	实验室试验项目	测试内容	
1	环境	实验室环境12h	
2	第一次跌落测试	8次跌落	
3	振动测试	顶部有载荷测试	面3向下：顶部负载；60min
			面4向下：顶部负载；30min
			面6向下：顶部负载；30min
		无载荷测试	面3向下30min
4	第二次跌落测试	9次跌落	

为了尽快确定包装方案，对该款洗衣机进行ISTA 3A的初始测试，测试结果见图3-8-1，底座破损，并且机身严重受损，说明初始方案失败。

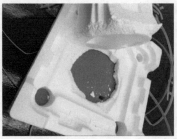

图 3-8-1　初次试验，机身和底座破损

在初次测试的基础上，结合产品实际结构，发现机身受损主要是因为未能够有效地限制内部滚筒水平方向的运动。在后面方案设计中，针对第一次测试暴露的问题，选择密度为29kg/m³的EPE重新制作更加合适的底座。

第二次进行ISTA 3A的测试，发现底座未破损，但是机身仍有破损，主要因为滚筒撞击机身所致。将后挡板拆开，发现选择的EPE材质偏软，没有足够的强度限制滚筒水平方向的运动。因此改用密度为35kg/m³的EPE，并且在结构上也做了改进，增加5个三角加强筋以增加底座的强度，见图3-8-2。

此外，为了预防包装件倒置跌落时，滚筒底部与EPE底座出现脱节，加厚了顶盖部分的缓冲件。

第三次进行ISTA 3A的测试，发现底座未破损、机身正前面、左侧面、右侧面均未破损，但是后挡板出现变形，见图3-8-3。主要是因为在进行后面跌落时，洗衣机的排水管、塑料件对后板有挤压，导致后板发生变形。在此基础上，对产品的结构进行改进，将排水管的结构重新改为活动式，即可将排水管等附件放置在滚筒内。底座侧边的瓦楞纸板的尺寸加高，以保护塑料件对挡板的冲击，进行第四次ISTA 3A测试，机身完好无损，ISTA 3A测试通过。

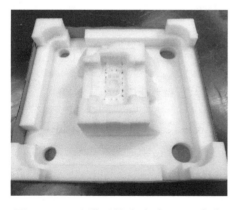

图 3-8-2　改进后的高密度 EPE 底座

图 3-8-3　第三次测试后挡板出现变形

在多次运输包装测试的基础上，不断改善包装方案，使其更加完善科学，最终包装方案能够通过ISTA 3A的测试。在这个过程中，运输包装测试犹如一盏明灯，引导着设计人员改进产品结构或改善包装方案。运输包装测试通过并不绝对说明真实物流中就肯定安全，同样，运输包装测试不通过也不等于物流必定会有损坏。但是，不进行这一系列的测试—改善—测试，对运输保护性能将一无所知。只有测试了，才能有效地评估包装件的运输性能优劣。

3. 结语

运输包装测试指在实验室内营造一个包含振动、冲击、压力、环境的微型环境，实现精密控制、微观观察。针对不同包装件、不同物流环境选择合理的运输包装测试标准，只有通过合理的运输包装测试，进行产品或包装的改进完善，才能够降低实际运输中的损坏，提高产品的质量与档次。

第四章　特定产品的包装

第 1 节　包装润滑油的两种不同纸箱结构

随着我国汽车的普及，车用润滑油行业也得到了迅速的发展，它们的内包装大多采用塑料桶、金属桶等，外包装则是瓦楞纸箱。

国内传统油品生产厂的外箱，较多采用"开槽式"纸箱进行包装（0201型）（见图4-1-1），单位为mm。

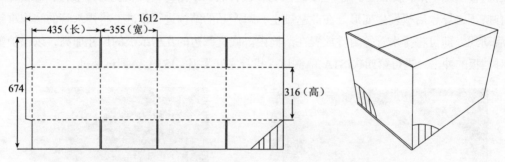

图 4-1-1　开槽箱的展开尺寸（左）与立体图

而在中国落户的国际润滑油巨头企业，主要采用"裹包式"纸箱包装（见图4-1-2），单位为mm。

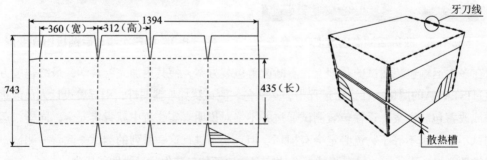

图 4-1-2　裹包箱的展开尺寸（左）与立体图

本节针对这两种不同结构的包装纸箱，从性能、成本、标准、生产、物流等方面进行讨论，为便于分析，选市场占有量较大、每箱装"4L×6桶、毛重26kg"的规格作为样本，令这两种纸箱的内尺寸相同，即：

长×宽×高= 428mm×348mm×304mm（注：由于各油品厂所用内桶尺寸稍有区别，所以纸箱尺寸也会略有差异）。纸箱用材也一样，均为250g/m² +120g/m² +120g/m² +120g/m² +160g/m²，面、里"箱纸板"采用优等品，"瓦楞纸"采用AA等级，双瓦BC楞。（注：图4-1-1和图4-1-2

中的 ▨ 为纸箱的瓦楞方向）

1. 纸箱物理性能的比较

（1）由于材质完全相同，所以两种纸箱的耐破强度、边压强度值是一致的；当选用GB/T 6544—2008 "表1"中D-1.3规格时：纸板的耐破强度应 ≥ 1380kPa，边压强度 ≥ 7000N。（注：用该配材加工的纸板样品，经实测所得数据比国家标准规定值约高20%）。

（2）对包装润滑油的纸箱而言，最重要的技术指标应该是"空箱抗压强度"。笔者对几款同尺寸、同材质而不同结构的样品纸箱进行了实测，其抗压强度值可见表4-1-1（注：开槽箱的理论抗压强度值见公式4-1，裹包箱的理论抗压强度值见公式4-2）。

表4-1-1　相同材质、尺寸但不同结构纸箱的空箱抗压强度实测值　　　　单位：N

类别 \ 测试箱号 实测峰值	1	2	3	4	5	6	平均
普通开槽箱（0201型）	6079	6092	6308	5933	6269	5906	6098
常规压线裹包箱	6120	5578	5615	5404	5568	5605	5648
牙刀压线裹包箱	5150	5079	5457	5610	5424	5522	5374

注：表中"牙刀压线"见图4-1-2右侧的立体图。

造成表4-1-1中"普通开槽箱"与"常规压线裹包箱"之间抗压强度值相差约8%的原因：

"开槽箱"四个竖面的瓦楞方向与受力方向是一致的（见图4-1-1立体图），而裹包箱有两个竖面的瓦楞与受力方向是垂直的（见图4-1-2立体图）；

瓦楞纸箱有个重要的特性，即当外加载荷顺着瓦楞方向时，纸箱的抗压强度最高，假设此时的强度系数为"1"时［图1-7-10（a）］，那么图1-7-10（b）只有60%，图1-7-10（c）只有40%。

这是裹包箱结构的特性所致，如要提高裹包箱的抗压能力，可在纸箱用材或制作工艺上想办法，如选用比开槽箱更优、更好的材料等。

2. 主要成本的比较

（1）当材质相同时，纸箱的单价主要取决于展开面积的大小。

开槽箱（见图4-1-1展开图）用材尺寸：$1.612m \times 0.674m = 1.0865m^2$

裹包箱（见图4-1-2展开图）用材尺寸：$1.394m \times 0.743m = 1.0357m^2$

显然，图4-1-2用材要省5%左右，同理，裹包箱单价也会下降5%。

（2）对开槽箱而言，用于人工包装或在半自动包装线上使用的纸箱，一般采用简单的常规加工即可（注：在纸板流水线上直接压出纸箱高度线）。但对裹包箱或者在全自动包装线上操作的"开槽箱"（注：须在内摇盖上切斜边与大圆角），此时纸箱必须增加模切工序，会增加成本2%左右。

（3）裹包箱在印刷、模切后，即可送润滑油厂包装，纸箱的"接舌黏合"是在全自动包装线上用"热熔胶"自行完成的。而开槽箱在制造时，必须增加一道接舌的结合工序（粘或钉），才能成型使用，较裹包箱增加费用3%左右。

（4）一条全自动裹包自动线，从灌装加盖→油桶排列→纸箱折叠→裹包黏合→成组下线码垛→整托打缠绕膜→沿导轨自行入库等，往往只要一个操作工就能独立完成，自动化、智能化程度较高。

而开槽箱的手工包装，不但劳动强度大，包装效率也要低很多，即使开槽箱在半自动包装线上加工，也需要3～4人配合才能完成，人工成本会相差很多倍。

（5）裹包式包装，前期一条进口流水线的投入较大，好在现在国内也能生产这种成套装备。

（6）对一些小批量、多品种的润滑油厂，只能采用开槽箱手工包装方式。

（7）就包装质量与稳定性而言，裹包箱要优于开槽箱。

裹包箱在诸方面的优势是显而易见的，目前这种高效、省力的自动包装方式，在国内普及很快，如在饮料、食用油、啤酒等行业，都得到了很好的应用。

3. 选择标准的比较

如何选定纸箱标准以及技术指标、如何确定纸箱的用材等问题，也一直困扰着很多润滑油厂；假如指标定得过高，除了会增加成本外，还会引起一系列的后续包装问题，假如指标定得过低，则会造成物流过程中纸箱鼓肚、破损、坍塌等包装事故。

这里推荐一种比较科学、合理的选择方法：

①用国家标准GB/T 6543—2008和GB/T 6544—2008中各自的"表1"所规定指标（详见表3-1-3）。

②不少外企或以出口为主的油厂，常常会选用美国ASTM的标准。

其实这两个标准的主要数值很接近，差异并不大（见表4-1-2）。

表4-1-2　选用两种不同纸箱标准及技术指标之比较

项目 标准	内装物最大质量	纸箱最大综合尺寸	面、里、芯纸最小综合定量	耐破强度		边压强度	
				I类	II类	I类	II类
中国标准 GB/T 6543—2008 GB/T 6544—2008	30kg	1750mm	560g/m²	1380kPa	（1100kPa）	7000N/m	（4500N/m）
美国标准 ASTM	80lbs （≈36.29kg）	85in （≈2159mm）	92lbs/1000ft² （≈449g/m²）	200lbs/in² （≈1379kPa）	/	42lb/in （≈7350N/m）	/

"4L×6桶"纸箱相关要素是：

内装物重量约25kg（含塑桶的重量）纸箱综合内尺寸：428＋348＋304＝1080mm

因此皆符合中国、美国标准中对"质量"与"尺寸"的限制条件。

因为中国的箱纸板主要以挂面纸、再生纸为主，而美国则以木浆纸居多，所以中国、美国标准在用纸的"最小综合定量"上差别较大（约相差25%），但中国标准更符合国情，当然只要能达到规定的物理指标，用纸最小综合定量可以不必太苛求。

美国标准中没有II类纸箱。

对"门到门"运输，并且经整体打托缠绕加固、单元集装运输的润滑油纸箱，可以选用中国标准中的"II类箱"，以降低纸箱采购成本。

但对大多数润滑油企业而言，产品除部分单元整托运输外，大多需要经过多次中转，甚至分拆、零担、散货等，而走电商渠道的还要经得起野蛮甩抛，这时选用中国标准的"Ⅰ类箱"是必需的。个别破损率居高不下的品种，甚至还可以选用高一档的中国标准D-1.4指标。

包装后的纸箱在托盘上一般每托堆高四层，仓储和动态运输时则会二托叠加，因此确定纸箱抗压强度理论值很关键，0201型开槽箱可按照GB/T 6543—2008附录D中的公式来计算。

$$P = KG\frac{H-h}{h} \times 9.8 \qquad (4\text{-}1)$$

式中　　P——抗压强度值，N；

　　　　K——强度安全系数（设K=2）；

　　　　G——包装件的质量（毛重约为26kg）；

　　　　H——堆码高度（3000mm）；

　　　　h——纸箱外径高度（316mm）。

将相关数据代入"公式（4-1）"可得：P=4328N。

式中K系数的确定，比较复杂。从理论上讲，内装物为桶类时，应该属于箱内有"刚性支撑"，能够承担一部分的承重压力，但现实中很多商家对一次性使用的内桶（无论钢、塑），都采取了最大限度的"轻量化"，经我们测试，内桶的承载能力很不乐观。

多年的实践观察与评判，"K"系数选"2"比较经济合理，问题也少。少数运输环节比较恶劣的油厂往往要求提高"K"系数，但笔者认为最高也不宜超过K=2.4（比常规提高20%），否则，不但增加了用纸定量与等级（涉及成本），产生的"后遗症"也很多，举例如下。

①K系数提高后折箱困难

如是在自动包装线上，问题则更多，因此K系数高的纸箱，制造时不得不在折线处加开"10mm×10mm的牙刀线"（见图4-1-2立体图），它不但破坏了纸箱的整体美观，而且降低了纸箱的承压能力，从表4-1-1中可见，同样的裹包箱，是否用牙刀压线，抗压强度实测值要相差5%左右。

②K系数提高后，摇盖回弹大

无论是开槽箱还是裹包箱，无论是用热熔胶还是封箱带，都不容易封住封口，为此纸箱加工时只得采用摇盖"高低压线"（见第五章第4节），油厂包装时降低自动线的速度等办法来补救。

③K系数提高后，折线处易开裂爆线

为了达到较高的K系数，供应商的措施主要是增加瓦楞纸的定量与等级、降低纸箱的含水率等，随着瓦楞纸板韧性减小、脆性增大，纸箱在冬天或大气相对湿度较低时，开裂矛盾会很突出。

④K系数提高后，纸箱接舌黏合处会黏合不良

瓦楞纸板变硬后，接舌处常常会崩开，造成包装失败（见图4-1-3）。裹包箱的接头必须用热熔胶黏合，由于只是一层面

图 4-1-3

纸与一层里纸粘在一起，所以其他8层纸都有可能弹开崩离。

而对开槽箱的接舌只要允许，建议用打钉替代黏合比较安全（打钉时10层纸都会穿透）。

裹包箱抗压强度理论值的计算要复杂一些，一般采用马腾福特公式（采用英制）。

$$P = 4.6\left(\frac{F}{Bo} + 1\right) Pm\,(TZ)^{\frac{1}{2}} \tag{4-2}$$

式中　P——为裹包箱的抗压强度值，lb；

　　　F——纸箱摇盖宽度（348mm÷2÷25.4≈6.85in）；

　　　Bo——纸箱长度（428mm÷25.4≈16.85in）；

　　　Pm——纸板的边压强度值（取GB/T 6544—2008 D1.3为：7000N/m≈40lbs/in）；

　　　T——纸板的厚度（设BC楞厚度为：6.7mm÷25.4≈0.264in）；

　　　Z——纸箱周长［2×（304mm＋428mm）÷25.4≈57.638in］。

将相关数据代入"公式4-2"后得：P=1010lb≈459kg≈4498N

（注：按照"马腾福特公式"规定，式中单位为英制，且裹包箱长=开槽箱高，裹包箱宽=开槽箱长，裹包箱高=开槽箱宽）。

综上可见，对"4L×6桶"规格的纸箱，建议参照表4-1-3所列物理技术指标（应大于等于表中数值），来作为制定与评判纸箱合格与否的标准。

表4-1-3　两种润滑油纸箱的应用技术标准（理论值）

面、里、芯纸的最小综合定量/（g/m²）		空箱抗压强度/N			耐破强度/kPa			边压强度/（N/m）		
		开槽箱 0201型		裹包箱						
中国标准Ⅰ类与Ⅱ类	美国标准	K=2	K=2.4	美国标准	中国标准Ⅰ类	中国标准Ⅱ类	美国标准	中国标准Ⅰ类	中国标准Ⅱ类	美国标准
560	449	4328	5194	4498	1380	1100	1379	7000	4500	7350

注：①中国标准的Ⅱ类箱须慎选，原则上不推荐；

　　②如选用美国标准，那么原纸也应选用相应的高等级木浆纸；

　　③只要真正做到表4-1-3所列的指标（中国标准Ⅰ类或美国标准），那么纸箱的使用是有保障的，我们服务了很多润滑油厂，它们的长年实践经验与反馈的信息都证实了这一点。

4. 其他几个问题

（1）塑料桶灌热油后的膨胀问题

润滑油灌装时都有一定的温度，按照油品的不同，一般在42～62℃，这时聚乙烯吹塑桶会在"B"方向发生膨胀，而且多数是不可逆的（见图4-1-4），即使油温降到常温，也不会恢复到原尺寸，塑料桶膨胀值可见表4-1-4实测数据（参考）。

目前的问题是很多纸箱设计者，往往是以空桶尺寸作为测量依据，未留足够间隙，导致灌油后纸箱内径陡增3倍的δ值（注：纸箱宽度方向呈3桶排列），造成产品还未出厂，纸箱已

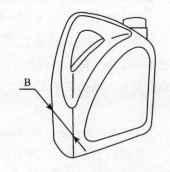

图4-1-4　塑料桶膨胀值实测

经开始外胀鼓肚，导致抗压能力大大下降，因此在设计纸箱宽度时预加"δ"值是必要的，但"δ"值也不能加得太大，否则动态运输时，桶与桶之间在纸箱内会反复产生相对摩擦，有可能将桶上的标贴磨坏。

表4-1-4　热灌装时塑料桶的实测膨胀值

油品温度/℃	"B"方向膨胀值δ/mm	油品温度/℃	"B"方向膨胀值δ/mm
42	11～12	62	17～18
52	14～15		

注：①当桶型、材质不同时，膨胀值会有差异；

②金属桶变化小可忽略不计。

需要提及的是：纸箱内高与塑料桶高应该是一致的，但生产实践中常常发现，桶盖与纸箱上摇盖间尚有较大间隙，使纸箱承压后发生变形鼓肚，产生的原因：

①塑料桶尺寸或桶盖旋钮不规范；

②纸箱加工超差；

③纸箱设计时未考虑箱底受重压后变薄的系数。

（2）热油在纸箱里的散热问题

热油灌装后一般都会立即封箱，热油在降到常温的过程中，会产生水蒸气、结露等现象，温差越大，此问题越严重（如冬季）。在纸箱这个密闭的微环境中，产生的水汽会被纸箱内壁吸收，使纸箱含水率升高（见第五章第7节）。

相关资料告诉我们，纸箱的含水率每升高1%，其抗压强度将下降8%左右。解决的办法是：

①在纸箱上预开散热孔，或在裹包箱的侧面摇盖合拢处预留10mm左右的空隙作为散热通道（见图4-1-2立体图）；

②纸箱内壁预涂防水剂；

③手工包装时速度很低，可待油温略下降后再封箱；

④尽量避免在纸箱外层覆塑膜（透气性差，如某些彩色胶印箱）。

（3）在托盘上的码踩问题

很多润滑油厂只关注包装前纸箱的抗压强度，而忽视了包装后的纸箱在托盘上因不同堆码方式所引起的强度变化。

①纸箱露出托盘，像图1-7-2这种情况在各厂比比皆是，殊不知，只要悬臂外露达12mm以上，纸箱承受负荷的能力就将降低29%。

②"砌砖式错落堆码""狼牙交叉式堆码"等也很普遍，这些堆码避开了纸箱最能受力的四个角，使它的承压能力大幅下降，建议采用日本专家川端洋一开发的"二层活用堆码"，将负荷最大的下面二层用"齐平式堆码"，上面若干层用"错落堆码"，既弱化了最下层纸箱的受力，又保证了整托的稳定性。

③托盘是个移动的平台，国家标准GB/T 2934—2007《联运通用平托盘》规定，中国标准中优选的托盘尺寸是1200mm×1000mm，而美国托盘的标准尺寸是48in×40in（1219mm×1016mm），两者相差不大（详见第三章第3节），那么"4L×6桶"规格的纸箱在托盘上应该如

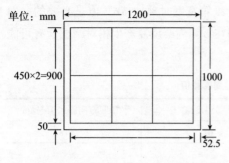

单位：mm

图 4-1-5 "3×2" 的布局

何摆放才算合理呢?

首先要清楚，包装后纸箱的平面外径尺寸，约"长×宽"= 450×365mm，在托盘上宜采用"3×2"的布局（见图4-1-5）（注：它能保证每个裹包箱至少有一个侧面的散热排气槽是向外的），堆高四层，确保托盘的四周尚留有20mm以上的空隙，使纸箱不会露出托盘外。

有的工厂自制的托盘不按标准，尺寸混乱，这是造成仓储问题的根源，应加以改善。

（4）纸箱的防潮问题

有些油厂的仓储条件很差，油品储存时间很长，也有的物流环境恶劣，使纸箱在使用过程中极易受潮，性能下降，有效的解决办法是在纸箱加工时表面"上"不同性能的防潮剂。

①表面上"泼水剂"，主要成分是液态树脂和乳化剂，在流水线跑纸板时加工，测试标准以"R4"较好，它不会影响后续的印刷、封箱带、贴标签等，成本也很低，仅0.05元/m²，缺点是易磨掉、保质时间短。

②表面印"防潮油墨"，成本低，且不影响封箱带和贴标签，缺点是保质时间短，另外需特制一块树脂印刷版。

③在专用涂布机上涂布"X300防水剂"（美国进口，主要成分是丙烯酸类物质），可达到"R10"最高防水等级，维持时间长，其有害物质的含量也符合RoHS指令的规定，但它对后续的印刷、封箱、贴标签等影响较大，一般很少有油厂会使用。

（5）纸箱的防伪问题

汽配市场是假冒伪劣产品的重灾区，越是大品牌，假货越多，润滑油也是如此，很有效的一个办法是在纸箱上作"防伪"。

终端用户在采购整箱润滑油时，不需要开箱，只要按照纸箱开启处的"图文提示"，撕开纸箱一个小角（见图4-1-6），看里层瓦楞上涂的特定颜色，就能马上判定是不是假货，是否需要退货拒收（详见第二章第4节）。近年来，本厂已生产数千万只"防伪"纸箱，还未发现一例仿冒成功案例。

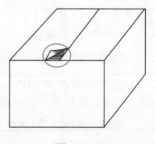

图 4-1-6

（6）改用单瓦楞纸箱的降本问题

润滑油市场群雄逐鹿，竞争激烈，大家都在为提质降本想办法，以扩大市场占有率。

目前几乎所有"4L×6桶"规格的纸箱，都采用的是双瓦楞（见图1-2-1），我们经过多年的研发创新，试制成功一种新材料——即"复合四层单瓦楞纸箱"（见图1-1-2），二张瓦楞纸之间的黏结剂是一种特殊的化学物质，实测耐破强度与边压强度值均不逊色于五层箱（详见第一章第1节），但由于少用一张夹芯纸，成本下降了10%～15%，有利于绿色减排，而且成箱时边角都很漂亮，摇盖回弹、折线爆裂、粘接不良等弊端也不会出现。

某大型润滑油生产厂，选用这种复合单瓦楞箱，专供那些最挑剔、对纸箱投诉最多的客户使用，几年来反响良好，现已投入批量生产。

（7）纸箱尺寸的标准化问题

纸箱尺寸的标准化，首先应该是内桶的标准化，很多油厂对此并不重视，个别厂光是4升的桶就有十余种，扁的、方的、圆的、椭圆的、高的、矮的……林林总总，造成纸箱的尺寸规格繁多，手工包装时感受还不深刻，但一上自动包装线或半自动包装线，就成了大问题，光是设备的待机调整就是一笔不小的损失。

而对纸箱的供应商而言，在纸板流水线上频繁地更换原纸的门幅、品种、调整尺寸，所增加的损耗也是要油厂买单的。

这方面大牌外企做得就较好，他们的4升桶就只有一个规格（注：有的用不同颜色来区别），哪怕是OEM代工，还是灌装不同的油品，仅仅是更换桶上的标贴而已，有效压缩了包装的成本，提高了自动包装线的生产速度，值得我们很多内资企业借鉴。

（8）是否可用EB楞的问题

为了破解"K"系数较高时纸箱折箱难、摇盖回弹大、折线开裂、粘接不良等问题，少数企业尝试纸板采用"EB"特殊楞型，它的厚度只有常规BC楞的2/3，纸板变薄后，确实解决或减轻了一些问题，但纸箱的抗压强度值也随之大幅下降（详见第五章第8节）。

一方面，为了增大纸箱的抗压强度，而去提高原纸的定量与等级（成本增加）；另一方面，又因纸板过硬而不得不改用薄形纸板，使各自优势互相抵消，这样是得不偿失的。

在国内外各种计算抗压强度的公式或数学模型中，"纸板厚度"都是一个绕不过去的重要参数，日本专家松冈与盐屋在研究"纸板厚度与抗压强度"关系时得出结论，在基础条件相同的前提下，"EB"楞比"BC"楞的抗压强度值至少要下降15%以上。

所以在欧洲的"瓦楞纸板"标准（2004年版）DIN 55468—1中明确规定；当采用E楞（包含E楞与其他楞型组合）时，是不适用于有强度要求的纸箱的，换句话说，只有在不考虑边压强度或者抗压强度的前提下，才会选用E楞或E楞的组合。

（9）关于彩印箱表面覆塑膜的问题

为了提高纸箱外型的美观度，吸引用户眼球，增加市场竞争力，部分润滑油厂喜欢采用彩色"胶印+塑膜"的包装箱，其实彩印包装较适合"商品包装"而非"运输包装"，因此这其中产生的问题颇多。

①严重影响热油装箱后的透气、散热，因为所覆塑膜的透气率极低（相关国家标准规定，它的水蒸气透过量 ≤ 0.58g/ m² · 24h）。

笔者处理过某世界500强油厂的一起重大包装事故。严冬时节的5000箱"胶印+塑膜"纸箱，灌装时的油温为56℃，一周后发现，入库纸箱已全部被箱内水汽润湿，在彩面与贴塑之间水分积聚，两者大部分已分离脱开，纸箱强度下降明显，底层已呈塌陷状，最后，光人工翻箱换包装的费用就高得惊人。

②彩印箱成本高，比普通纸箱约贵50%。

③彩印箱的加工工艺和普通纸箱完全不同。

▲彩印箱是先在瓦楞流水线上跑出四层底板，再由胶印机加工单张彩面，随后用它在覆膜

机上粘贴塑膜，最后才用胶水将四层板与贴塑彩面黏结在一起，两次粘贴均是在自然状态下干燥，因不同材质的吸水率有差异，结果纸板易弯翘、不平整。

▲而普通瓦楞纸箱的加工，要比前者简单得多，它的五张纸，是在瓦楞纸板流水线上一气呵成，粘贴—高温烘干—烫平—压线修边，两者相比，前者整个纸板的含水率高，所以黏合强度、边压强度和抗压强度等重要指标，都比普通纸箱要低。而前者出现的弊端后者一概没有。

④更大的问题是，在"欧盟商品包装"标准中，将"瓦楞制品经覆膜处理"过的纸箱，被排斥出"绿色包装"范畴，因为它影响废箱的回收、再生、制浆、造纸（详见"中国商务部"编著的《出口商品技术指南》2017年版），因此它属于非环保的纸箱产品。

个别油厂为解决此问题，在彩印后改"塑膜"为"上UV"，但由于纸板硬且厚，压线时会呈明显的"爆线"现象。结果因"美观"而投入的大本钱，却变成了更"不美观"。

其实，普通纸箱只要版面唛头设计得当，现在高档的水性印刷机，同样可以做到色彩丰富，层次感强，基本接近彩印的水平，完全能满足"运输包装"的需要，因为润滑油纸箱毕竟不是"商品包装"。

（10）纸箱入库检验的问题

目前很多油厂对纸箱的入库都不作性能检验，仅在招标时由第三方对供应商的样品作测试，而批量供货时则完全靠纸箱厂的自律与诚信，有的油厂又采用"无底价招标"，往往中标价就已低于纸箱成本价，供应商批量供货时的"偷工减料"也就不足为奇了。

例如，某世界500强的润滑油生产厂，因为缺少进厂验货环节，入库纸箱质量远低于标书上的规定，笔者在ISTA实验中心，测试过该厂多个不同批次纸箱，无一合格，有的指标还不到标准要求的2/3，然而每遭到终端客户对纸箱的投诉，他们就提高一次书面技术标准，而纸箱的质量却没有得到实质性改善。

再看另一家大型油厂，对入库纸箱用仪器进行"耐破强度""边压强度"两项国家标准规定的物理性能的检验，每次10分钟左右就能搞定，他们介绍说：每年都会有5%以上的纸箱，因某一指标不达标，而被判定"超差代用"（降价），不到一年就将两台仪器的投资全部收回了，更重要的是确保了纸箱的品质，严格遵循了ISO 9000对入库物料的基础管理要求。

以上对"4L×6桶"规格纸箱的技术实施例，其实对"1L×12桶"和"2L×10桶"等其他规格的纸箱同样适用，完全可以复制移植。

无论是"开槽箱"还是"裹包箱"，都只是润滑油产品的辅料，且大多数为一次性使用，它的功能仅仅是保护产品的运输安全及商品的宣传，因此"质量过剩"没必要，但欠包装造成物流事故也不可取，各润滑油厂应按照本厂的产品特性、批量、仓储条件、物流环境等众多因素来选择纸箱的标准，而不是指标越高越好，也不是越便宜越好，而是够用才好。

第2节 在远洋渔船上水中作业的涂蜡纸盒

在水中作业的纸盒，必须要有卓越的拒水性能，因此，在纸盒表面涂蜡是个不二选择。

在远洋捕捞渔船上，广泛使用一种无瓦楞涂蜡水产纸盒，系国际标准箱型的"0416型"

折叠式纸盒（见展开图4-2-1），内装物重16.5磅（约7.5kg）。

该纸盒在使用过程中，会大量接触水，因此无论是纸盒的内表面还是外表面，必须具备优良的拒水性能。

冷冻时的蜡盒与鱼块要求紧密贴合无空隙，以防止空气残留处的鱼块发黄或风干，因此纸盒在放入平板冷冻机并受到瞬间高压时，必须能形成排气通道，逸出多余空气，这也是本项目的关键核心技术。

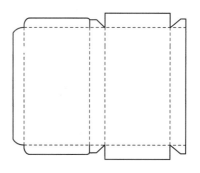

图4-2-1 "0416型"折叠式纸盒

纸盒为生鲜食品的接触性包装件，因此纸盒上的重金属、微生物、迁移性指标等，必须符合国内或国外严格的食品安全法规。

鉴于上述诸项，涂蜡水产纸盒的整体技术含量很高，加工难度颇大，目前全球每年消耗的几亿只这款涂蜡水产纸盒，绝大多数都由欧洲某厂独家垄断供应，我们国内使用的涂蜡水产盒也大都从该公司进口。

冷冻鱼块的生产工艺流程如图4-2-2所示。

1. 铝合金的模框，内径尺寸为485mm×255mm×60mm，直壁、无出模斜度，并配有活动的上下盖板

2. 纸盒放入已加装铝合金下盖板的模框内

3. 鱼块或虾类在纸盒内摆满

6. 在纸盒上加装铝合金上盖板

5. 包好的鱼块等待进入速冻机

4. 纸盒上盖插下，并包住下盒

7. 放入平板速冻机，瞬间压力4.5kN作用在模框上，冷冻时间2.5～3小时

8. 冷冻好的鱼块，去除上下盖板后，放到冲压脱模机下

9. 冷冻纸盒从模框中被强力脱出

图4-2-2 冷冻鱼块的生产工艺流程

国内进口的该款欧洲纸盒，在使用中常发现以下问题。

①在图4-2-2中的9工序，低温强力脱模时，大约有7%的纸盒外表面会被撕破（见图4-2-3）。

（a）边角处撕裂　　　　　　　（b）上盖大面积破损

图4-2-3　低温强力脱模时的问题

②欧洲纸盒外表面也是采用涂蜡工艺，它是一层简单的涂覆面，与纸盒的结合力较差，因此纸盒在经过后续的模切压线与折叠后，压线处掉蜡比较严重（见图4-2-4），水分极易从折线处浸入，影响纸盒的整体防水效果，而且掉下的细微蜡粒，常会粘连到鱼块上。

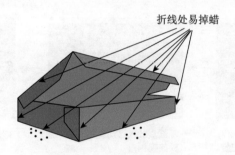

图4-2-4　压线处掉蜡

③在图4-2-2中的7工序，鱼块放入速冻机瞬间加压4.5kN时，纸盒的中心部分常会有些残留气泡来不及排出（见图4-2-7），造成两种后果：

a. 鱼块有小面积被风干，成为速冻不良品；

b. 大大缩短保鲜保质时间。

经过多年的研究与试生产，我们成功开发了一种新型的涂蜡水产纸盒，由于采用了完全不同的生产工艺路线，外表面采用"涂布"技术，内表面改用"淋膜"涂蜡工艺，因此该纸盒能有效克服或减轻欧洲进口纸盒存在的缺陷，各项性能均符合相关的国际质量标准，其中有很多技术指标远高于欧洲的产品。

1. 纸盒外表面涂布防水剂

（1）纸盒外层防水剂是在进口的"滚式定量精密涂布机"上进行涂布的，瞬间烘干温度170℃。

整卷原纸（一般重1～2吨）在涂布防水剂时，需要经过多组滚压轮（压力可调），它通过原纸表面原有的孔隙或凹坑，将防水剂有效挤压到原纸的浅表层，（占整个涂层的1/3～1/4厚），形成一个新的物质层（见图4-2-5），在高压高温作用下，防水剂与纸张的结合更加紧密。

在后续压线或折叠时，掉蜡、掉屑现象大为减少。当然在加工压线时，不同线条形状对以后折叠时掉蜡多少的影响，差异是较大的。

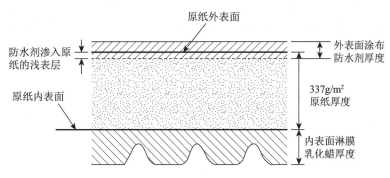

图 4-2-5 涂蜡水产纸盒截面示意图

通过对市场上常用的五种"模切压痕刀"形状（见图4-2-6）进行实验比对，结果发现c型压痕的效果最佳，此时刀厚应选择1.3mm为宜。

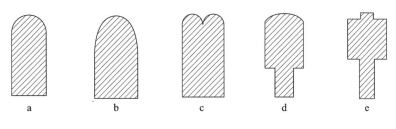

图 4-2-6 "模切压痕刀"形状

采用此涂布新工艺后，纸张的表面防水性能得到极大的提高。经SGS的权威检测，表面吸水量仅为2.56g/m²，为欧洲纸盒的五分之一以上。

（2）由于防水剂中添加了石蜡等物质，使纸盒在低温脱模时的性能更加优异，笔者曾委托某跨国公司的专业实验室做了一组对比测试，报告显示：

在零下40℃时，涂有该型号防水剂的纸盒与铝合金表面的粘连性能，远低于欧洲进口的产品。

生产实践也证实了这一点：达成集团研制的新型纸盒，在图4-2-2中的9工序脱模时的破损率仅为3%左右。

（3）纸盒外表面的防水剂涂层厚度，必须进行严格控制。过薄，会影响纸盒表面的防水性能；过厚，则会在高压下，影响排气通道的形成。经反复试验，最佳的涂层厚度应为14g/m²左右。

2. 纸盒内表面淋膜特种乳化蜡

纸盒的内表面采用涂蜡工艺，进口特种乳化蜡（食品级）的主要成分是：水48%，食品级石蜡43%，硬脂酸4%，以及催化剂（氯化钠）等，该乳化蜡呈完全混溶的液态，黏度≥8cP·s，pH值8.9，涂蜡机在淋膜时的工艺温度大于95℃，淋膜乳化蜡的厚度一般以30～40g/m²为宜，过多或过少都是不妥当的。

乳化蜡被淋膜到纸盒内表面后，即刻用温度低于8℃的冷却水快速降温，乳化蜡中的催化剂在温差作用下，会使混溶状的蜡层，迅速发生水、蜡分离现象，这时水珠部分蒸发后，形成凹坑，留下的蜡部分形成凸柱，整个内表面呈高低不平的褶皱式、不规则的皮革状纹（见图4-2-5）。当图4-2-2中7工序模框连同纸盒一起放入冷冻机，冷冻机顶部的螺杆式（或液压式）平板迅速下压，瞬间施加4.5kN的压力；纸盒与鱼块之间的空气，绝大部分由纸盒的三处边缘排出（见图4-2-7），但靠近纸盒中后部区域的气体往往来不及排出，会形成小面积的集聚区，这部分气体的排出很关键。利用内外涂层在高压下的特有性能，在纸盒内表面的凹坑处，会形成很多纵贯纸盒截面的细微透气通道，足以排出多余的少量气体（见图4-2-8）。

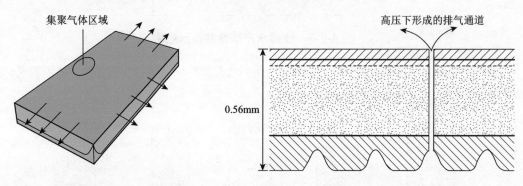

图4-2-7　多余空气从三处边缘排出　　　图4-2-8　涂蜡水产纸盒排气示意图

影响纸盒"排气通道"形成的原因主要有三方面：

①纸盒外表面的防水剂涂层；

②纸盒内表面的乳化蜡涂层；

③原纸本身的纤维结构与密度。

在气体排出的同时，鱼块受压后的体积会被压缩，并对纸盒内壁产生一定的反作用力（见图4-2-9），鱼块与鱼块之间的少量水分被挤压后，会向纸壁的6个内表面运动，在纸盒与鱼块之间形成20～30丝米（dmm）具有压力的"水膜"。它在冷冻时会形成一层"冰膜"，这层"冰膜"能使鱼块与空气彻底隔绝，它是防止鱼块风干、反霜、发黄等瑕疵产生的重要构件，也是使鱼块保鲜存储期长达两年的必要条件。

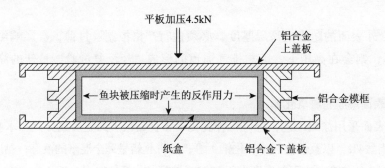

图4-2-9　反作用力

形成"冰膜"的先决要素有：

①纸盒排气顺畅；

②鱼块在纸盒内应放满（以便产生足够的压缩量）；

③鱼块之间有适当的水分。

为了达到顺利排气这一目的，对原纸的选用很有讲究。

我们特别抄造了一种337g/m²A级挂面牛皮纸，在原纸正反面都挂有长纤维原生木浆，其紧度应小于0.7g/cm³，如紧度太大，虽然纸张的耐破强度、环压指数等物理指标比较优秀，但它会严重妨碍透气通道的形成，是一个很大的缺点。

在正常情况下，外层涂防水剂、内层淋膜乳化蜡后，整个纸盒是不具备透气条件的。从防水角度看，纸盒外表面的防水剂与内表面的乳化蜡涂层都应该紧密、厚实，但从"排气通道"角度来看，又希望它能浅薄、疏松些。

解决办法是：在常压下，要求纸盒的防水性能是优异的，但在4.5kN的冷冻高压下，纸盒表面又能快速形成"排气通道"。经过反复的试验，掌握了这样一个"度"，取得了"防水"与"排气"的最佳平衡点，即在纸盒加工完成后，进行一次"透气度"的检测（见图4-2-10透气度检测仪），只要在常温常压下的透气度值为0.18μm/（Pa·s）（外表面朝

图 4-2-10　**透气度检测仪**

上）和0.14μm/（Pa·s）（内表面朝上）时，那么将来纸盒"排气通道"的形成是有保证的。

另一个疑问是，打开"排气通道"后，水分是否会浸入"透气通道"内，而破坏纸盒的防水性能，从而影响它的强度呢？

这种情况是不必担心的，当纸盒受到高压而形成"排气通道"时，它已经装在铝合金的模框内，并放进了速冻室，仅需几十分钟，即可结冰，因此，此时纸盒是否防水已无关大局。

在特别抄造双挂面牛皮纸时，需在原纸的表面特意添加可食用色素，目的是使原纸颜色与鱼肉的本色有明显差异，一旦纸盒上微量纸屑粘到鱼肉上时，也能很容易地被发现并捡走。

3. 涂蜡水产纸盒的检验

（1）由于国家对接触食品的涂蜡包装物并未制定相关标准，因此口岸商检局在检测从欧洲进口的这款涂蜡水产纸盒时，常会产生很大的争议，目前只能暂时按美国与欧盟的标准进行检验。

（2）作为生产厂家，对原、辅材料的选用，执行的是国家相关标准，例如：对纸盒中食品级石蜡的含油量、光稳定性、针入度、黏度、嗅味、易炭化物、稠环芳烃、紫外吸光度、杂质等指标均应符合GB 7189—2010《食品用石蜡》之规定。对337g/m²箱板原纸的卫生标准应符合GB 11680—1989《食品包装用原纸卫生标准》之规定。

（3）对入库的成品纸盒，还要进行如下项目的检验：

a. 纸盒内、外表面的涂层质量（肉眼+仪器）；

b. 用"厚度仪"检测纸盒板材的厚度，应为0.56mm左右（含内外涂层）；

c. 用"肖伯尔"法（GB/T 458—2008）检验常压下的透气率值；

d. 用金属探测仪检测，纸盒中可能存在的金属微细颗粒。

（4）重金属及有害物质，重点检测五项：铅、汞、镉、六价铬、砷。

（5）微生物重点检测七项：

大肠杆菌、细菌总数、金黄色葡萄球菌、沙门氏菌、单核增生李氏菌、副溶血弧菌、霍乱弧菌。

（6）对包装材料中的有毒有害物质迁移到食品中的具体数据，须每隔3～6个月由第三方作一次全面检测，以判断是否超出许可值。

4. 涂蜡水产纸盒的制备流程

（1）将整卷的箱纸板（一般是1～2吨）先进行双色预印，印刷内容包括Logo、批号、条码、生产厂商名及用户指定的信息等资料。

（2）在进口涂布机上将整卷原纸的外表面涂布防水涂料，在涂布过程中，利用高温高压使涂料与原纸表面紧密结合在一起。

（3）分切，将卷筒纸切成块状。

（4）将上述半成品移入10万级的净化厂房内，然后进行后续的生产工序。

（5）将块状纸在自动模切机上加工外形及压线。

（6）在专用"涂蜡机"上，为纸盒内表面淋膜特种乳化蜡，使其表面形成凹凸不平的皮革状纹。

（7）检验。

（8）消毒、包装。

对检验合格后的产品进行紫外线杀菌消毒，为防止蜡盒在日后储运过程中被二次污染，最后还需用热收缩膜封装密闭（50或100只一捆）。

涂蜡水产纸盒的试制成功，打破了欧洲国家对该领域国际市场的垄断，同时对我国今后开发"防水性涂蜡纸制品"提供了有益的技术借鉴与经验。

该款涂蜡水产纸盒在禽类、肉类等加工行业也具有广阔的应用前景。

第3节　带PE复合工艺的冷冻水产箱

地球上约90%的动物蛋白存在于海洋之中，海洋是人类未来生存与发展的物资宝库，也是维系地球生命与生态系统的重要组成部分。随着全球人口增加，食品需求压力的增大，各国竞相发展渔业，制订"向海洋要食品"计划。

用于冷冻水产品包装的纸箱，需要在纸箱表面形成防水层，目前涂防水剂的方法很多。

①在瓦楞纸板加工流水线上，加装一个涂液槽，在纸板的表面直接涂一层以蜡与松香为主原料的"泼水剂"。

②用涂布机涂布，在整卷原纸表面，涂上进口的丙烯酸类防水涂料（食品级）。但涂上防

水剂后，最大的问题是后期的水性印刷以及贴不干胶标签。如是大批量或印刷唛头固定的防水纸箱可以采用预印后再涂，但中小批量的或印刷唛头变化较多的防水纸箱就不具备此条件。

近期，笔者承接过某国的一款新产品，在国内还未见过类似的奇特结构。它由PE作黏结剂合成面纸生产的冷冻水产瓦楞纸箱，由一张瓦楞纸板折叠而成（见图4-3-1和图4-3-2），纸板面纸为复合纸，由超薄压光牛皮纸+薄膜形态的聚乙烯PE+国产牛皮纸复合而成，超薄压光牛皮纸表面光洁、光泽性好、印刷效果好；聚乙烯PE作为黏合剂将两层牛皮纸复合起来，同时PE又是极佳的防水层，具有良好的防水、防潮、阻隔、耐冲击性。

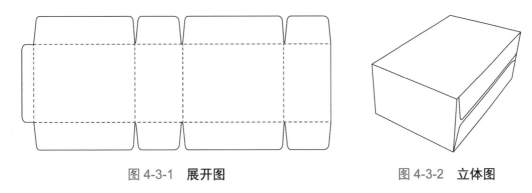

图 4-3-1　展开图　　　　　　　　　　　图 4-3-2　立体图

面纸为40g/m²超薄压光牛皮纸（白色）和150g/m²国产牛皮纸，通过熔融状聚乙烯PE黏合的复合纸，即40g/m²超薄压光牛皮纸+15g/m² PE+150g/m²国产牛皮纸= 205g/m²（见图4-3-3），瓦楞纸板为白色复合纸，楞型为EB楞。

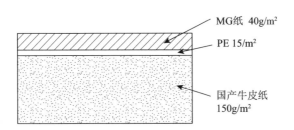

MG纸　40g/m²
PE 15/m²
国产牛皮纸
150g/m²

图 4-3-3　　面纸复合纸结构示意图

该纸箱在使用过程中，会大量接触水分，因此，纸箱的内表面也必须具备优良的拒水性能。

纸箱内层防水层，是在进口的滚式定量精密涂布机上进行加工的。整卷原纸在涂布机上加工防水层，将部分防水涂料挤压到原纸浅表层的孔隙和凹坑中，形成新物质层，涂布有防水涂料的原纸通过热辊高温170～180℃烘干，涂料中的水分瞬间蒸发，有效成分在原纸表面形成防水层；涂层厚度可精确控制，均匀稳定，附着力强，无色无味，绿色环保，符合欧盟RoHS指令的规定，具有100%可回收再成浆能力。其吸水量最大值2.56g/m²，仅为国内最高科技水平的四分之一左右，且防水效果可长达两年以上，在低温、高温及高湿的环境中都具有良好的防水性能。

冷冻水产瓦楞纸箱与普通瓦楞纸箱的最大区别，在于它的面纸为40g/m²超薄压光牛皮纸和150g/m²国产牛皮纸通过高温聚乙烯PE复合而成，超薄压光牛皮纸为全木浆牛皮纸，表面光洁、手感好、光泽性好、观赏性佳、印刷效果好；聚乙烯PE作为黏合剂与防水剂，和普通糨糊相比，后者仅作为黏结剂，只起黏结作用，而采用聚乙烯PE作为黏合剂，是整面上胶，不仅起到黏结作用，将两层牛皮纸复合起来，更重要的是该黏结剂形成一层薄膜，复合后的面纸具有较高的防水、防潮、阻隔性能，戳穿强度和耐破强度等。

在高湿环境下，40g/m²外纸也会受潮，但它不足整个纸板用料定量的5%，而且受潮面纸的水分不会向里渗透（PE层阻隔），纸箱主体仍有很强刚性。

同时，冷冻水产瓦楞纸箱属于绿色包装材料，聚乙烯PE黏结剂符合欧盟RoHS指令的规定，本身可以降解，在造纸厂再生时不会产生任何影响，安全环保可回收。

冷冻水产瓦楞纸箱的制备流程如下。

第一步，面纸加工。将整卷超薄压光牛皮纸和国产牛皮纸，在专用覆纸机上加工成复合纸，黏合剂采用聚乙烯PE，经高温吹塑成膜，复合时超薄压光牛皮纸、薄膜形态的聚乙烯PE、国产牛皮纸依次黏合，形成复合纸（见图4-3-4），聚乙烯PE涂布量一般为10～15g/m²。

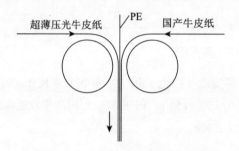

图4-3-4　面纸复合工艺示意图

第二步，里纸加工。将整卷原纸在进口涂布机上涂布防水涂料，在涂布过程中，利用高温高压使涂料与原纸表面紧密结合在一起，通过滚压轮之间的挤压，精确控制涂布量，防水涂料的涂布量为14～20g/m²。

第三步，纸板加工。将复合面纸、里纸、瓦楞纸、芯纸在瓦楞纸板生产线上加工成瓦楞纸板，同时，分切成所需尺寸。

第四步，印刷。分切好的纸板在水性印刷机上进行印刷（在超薄压光牛皮纸表面上进行），印刷内容包括产品Logo、批号、条码、生产厂商及用户指定的图形、文字等资料信息。

第五步，模切。印刷后的纸板在模切机上模切成客户指定尺寸、规格的纸箱（见图4-3-1）。

第六步，检验。抽样检验样箱，包括外观检验和性能检验。

外观检验：从同一检验批的产品中随机抽取，重缺陷从轻缺陷检验的样箱中随机抽取，轻缺陷包括标志、印刷、压痕线、刀口、箱钉、接合、裱合、摇盖耐折；重缺陷包括内尺寸、厚度、含水率。

性能检验：从外观检验合格的样箱中抽取，性能检验包括边压强度、戳穿强度、耐破强度、黏合强度等。

对入库的成品冷冻水产瓦楞纸箱，还要进行如下项目的检验：

a. 冷冻水产瓦楞纸箱内、外表面的涂层质量（肉眼+仪器）；

b. 用金属探测仪检测，冷冻水产纸箱中可能存在的金属微细颗粒。

重金属与有害物质的含量重点检测5项：铅、汞、镉、六价铬、砷。

微生物重点检测七项：大肠杆菌，细菌总数，金黄色葡萄球菌，沙门氏菌、单核增生李氏菌，副溶血弧菌，霍乱弧菌。

第七步，消毒和包装。对检验合格后的产品进行紫外线杀菌消毒，为防止产品在日后储运过程中的二次污染，最后还需用热收缩膜封装密闭。

冷冻水产瓦楞纸箱为生鲜食品的接触性包装材料，因此纸箱上的重金属、微生物、迁移性指标等，必须符合国内外食品安全法规。

该款冷冻水产瓦楞纸箱对禽类、肉类等加工行业，也具有广阔的应用前景，本产品防水、防潮性能好，印刷效果佳，经济效益高，可广泛应用于自动包装线，便于包装机械自动开箱、装箱、打包、提升等。

第4节　医疗废弃针具用的安全回收箱

一次性医疗针具（如注射针、输液针、采血针、麻醉针、手术刀等），使用后如果处理不当，会给临床医护人员的健康带来巨大的潜在威胁。美国职业安全管理局（OSHA）的统计数据显示：在艾滋病、肝炎等严重传染性疾病的传播途径中，锐器伤的感染是一个重要原因。世界卫生组织曾公布：全球每年约有300万医务人员因针刺锐器伤害而感染各种血源性疾病。我国《中华医院感染学杂志》，也曾对916名护士进行问卷调查，结果显示：被污染针头刺伤的发生率为70.47%。

目前，国内医院、卫生所等医疗机构，对废弃针普遍采用塑料桶等敞开式容器，在使用现场临时收集后，再由专业回收单位用较大容器汇总、中转、销毁，中间流程复杂，相关人员与已被污染的废弃针具接触机会多，被锐器刺伤的概率高，存在着较大的风险隐患。

1. 产品简介

近期，笔者公司承揽了若干批次的国外废弃针具所用的安全回收纸箱（见图4-4-1），它们小巧、灵便、安全可靠、成本低廉、储运便利。从废弃针具投入纸箱到最后整体焚烧的全过程，都是一次性全封闭完成的，不会有人为接触针具的机会。

从纸箱的结构上来讲，也比国内曾出现的类似产品有较多的改善与进步。安全回收纸箱由一片纸板组成，通过各种折叠方法，构成一个封闭的纸质容器，由于各处插舌都带有锥型锁扣功能，所以成箱后难以二次拆开，确保了安全箱的一次性使用（见图4-4-2）。

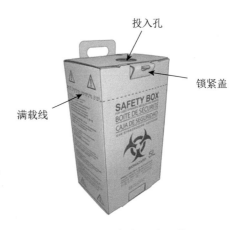

图 4-4-1　安全回收纸箱

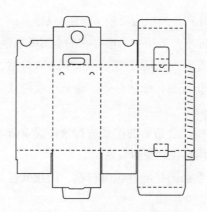

图 4-4-2　安全回收纸箱展开图

　　纸箱上印有详细的使用说明图示，从如何折叠组装，到废弃针具的投入方法等，无论使用何种语言的人群，都能明白如何操作（见图4-4-3），纸箱两侧还印有明显的全球通行的"国际生物危害"的警示标志（见图4-4-4）。

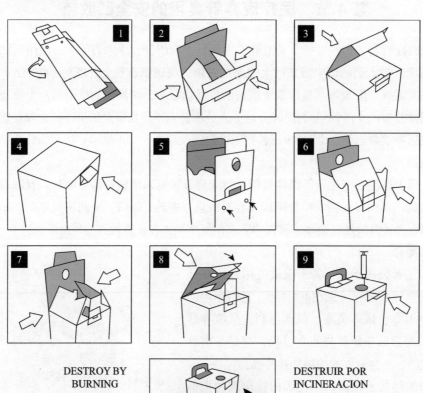

图 4-4-3　操作步骤

图 4-4-4　"国际生物危害"标志

2. 纸箱特性

关于安全回收纸箱，国外定作方制定了详细的物理性能要求与测试标准，其中很多还采用了世界卫生组织（WHO）公布的硬性规定，主要有如下七个方面。

（1）安全箱的基材必须是可以生物降解的材质，在安全箱的任意部位，抗针形穿刺力都应大于15N，确保箱内废弃针具在任何情况下，都不会刺透容器而外露。测试的方法也很简单：

将25G×25mm的皮下注射针头固定在支架上，从纸箱上截取12mm×12mm的48个样品，以100mm/min的速度垂直撞击针尖，连续测试，并记录它平均的穿透力（详见第七章第3节）。

（2）纸箱顶部投入孔的直径仅38mm，废弃针投入后，用手就不可能将其二次取出，在投入孔上还设计有保护性的锁紧盖，锁上后坚固可靠，不会松开。纸箱四周标有清晰的"满载线"，纸箱内投入的废弃针具不应超过满载安全线，并在满载状态下，于0.8m高度垂直冲击跌落100次以上，须确保锁紧盖不松动，纸箱没有明显变形，废弃针不会掉出或针尖穿透箱壁。

（3）安全箱的放置应该平整稳定，当空载放在15°斜面上时（安全箱短轴与倾斜面中心线平行），纸箱不能有倾翻现象。

（4）当安全箱满载时，在170℃的高温环境下，放置30min以上，并进行强烈摇晃，不允许发生任何针具泄漏或穿透现象。

（5）将满载的安全箱放在水深5mm盘子里，在温度43℃、相对湿度90%的恶劣环境条件下，浸泡48h以上，纸箱各结合部位与胶粘层不可散开，此时内置废弃针在强烈摇晃20次以上的前提下，不能刺透箱底与箱壁。（模拟废弃针具内的剩余液体渗漏溢出，可能出现的极端情况）。

（6）当满载大比重废弃针的投入孔锁闭后，安全箱可以手提携带或者挂壁，在（25±5）℃的温度下悬挂2小时以上，确保提手有足够的强度与刚性。

（7）纸箱所用的原纸、印刷油墨、胶水、黏结剂等主辅材料，都应该符合欧盟RoHS要求，不含重金属和有害物质，在温度650～1200℃整体烧毁时，纸箱本身不会产生有毒与破坏臭氧层的物质。

为了满足上述多项苛刻条件，在制造过程中采用了一系列新技术、新工艺，并研制了专门的测试仪器。

3. 关键技术

一次性使用的废弃针具安全纸箱，共有6种不同容量的规格，下面以批量较大的5L规格为例（纸箱容积：长160mm×宽125mm×高285mm），讨论具体制备中的一些关键技术及实施措施。

（1）纸箱材质的选定

为满足测试指标中抗针刺戳穿力15N的要求，测试了多款不同结构的纸板，如E瓦楞与F瓦楞等纸板，但都存在不同程度的缺陷，最后在瓦楞纸板自动流水线上，采用两张440g/m²美卡裱合黏结的办法（中间没有瓦楞），纸板厚度约1.2mm，纸箱自重约0.3kg。

（2）两张高档牛皮纸裱合在一起，其关键是中间胶黏剂的抗水性能，否则就不能满足测试指标中浸水48小时的规定。依据国家标准GB/T 22873—2008《瓦楞纸板胶黏抗水性的测定（浸水法）》的相关内容，在常规的胶黏剂中，添加了进口的特种抗水性助剂CP-88，大大改善了胶黏剂的整体抗水性能。

为检测抗水性能的各项数据，并验证其可靠性，先将此"特殊胶黏剂"做成常规的普通瓦楞纸板，并按国家标准规定裁取标准试样，在五条黏结线的上下两端分别切口，下挂250g重砣（见图4-4-5），浸泡在水中，计量瓦楞纸与面纸剥离的时间，用来间接判断此胶黏剂的抗水性能指标。

测试结果显示，常用普通胶黏剂做的瓦楞纸板，重砣下落时间仅2～5分钟，而最终试验成功的特殊胶黏剂，在同等条件下，重砣下落的时间高达219小时（国家权威机构测定）。

为了测试方便、正确，笔者还研制成功了"抗水性胶粘测试仪"，并获得了国家发明专利授权（见图4-4-6）。

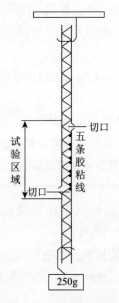

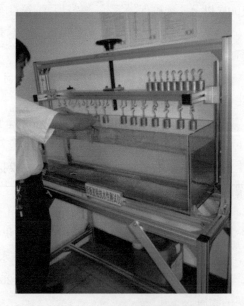

图 4-4-5　抗水性测试　　　　　　图 4-4-6　抗水性胶粘测试仪

（3）评估纸箱的垂直冲击跌落性能，必须满足从0.8m高度跌落100次以上的测试规定，在纸箱的结构上做了多处强化处理，箱底与箱盖都采用了三层纸板叠加的形式，并使各结合部位互相紧密咬合锁死。

（4）为保证纸箱在15°斜面上不会倾翻的测试要求，就必须确保纸箱底部的平整度，当三层纸板叠加时，纸箱不能变形，底部不能鼓起，在计算机上进行了模拟设计，充分考虑了折叠过程中，纸箱的壁厚、锁扣的松紧、不同温度条件下纸板的热胀冷缩系数、折弯过程中的应力变化等细节，对模具进行了反复的修改、试验和定型。

（5）确保纸箱在170℃高温下的强度要求，防止纸箱在高温、高湿条件下，纸张表面大量吸潮，造成纸箱的耐破强度、戳穿强度、抗压强度等性能的急剧下降。在纸张表面施行了特殊的防水涂覆工艺，将无色、无毒、不含重金属的环保型防水涂料，精密涂覆在纸张表面（详见第二章第1节）。

（6）为测试手提襻的负重安全性，制定了严格的出厂内控标准，将5kg重的黄沙包放在纸箱内，在常温下悬挂48小时以上不变形、不断裂，方算合格。

（7）对纸张、油墨、胶水、涂料、黏结剂等，全部选用环保型材质，且选用前均经过了SGS的严格检测，确保最终燃烧时，能符合国际排放标准。

为满足出口到各目的地国的不同要求，纸箱基色除常用牛皮纸本色（土黄色）外，还有乳白色、橙色、蓝色等多种色系，假如由造纸厂提供440g/m²多种彩色全木浆高强度牛卡，是件难以想象的事情。解决的方法是在常用原纸表面进行有色颜料的涂布处理，然后再进行后续加工，这道工序是在进口的大型精密滚式定量涂布机上进行的，原纸上的有色涂料经过几组可调压力的滚轮，高温烘干、烫平、定型，使涂料与原纸表面牢固结合，颜色均匀一致，稳定且色差小。

4. 结束语

通过上述一系列的技术措施，所加工的废弃针具安全箱，经国外专业机构多次全面检测，所有项目全部达标。不到两年时间就已生产了50余万只安全箱，出口到世界各地，至今无一例投诉。

此种医疗废弃针具箱的使用，在国外已经很普及，它确保了锐器废物收集、储存、销毁全过程的安全性，并且在外军的战地医护中也得到推广，值得国内医疗机构的从业者们借鉴。

第5节　大型锂电池所用危险品包装箱

锂电池是近年来发展迅猛的一种新能源产品，作为应用广泛的清洁能源，从手机、计算机到机器人、汽车，涵盖了很多电子、电器领域。

锂电池分为两大类——锂离子电池与锂金属电池，前者是可充电的循环电池，后者是一次性使用电池（本节讨论的主要内容是大型锂离子电池）。

锂电池虽有很多优异的性能，但它的缺点也是显著的——性能不稳定，发热后易爆易燃。

有关权威资料显示：2015年1—12月，在中国境内的民航飞机上，发生的旅客手机、充电宝等锂电池产品，起火自燃、冒烟、爆炸等严重不安全飞行事故就有多起，因此民航规定，旅客托运的行李箱中严禁夹带充电宝等锂电子产品，随身携带的容量也不允许超过10000mA。

在GB 12268—2012《危险货物品名表》里规定的3495种危险货物中，大多数锂电池被归为危害程度中等的"Ⅱ"类危险货物，国际上的编号分为四种，它对应的包装容器即为"Ⅱ"类危险品包装。

众所周知，"危险品包装"以前主要针对的是化工产品领域。国际上将危险品分为9类，前8类都有明确的划分标准，如易爆、易燃、氧化、有毒、感染、放射性、腐蚀等，而第9类的界定则比较困难——凡不具有前8类危险特性，而在运输中又会对环境、人员与设施造成伤害或干扰的物品，全部列入第9类，统称为"杂项危险物质与物品"，大多数锂电池就被归在第9类危险品中。

包装企业在承接锂电池包装订单时，一定会要求用户提供"国家权威检测机构"出具的该产品的"货物运输条件鉴定书"，该鉴定书会作出此物品是否属于危险货物的结论。

因为少数小容量锂电池并不属于"危险货物"，按照联合国关于危险货物运输的"特殊规定SP 188"条文的解释：对锂金属电池的锂含量小于1g，以及锂离子电池"瓦特／小时"的额定值不超过20W/h等情况出现时，均按普货包装运输。

鉴定书如判定该锂电池是危险货物，那它一定会提供该货物的危险性质、国际通行的UN编号及包装容器的危险等级等信息（注：危险品包装容器按内装物品危害大小程度的不同分为Ⅰ、Ⅱ、Ⅲ级，在有的法规与标准文件中则以X、Y、Z来表述），这三级不同的危包分类，对纸箱堆码、跌落等技术指标的要求差异很大，因此包装厂要严格按照规定等级来设计强度指标适宜的容器。

制造完成后的危包容器，还需要经过国家出入境检验检疫局（现已归入国家海关总署）的现场封样并送法定危包测试中心，经各项技术物理性能检验合格后，方会以国家局名义出具"出境货物运输包装性能检验结果单"，该单证是出口通关的必备凭证。

按照国家有关规定，使用出入境检验检疫机构鉴定为不合格的包装容器，装运出口危险货物的处20万元以下罚款。

国内销售的锂电池，则应按JT/T 617《危险货物道路运输规则》的相关规定执行。中小型锂电池的包装纸箱，除对抗压与耐破要求较高外，其他要求与普通纸箱相仿，但对大型锂电池纸箱来说，则有很多特殊的细节必须要考虑。

笔者公司承接某著名外企品牌的电动汽车专用大容量扁平锂电池，自重达180kg，电容量在20Ah以上，纸箱的外形尺寸为1.3m×0.8m×0.25m，采用"03套合型"，由于堆码层数多达8层，最大承重达1500kg（连托盘），因此纸箱内设计了多处承重块（采用蜂窝纸板裁切后拼接）。图4-5-1是这款车用大型锂电池纸箱的实物照片（未加上盖前）。

承重块承重能力的大小，要经过理论计算和实际测试数据的验证。它的计算一般从纸箱的基础数据入手（仍以图4-5-1为例）；该纸箱的内高为20cm，承重力要在1500kg以上（不考虑纸箱本身的承重能力），假设强度安全系数 K 为1.6，那么理论的承重力应：大于等于 $1500 \times 1.6 = 2400$（kg）。

图 4-5-1　车用大型锂电池纸箱

根据标准BB/T 0016—2018《包装材料蜂窝纸板》，常用蜂窝纸板的厚度共分四档，分别是15mm，20mm，30mm，40mm，而蜂窝的边长则从6～20mm分了8档。假设取蜂窝的常用边长10mm，那么40mm厚纸板的平压强度值应是195kPa。

现纸箱内高有20cm，须用5块（层）纸板叠加黏结（也可采用非标加厚纸板），一般每叠加一次，平压强度会下降5%～10%，假如本次取值为8%，那么叠加后纸板的平压强度只有195kPa×60% = 117kPa，因为1kg/cm² = 98kPa，即1kg = 98kPa·cm²，所以承重块的总截面积之和 $S \geqslant 2400 \times 98 \div 117 = 2010$（cm²）。

设计时应视内装物料受力与重心偏移等具体情况，将2010cm²承重块的总面积，分解设计成大小不等的若干块，在纸箱内作合理的分布，当然，纸箱四周内圈的承重块，往往是优先考虑的方向。

设计完成后，还需要打实样，在压力试验机上进行"空箱抗压"的测试，检查实测的结果与理论计算的误差有多少。必要时再对承重块的总截面积或承重块的数量、大小、分布等作适当的校正与调整。

大型锂电池运输的另一个风险是，裸露的电池两极接触到其他导电体后会引起短路，因此，包装箱设计时必须考虑适当隔开、绝缘防护，比较有效可靠的办法是采用凹陷埋入式设计（见图4-5-2 "T"形状大型锂电池包装纸箱的结构示意）。

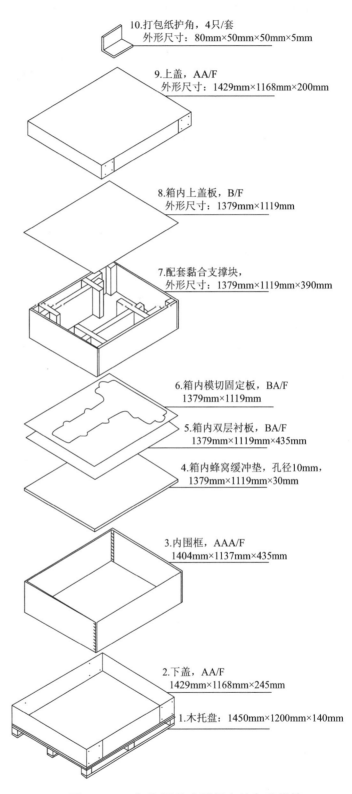

10.打包纸护角，4只/套
外形尺寸：80mm×50mm×50mm×5mm

9.上盖，AA/F
外形尺寸：1429mm×1168mm×200mm

8.箱内上盖板，B/F
外形尺寸：1379mm×1119mm

7.配套黏合支撑块，
外形尺寸：1379mm×1119mm×390mm

6.箱内模切固定板，BA/F
1379mm×1119mm

5.箱内双层衬板，BA/F
1379mm×1119mm×435mm

4.箱内蜂窝缓冲垫，孔径10mm，
1379mm×1119mm×30mm

3.内围框，AAA/F
1404mm×1137mm×435mm

2.下盖，AA/F
1429mm×1168mm×245mm

1.木托盘：1450mm×1200mm×140mm

图 4-5-2 "T"形状大型锂电池包装纸箱

埋入孔可按锂电池的外形或者最易定位的凸出部分，在纸质底板上切出相应的内孔，与埋入的锂电池单边间隙在5mm左右即可。如底板深度不够，可以用多块纸板拼粘增厚。埋入孔的加工可以采用模具冲切或切割成型，视埋入孔形状的复杂程度而定。

为避免承重块裁切时残留的纸屑条有可能粘连到锂电池两极上，承重块四周需要用牛皮纸包裹，在纸箱底、边、角上用热熔胶粘牢。

另外，应用在汽车、设备上的大容量锂电池，很多重心是偏移在一边的（如图4-5-2的"T"形状车用大型锂电池），堆码后易发生失稳甚至倒伏，因此设计承重块时，一定要在相应的位置给予足够的补偿。

需要注意的是：单一的锂电池与装在设备上的锂电池，对包装容器的要求是不同的，联合国的UN编号也不同，前者是UN 3090与UN 3480，后者是UN 3091与UN 3481。

对大容量的锂电池，在夏季高温环境下的运输还需要用冷链方式，因此，此时纸箱在设计制造时就要考虑表面的防水、防潮问题。一般的解决方法如下：

①印刷纸箱Logo的同时印一层防潮油墨（防潮光油），它以树脂、色粉为主，价廉；

②在复合纸板的流水线上，为纸板表面上一层拨水剂（乳化蜡与松香为主原料），保持时间较短，不耐磨；

③在专用涂布机上，采用高温高压方式，在原纸浅表层渗入一层防水涂料（主含丙烯酸类），防水效果最佳。

上述方法选择的原则：视防水、防潮的不同等级要求以及纸箱批量、冷链时间长短、成本的可能性等前置条件而定。

同一危险物质在海运、空运、陆运等不同运输条件下，它的受限程度也不一样，因此包装企业在接单合同上，一定要写明运输方式，否则海关会拒检。

大型锂电池包装纸箱的运输安全性测试，国际上一般采用"ISTA 3E标准"，测试的项目包括环境温湿度，斜面冲击，抗压与堆码，随机振动，旋转棱跌落等。

在锂电池的包装容器上，有一些特殊的标志、标签必须正确印刷（注：一般不允许采用不干胶粘贴）。

①在显要位置印上第9类"杂项危险物质和物品"的识别标志（见图3-2-7），尺寸为50mm×50mm（或者是它的n倍），菱形白底印黑，外框虚线。

②储运标志的印刷应按照GB/T 191—2008的规定，一般有"向上""防潮""小心轻放"等图标。如果是出口产品，则图标上的文字说明要按GB/T 19142—2016的规定，采用到达目的地国的8种文字之一或用英文。

③"危险货物"的包装容器上，还必须按联合国的规定，印上全球通行的"UN双排信息码"（见图4-5-3）。

随着现代工业的发展与科技的进步，"危险货物"锂电池的品种还在不断地增加，它所涉及的包装标准、法规都具有很强的政策性、国际性和强制性，而且变更频率很快，为此，每年生产企业在这方面遇到的问题也很多，我们对它的认知也才刚刚开始。

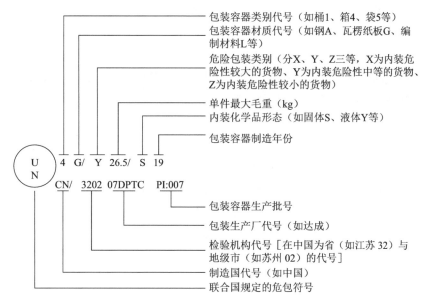

图 4-5-3　UN 双排信息码

包装容器类别代号（如桶1、箱4、袋5等）

包装容器材质代号（如钢A、瓦楞纸板G、编制材料L等）

危险包装类别（分X、Y、Z三等，X为内装危险性较大的货物、Y为内装危险性中等的货物、Z为内装危险性较小的货物）

单件最大毛重（kg）

内装化学品形态（如固体S、液体Y等）

包装容器制造年份

包装容器生产批号

包装生产厂代号（如达成）

检验机构代号［在中国为省（如江苏 32）与地级市（如苏州 02）的代号］

制造国代号（如中国）

联合国规定的危包符号

第6节　储能用锂电池的包装结构

锂电池是近年来发展迅猛的一种新能源产品。

根据《联合国关于危险货物运输的建议书》（TDG）的分类，锂电池属于第9类危险品——杂项危险货物，锂则属于第4.3项危险品——遇水放出易燃气体的物质。并且锂电池的电极材料及电解质均有易燃性，受热（内部或外部）会起火，并分解产生气体，从而增加电池爆炸的可能性。

正是因为锂电池的危险特性，包装容器的安全性尤为重要，针对中小型锂电池的包装纸箱，除对抗压强度与耐破强度要求较高外，其他与普通纸箱相仿，但对大、中型锂电池纸箱来说，则有很多特殊的细节要考虑。

1. 包装件流通环境分析

对于不同规格的锂电池，由于客户要求以及集装箱容积等方面的限制，锂电池装箱数量是不同的。通常大、中型锂电池一个包装箱内产品数量为1件，这就需要针对具体产品设计不同的包装方案，以满足防护、装卸及运输的要求，同时还应考虑包装的合理性，以免出现过度包装或是欠包装。

笔者曾为某大型锂电池生产企业加工包装纸箱，该款中型锂电池（见图4-6-1）全部用于出口，为国外民用别墅储能所用（太阳能转电能），本节以该款锂电池包装为例进行分析。

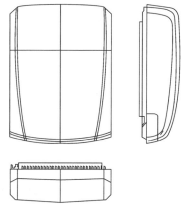

图 4-6-1　锂电池三视图

包装的功能就是在流通过程中保护产品、方便储运、促进销售。其防护能力是对包装最基本的要求，该锂电池对外力的承受能力较差，在选择防震包装时，需要使用刚度小的材料，使得包装具有缓冲和防震功能。从客户对包装要求同时也是产品特性的要求分析，锂电池从流通环境到达客户终端时，不能出现商业性破损，即不影响产品使用功能而仅在外观造成的纸箱破损。即应设计合理的结构以防止产品与包装箱产生相对运动。

在锂电池流通过程中，对锂电池的冲击，主要发生在装卸作业和运输过程中，装卸过程中的搬运、码堆倒塌、起吊脱落及装载机械的突然启动和过急升降等，都会对商品锂电池造成跌落冲击损害。同样在运输过程中，不可预测的外界环境，对产品的损害也很大。如运输工具的启动、变速而使货物受到的冲击，路况差、路轨接缝、发动机振动等造成的振动等。由于该锂电池的质量为50kg，装卸工具选择叉、吊车，在装卸时，要保证内外包装牢固可靠，适合长途运输、起吊、托运等要求。

2. 方案设计与研究

（1）瓦楞纸箱的箱型材质

常见的锂电池包装箱的材质有钢、铝、木、胶合板、纤维板、再生木、塑料等；根据实际运输情况和管理实践，考虑便于运输、控制成本、防止静电等因素。按照图4-6-1所示的产品外形特征，选择瓦楞材料包装箱，具体方案为：六层复合瓦楞纸箱（BA楞）+底托板+遮盖EPE＋机体塑料袋+支架塑料袋（具体结构如图4-6-2所示）。

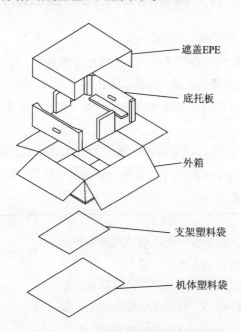

遮盖EPE

底托板

外箱

支架塑料袋

机体塑料袋

图 4-6-2　锂电池包装箱组合图

由于该款扁平锂电池箱高仅有0.17m，承压要求为1.5t，因为客户对包装物的上盖下底有加厚要求，所以选用0201开槽型纸箱，复合双瓦楞，厚度7.7mm。面纸为200g进口美卡，B瓦楞为180g AAA级高强瓦楞纸，芯纸为200g一等品牛卡，A瓦楞为2张120g AA级高强瓦楞纸复合，里纸为200g优等品牛卡（详见第一章第2节）。

（2）瓦楞纸箱尺寸设计

瓦楞纸箱的尺寸首先取决于内装物的尺寸、数量和排列方式。其次取决于隔衬、缓冲件与托盘的尺寸，该锂电池产品长宽高尺寸为700mm×530mm×172mm，单个包装件内数量为1，排列方式平放，长度方向缓冲件总厚度为16mm；宽度方向缓冲件总厚度为56mm；高度方向缓冲件总厚度为44mm。内尺寸计算公式如下：

$$X_i = x_{max}n_x + d(n_x - 1) + T + k'$$

式中　X_i——纸箱内尺寸，mm；

　　　x_{max}——内装物最大外尺寸，mm；

　　　n_x——内装物排列数目，件；

　　　d——内装物公差系数，mm；

　　　T——衬格或缓冲件总厚度，mm；

　　　k'——内尺寸修正系数，mm。

上式中$n_x - 1$，内尺寸修正系数k'见表4-6-1。

表4-6-1　瓦楞纸箱内尺寸修正系数k'值　　　　单位：mm

尺寸名称	L_i	B_i	H_i		
			小型箱	中型箱	大型箱
K'	3～7	3～7	1～3	3～4	5～7

注：L_i、B_i、H_i分别为瓦楞纸箱长、宽、高度方向的内尺寸

代入公式，得：

$$L_i = 700 + 16 + 5 = 721mm$$

$$B_i = 530 + 56 + 5 = 591mm$$

$$H_i = 172 + 44 + 3 = 219mm$$

表4-6-2　瓦楞纸箱伸放量　　　　单位：mm

楞型	a_1	a_2	a_3	a_4
BA	9	6	16	6

由于瓦楞纸箱长、宽、高度制造尺寸为瓦楞纸箱内尺寸加上适当修正系数（伸放量），0201型纸箱伸放量，如表4-6-2所示，L、B、H、F分别为纸箱展开制造尺寸，a_1、a_2、a_3、a_4为它们的伸放量（0201型瓦楞纸箱制造尺寸计算展开图如图4-6-3所示）。

代入公式，得：

$$L = 721 + 9 = 730mm$$

$$B = 591 + 9 = 600mm$$

$$H = 219 + 16 = 235mm$$

因此，最终外箱制造尺寸为730mm×600mm×235mm。

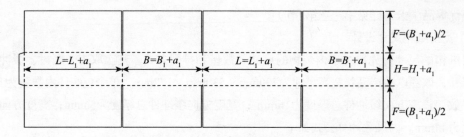

图 4-6-3　0201 型瓦楞纸箱制造尺寸计算展开图

（3）瓦楞纸箱缓冲件设计

为了防止锂电池在运输过程中受冲击和振动等机械作用引起损坏，需要对锂电池进行缓冲保护，锂电池最常用的缓冲包装材料是泡沫塑料，其次是纸制品。泡沫塑料包括EPE（聚乙烯泡沫塑料）、EPS（聚苯乙烯泡沫塑料）、EPP（聚丙烯泡沫塑料）等，纸制品包括瓦楞纸板、蜂窝纸板、纸浆模塑等。

由于锂电池外形为薄型塑壳，所以对外承受力较小，容易破损，同时对缓冲包装要求较高，为能达到保护固定锂电池在箱内不移动并满足危险品包装技术要求，选择EPE和瓦楞纸板相结合的方式设计缓冲包装。两者结合，既保证了其优异的缓冲性能，又兼具环保、易模切成型、成本低的优点。

首先，锂电池底面为安装平面，上下两端有部分凹陷，因此底面选择一体成型的瓦楞纸板作为底托盘和缓冲件，上下两端再增加两块瓦楞纸板托起锂电池凹陷部分，具体结构如图4-6-4所示，该缓冲件包含一个底面和四个侧壁，其中四条棱有四个护棱衬垫，其中宽度方向的两个侧壁为整块的瓦楞纸板并设有手提孔，以便于工人搬动锂电池。长度方向的侧壁将一整块瓦楞纸板折叠成长度方向的1/3，在增强缓冲效果的同时又能节约瓦楞纸板。

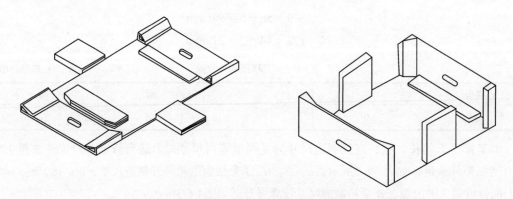

图 4-6-4　底托板结构示意图

其次，由于锂电池上表面是曲面，因此上内衬采用的材料为EPE（又称珍珠棉，可降解），其优点是缓冲性能好，能耐多次冲击，动态变形小。为了防止锂电池产生静电，用防静电的PE塑料袋包装锂电池，防静电PE厚度为60μm，表面电阻为$1 \times 10^9 \Omega - 1 \times 10^{11} \Omega$，静电衰减时间（在相对湿度为50%的环境下，电压从1kV下降至100V所需要的时间）小于2秒。

通过以上诸多设计、制作细节上的考虑，锂电池组合套箱在实践使用中，显示了卓越的抗压与防潮功能，经过多次ISTA测试，斜面冲击、空箱抗压、垂直跌落、随机振动等验证全部合格。经过两年多的市场投入，用户反响良好。与国外同类进口包装箱相比，成本降低了三分之一，且品质优于进口纸箱。

随着这种物美价廉、抗压性能优异、使用方便的锂电池瓦楞纸套箱被越来越多的商家所认同，相信市场占有率会进一步扩大。

第 7 节　沥青热灌用纸箱

沥青路面占美国铺装道路的90%以上。在我国已建成的和正在兴建的高速公路，几乎全部都是采用沥青混凝土路面。

《国家高速公路路网规划》显示，未来十几年国家高速公路规划网的投资为4.7万亿人民币。此外，我国建筑业、市政建设、机场建设、桥梁维护以及运动场地等的快速发展，必将带动高等级沥青消费的增长。

工业沥青的包装已成为影响沥青分销和使用的因素之一。

沥青包装的发展，主要分为以下几个阶段。

散装热运。特制罐装车将热态沥青运送到集中用户处，比如毛毡厂、沥青厂等。这种运输模式热量易散失，温度降低后，沥青流动性会下降，限制了运输距离，不方便，运输成本高。

桶装。主要为铁桶和钢桶，二次加热后，沥青脱桶使用。桶内壁会有10%～15%残留，造成浪费。加热过程中产生污染，作业时有潜在危险。

软包装。此方式是将可熔性耐热塑料袋放入钢罐等容器中，高温熔融状态的沥青灌入塑料袋中，冷却成型。使用时将沥青和塑料袋一块熔融。这种方式使散装沥青运输使用更加方便，但是存在操作复杂、塑料袋无法回收、成本高、沥青中含有塑料袋残渣等问题。

瓦楞纸箱具有轻质、环保、强度大、成本低等优势，在流通领域的应用越来越广泛。特别是近年来，随着设备的更新和技术的创新，防护型瓦楞纸箱不断涌现，例如，冷冻冷藏产品包装的防水纸箱、被服包装的防霉纸箱、金属精密器件包装的防锈纸箱等。

但是，到目前为止，国内还未出现内无塑料袋、直接用于热态沥青等黏度大、表面张力较低物质的包装纸箱，而在工业发达国家，这已呈常态化，从进口的高档沥青来看，采用瓦楞纸箱包装已是大概率的事情。

一方面，纸箱表面的牛皮纸主要由纤维材料构成，纤维之间存在缝隙，由于毛细管吸附的作用，高温熔融状沥青渗入原纸的缝隙和裂纹中，降温后固化，楔入原纸中，使用时无法剥离。

另一方面，沥青的表面张力较低，一般为35dyn/cm，而原纸的表面张力大于72dyn/cm（常温水的表面张力），熔融状沥青会尽力在纸张表面铺展来降低系统的表面能。

因此，要想制备沥青防粘纸箱，必须降低原纸表面的粗糙度，填充纤维间的微细孔，降低接触面的表面张力。

1. 试验

（1）材料

MICHELMAN 公司聚硅氧烷类防粘涂料、230g/m² 牛卡纸、徐州德基建材有限公司道路沥青若干。

（2）仪器

Fluke 62迷你红外测温仪，MCR-1000涂布机，镊子、恒温恒湿室，accu达因笔，101A-1烘箱、DC-K Y3000A电脑测控压缩试验仪、DCP- MIT135A电脑测控耐折度仪、DCP-NPY5600电脑测控耐破度仪、HT-8383吸水度试验机。

（3）试验

采用大型涂布机在整卷原纸的表面定量涂上所需涂料，经过几组可调压力的滚轮挤压，170℃高温下瞬间烘干固化。涂料中的有效成分被纸张表面吸收，在浅表层形成新的物质层。

水基乳液型防粘涂料从美国MICHELMAN公司进口，主要成分为硅氧烷类低表面能物质，黏度为300～800cP·s，pH为3.0～6.0。使用时与固化剂搅拌均匀，高温固化交联。涂布后，涂料与原纸结合紧密，改变了原纸表面的物化性质，可根据包装产品的要求调整涂布量。

①通过涂布机，选择相应的涂布辊，试验制备涂布量分别为0g/m²、8g/m²、14g/m²、18g/m²四种涂布防粘纸。

②按照相关国家标准，测量涂布纸的吸水性、横向环压强度、耐折度等。

③用达因笔检测不同涂布量纸条的表面张力。

④纸箱防粘性能相关的标准，国内还未制定，为检测沥青防粘涂布纸和纸箱的沥青剥离难度，参考了BB/T 0021—2001《环保型沥青软包装袋》的检测方法。

a. 截取长110mm、宽50mm的涂布样条放入温度为23℃、相对湿度为50%的恒温恒湿环境中处理24h。

b. 取出样条，将适量沥青熔融至180℃±2℃后，均匀涂布在四个不同涂布量的样条上，厚度约2mm，样条的一端留出10mm不涂布（见图4-7-1）。

图 4-7-1　沥青涂布纸样条

c. 将涂布后的样条放置在25℃±5℃的环境中冷却24h后，用镊子剥离，剥离过程中观察被剥离样条是否与沥青脱离。

2. 结果与讨论

（1）耐折度、环压强度、耐破强度和吸水性

本节还对防粘涂布对原纸横向环压强度、耐折度以及吸水性进行了研究，对比不同涂布量

对原纸性能的改变。

为消除环境因素对实验结果的影响，将试样置于温度为23℃、相对湿度为50%的恒温恒湿室中预处理24h，并且保证试验环境稳定。

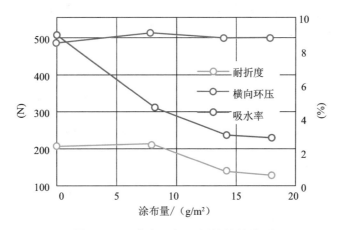

图 4-7-2　涂布量与原纸性能的关系

图4-7-2为涂布量与原纸性能的关系。涂布量为8g/m²时，横向环压强度和耐折度分别比未涂布原纸提高了5%和4%，这可能是由于毛细管作用，防粘涂料部分进入原纸的纤维间隙，提高了纸张的紧度和纤维之间的结合强度，也可能是由于涂料中的部分水分被原纸吸收，原纸的含水量增加，使得环压强度和耐折度都有增强。但是，随着涂布量的继续增加，含水率增加，受水分的影响，各强度指标开始下降。当涂料在原纸表面成膜后，继续增加涂布量，膜结构起到阻隔作用，各力学指标变化不大。

相对于其他机械性能指标，水分对耐破强度的影响要小得多。随着涂布量的增加，受涂料膜的增强作用影响，耐破强度呈增加趋势（见图4-7-3）。

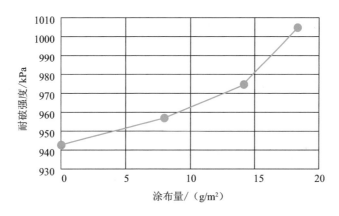

图 4-7-3　涂布量与耐破强度关系

（2）吸水率

吸水率从另一方面说明了纸张表面情况的改变，涂布后，随着纸张内毛细管的堵塞，吸附效能降低。加之低表面能的涂料也阻止了水分的润湿作用，纸张的吸水量从35g/m²（2min）降低到12g/m²（2min）。

（3）表面张力

原纸纤维的缝隙、毛细孔等逐渐被涂料覆盖（图4-7-4），表面光滑度增加，表面张力降低。当纸张表面完全被覆盖时，测出的是涂料所形成膜的表面张力。此时若再增加涂布量，表面张力数据变化不大。当与液态物质接触时，接触角较大，不容易黏附（图4-7-5）。

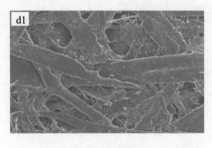

（a）原纸　　　　　　　　　　（b）18g/m²涂布纸

图 4-7-4　扫描电镜图

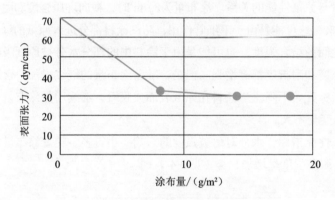

图 4-7-5　涂布量与表面张力关系

（4）剥离难度

这是最关键的指标。从剥离难度以及剥离后的沥青残余量，可以直观地比较防粘能力。从图4-7-6、图4-7-7可以明显看出，沥青与未涂布纸条之间黏附力最大，难以剥离（图4-7-6c1）。剥离后接触面残余量较多（图4-7-7e1）。此时纸张的表面张力超出达因笔的最大可测范围60dyn/cm。增大涂布量到8g/m²时，可以剥离，但是所需的剥离力仍较大，涂布纸上的沥青残留量较多（图4-7-6c2与图4-7-7e2），此时达因笔测出的表面张力为32dyn/cm。当防粘涂料涂布量为14g/m²时，沥青较易剥离，涂布纸上的残留量较少（图4-7-6c3与图4-7-7e3）。继续增大涂布量到18g/m²，沥青很容易被剥离下来，并且在涂布纸上几乎无残留（图4-7-6c4和图4-7-7e4），此时涂布纸的表面张力为30dyn/cm，随着涂布量的增加，表面张力数值基本稳定。

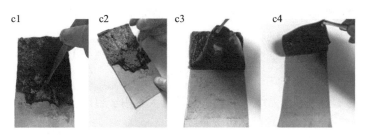

图 4-7-6 沥青涂布纸剥离难度情况

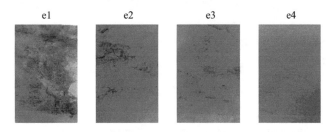

图 4-7-7 沥青涂布纸剥离后的残余量

3. 结论

涂布防粘涂料能够有效改变原纸表面的粗糙度，覆盖原纸的纤维孔隙，阻止毛细吸附作用。同时极大地降低接触面的表面张力，使内装物与原纸接触不会发生粘连现象。涂料的使用量影响原纸的机械性能，涂布量较低时，涂料的水分部分转移到原纸中，导致耐折度和环压强度先增加后减小。此后，由于毛细管作用的减弱以及涂料膜的形成，涂布纸的耐破强度是逐渐增加的，而吸水率先急剧减小然后趋于稳定。

由于高温下的沥青有很强的渗透性，所以普通的0201型结构的纸箱不宜使用，笔者设计的纸箱（如图4-7-8所示），此箱型由一片纸板模切加工而成，并且纸箱侧壁有外折边（图4-7-9），成型后与内装物接触部位无缝隙，保证了沥青类热态物质的灌装、储存等过程中不会渗漏、粘连纸箱。

图 4-7-8 防粘沥青纸箱效果图

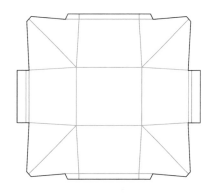

图 4-7-9 防粘纸箱设计图

将瓦楞纸箱的防粘涂料（有机硅）涂覆于里纸上，经过纸板流水线，与面纸和瓦楞纸黏合制备成防粘纸箱，适用于沥青、橡胶、石蜡、固态胶等易黏附渗透物质的热态灌装，每箱装

25kg，冷却后，呈纸箱形状，便于包装、堆垛，产品美观，节约储运空间。

使用时，打开瓦楞纸箱，倒出固体沥青即可，纸箱还可以回收再利用。该技术便于沥青的装卸、运输、贮存、保管，不会影响其质量和性能，减少了操作人员烫伤事故的发生，避免环境污染，节约成本。

防粘涂料分为工业级和食品级，后者在国外已大量用于超市生肉、水产鱼等包装，防止纸箱在低温条件下与食品的表皮粘连。

第8节 替代木托盘的纸滑板应用寿命

纸滑板（Paper Slip Sheet）又称纸滑托盘，是近些年在西方工业国家兴起的一项技术创新，它以纸代木，绿色减排，体积小，成本低，是一种很有潜力的传统木托盘的替代品。

纸滑板的核心技术包括：

（1）安装在普通叉车上的专用推拉器（见图4-8-1），目前国内已有专业生产厂可以制造；

（2）纸滑板的拉边要有足够的抗撕裂强度（涉及使用寿命与成本）；

（3）纸滑板必须要经模切加工，重点是使"拉边"定型，始终呈30°角翘起（见图4-8-2）叉车方能正常操作；

（4）纸滑板的下面（与地面接触面）应有防水功能（见图4-8-2）；

（5）纸滑板的上面（与货物接触面）必须要有防滑功能，以防止推拉时货物与纸滑板发生移动错位（见图4-8-3）。

图 4-8-1　标准型推拉器

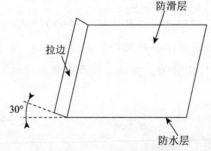

图 4-8-2　纸滑板示意图

图 4-8-3　货物与纸滑板移动错位

纸滑板工作的基本原理：

（1）装有推拉器的叉车两脚前行到纸滑板的"拉边"下方（见图4-8-4）；

（2）推拉器上的压板下移将"拉边"压紧（见图4-8-5）；

（3）推拉器收缩后退，将整托货物全部移动到叉车叉脚上（图4-8-6）；

（4）叉车上提后就可以正常搬运货物了；

（5）卸货时，与上述的流程相反作业即可。

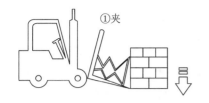

图 4-8-4 推拉器至"拉边"下方

图 4-8-5 压紧"拉边"

图 4-8-6 货物移至叉车上

常用纸滑板都由高克重牛皮纸复合而成,采用的是进口全木浆纸440g/m² +440g/m²复合,总厚度为0.9mm,经特殊工序防滑防潮处理,改善其表面的摩擦系数,具有较大的抗湿性和抗撕裂性。非常适合于集装箱、货车运输和仓库内周转,可广泛地应用在各个领域与行业。这种环保材料可100%回收再利用。

纸滑板的品种较多(见图4-8-7),但生产上常用的是C型,一般拉边宽度为100mm(注:B型是宽体型)。

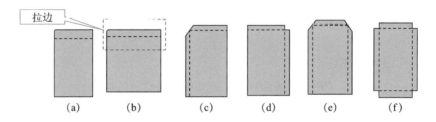

图 4-8-7 纸滑板的品种

目前纸滑板无实际周转中的耐用性数据,企业对用于出口的一次性使用皆无疑义,但能否像传统木托盘和塑料托盘一样反复使用,广泛存有怀疑,因此本节对纸滑板的耐用性及其影响因素进行了分析与实验。

纸滑板的耐用性,由其在实际应用中的使用次数决定,而影响纸滑板寿命的因素很多,最主要的是"拉边"破损、撕裂失效,其次还有纸滑板表面防水、防滑层的涂布量的影响以及箱纸板复合的纤维方向、实际搬运中的载重量、使用场合地面的粗糙程度即摩擦系数等的影响。

1. 实验

(1)对象

托盘在欧美、亚洲使用的尺寸均不相同,本次实验的纸滑板尺寸符合GB/T 2934—2007《联运通用平托盘主要尺寸及公差》规定,选取载面尺寸为1100mm×1100mm的规格。

纸滑板上堆码纸箱尺寸依GB/T 4892—2008《硬质直方体运输包装尺寸系列》及GB/T 15233—2008《包装单元货物尺寸》的规定,选用外尺寸为366mm×366mm×366mm,底平面排列3×3的堆码方式,堆码层数视载重量不同而异。

(2)方法

①涂布量

为了改善提高纸滑板在周转中的耐用性能,在纸滑板与地面接触的一面,涂布防水层,以适应潮湿的地面。在纸滑板与包装件接触面，涂布防滑层，提升纸滑板表面摩擦系数，增加包装件与纸滑板间的摩擦力，使包装件在搬运中不易错位，更加稳定。

纸滑板与地面的摩擦力越小，则纸滑板磨损越小越耐用。与包装件的摩擦力越大，包装件的相对滑动就越小，纸滑板越耐用。因此，分析不同涂布量不同摩擦副的摩擦系数，以确定不同摩擦副的最佳涂布量。防水涂布量分别是$0g/m^2$、$42g/m^2$、$76g/m^2$，防滑涂布量分别是$0g/m^2$、$26g/m^2$、$64g/m^2$。

摩擦系数的测试原理：两试验表面平放在一起，在一定的接触压力下，使两表面相对移动，记录所需的力。

$$\mu_s = \frac{F_s}{F_p}$$

式中　μ_s——静摩擦系数；

　　　F_s——静摩擦力（两接触表面在相对移动开始时的最大阻力），N；

　　　F_p——法向力，N；

$$\mu_d = \frac{F_d}{F_p}$$

式中　μ_d——动摩擦系数；

　　　F_d——动摩擦力（两接触表面以一定速度相对移动时的阻力），N；

　　　F_p——法向力，N。

假设防水涂布面与地面间的摩擦副简称A组，防滑涂布面与包装件间的摩擦副简称B组。

参考国家标准将水泥、沙和水按照1：3：0.6的比例，混合制成大于8cm×20cm的水泥路面样本。

②载重量

纸滑板在被推拉移动时所受的力，如图4-8-8、图4-8-9所示，根据力学公式：

$$F = f = \mu N = \mu mg$$

摩擦系数μ不变，g为定值，货物的载重量m越大，拉力F越大，摩擦力f也随之增大，推拉边就容易被拉断，还会影响到纸滑板下表面的磨损情况，因此载重量对纸滑板的使用次数有重要的影响。

纸滑板应用范围广泛，电子、食品行业一般包装件较轻，一托盘重量约0.5t，化工、汽车行业包装件较重，重的一托盘约1.8t，因此本节主要研究0.5t和1.8t两种。在这两种载重条件下，同向黏合、十字黏合的纸滑板在环氧地坪上的使用次数。

③箱纸板的纤维方向

纸滑板是两张高克重箱纸板复合而成，箱纸板中的纤维具有方向性（俗称"纸纹"），不同的复合方向造成了纸滑板的纤维方向不同，选择两张纸同向黏合和十字黏合，两种纤维不同方向结构。通过0.5t载重量用同向黏合、十字黏合两种结构分别在水泥地面、环氧地坪，比较纸滑板的使用次数。

图 4-8-8　0.5t 试验载重物　　　　　　　图 4-8-9　1.8t 试验载重物

④摩擦系数

纸滑板与地面形成一对摩擦副，不同材质的地面，摩擦系数不同，因仓库地面材质的不同，而形成不同摩擦系数的摩擦副。仓库地面一般材质为环氧地坪和水泥材质，研究这两种材质的摩擦系数，对纸滑板耐用性的影响，通过1.8t载重量在同向黏合的纸滑板进行试验分析。

所有测试样品在进行测试前按标准大气条件、温度23℃±1℃、相对湿度50%±2%（见GB/T 10739—2002，即ISO 187）之规定进行预处理。每组测试样本数为4件。

（3）测试指标

纸滑板的耐用性，由其在实际周转过程中的使用次数决定，因此以推拉器模拟的推拉次数来计数代表纸滑板的耐用性能。以使用次数作为指标来研究不同影响因素对纸滑板耐用性的影响。其中推拉器对载有一定重量包装件的纸滑板一夹、一拉（装载）、一提、一推（卸载）为1次计数。

实验时将纸滑板放置在特定位置，再将一定重量的模拟货物堆码在纸滑板上，把安装有推拉器的叉车停在纸滑板一侧，以4.91cm/s的速度进行重复推拉实验。

2. 结果与讨论

（1）涂布量对耐用性的影响

不同涂布量的不同摩擦副的摩擦系数如图4-8-10、图4-8-11所示。

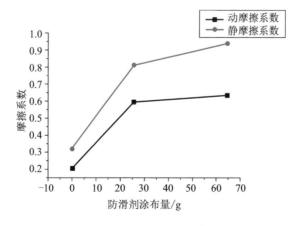

图 4-8-10　A 组涂布量—摩擦系数关系图

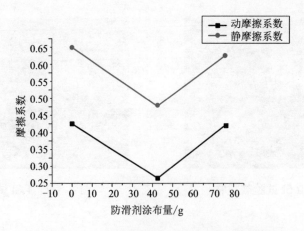

图 4-8-11　B 组涂布量—摩擦系数关系图

通过图4-8-10和图4-8-11可知，涂布防滑剂的样品与实验用的瓦楞纸箱表面之间的摩擦系数随着涂布量的增大而增大；涂布防水剂的样品与水泥地面之间的摩擦系数随着涂布量的增大，呈先降低后升高的趋势。根据实际使用需求，纸滑板上表面的摩擦系数越大越好，下表面的摩擦系数越小越好，实验过程中发现防水剂的用量过大，会导致涂层过厚，不利于涂料吸附在纸滑板的表面，而且使涂布后的表面凹凸不平；涂布量过多黏度也会增加，还会使纸滑板湿度增加变柔软，因此用MICHELMAN公司防水剂涂布一层（42g/m^2）为最佳，而随着防滑剂用量的增加，A组摩擦系数的增长也变得缓慢。综上所述，涂布一层防滑剂（24g/m^2）和一层防水剂（42g/m^2）为最佳方案。

（2）载重量对耐用性的影响

载重量在0.5t与1.8t时，分别用同向黏合、十字黏合的纸滑板在环氧地坪上模拟，使用次数的数据如图4-8-12、图4-8-13所示。

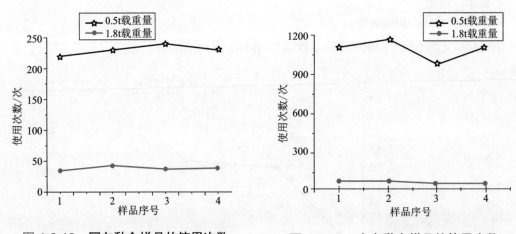

图 4-8-12　同向黏合样品的使用次数　　　　图 4-8-13　十字黏合样品的使用次数

发现同向黏合纸滑板在0.5t的载重下的使用寿命达到230次，在1.8t的载重下使用寿命为38次，十字黏合纸滑板在0.5t的载重下使用寿命可达1085次，而在1.8t载重下的使用寿命为57次，因此载重量对纸滑板的寿命有很大影响，载重量为0.5t时，纸滑板的使用寿命远高于载重量1.8t时的寿命。

（3）纤维方向对耐用性的影响

同向黏合的纸滑板的纵向拉伸，主要破坏的是纤维本身的强度，而横向拉伸主要破坏纤维间结合强度，而十字黏合的纸滑板在拉伸时，会同时破坏这两种强度，但两种强度的占比一样，所以抗张强度介于纵向和横向之间。在拉伸过程中，与受力方向平行的纤维的数目：同向黏合纸滑板的纵向方向大于十字黏合纸滑板大于同向黏合纸滑板横向方向。

由图4-8-14、图4-8-15数据可知，在水泥地面上，同向黏合的纸滑板的寿命（57次）要高于十字黏合的纸滑板（50次），但是数值比较接近，而在环氧地坪上，十字黏合的纸滑板的寿命（1085次）要远高于同向黏合的纸滑板（230次），接近于它的5倍。

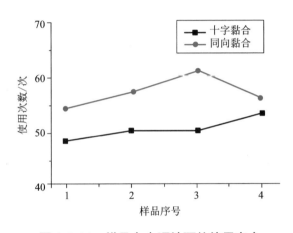

图 4-8-14　样品在水泥地面的使用寿命

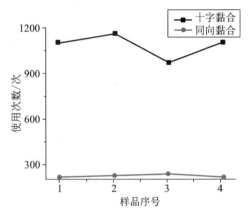

图 4-8-15　样品在环氧地坪的使用寿命

主要原因：由于水泥地面粗糙，导致纸滑板表面磨损严重，纸滑板使用次数较少，通常一侧推拉边损坏时，纸滑板就已经完全报废，另一侧的推拉边还没来得及使用，此时相当于将同向黏合纸滑板的纵向和十字黏合的比较，因此同向黏合的样品寿命大于十字黏合的样品。在环氧地坪上，由于地面较光滑，决定纸滑板使用次数为两侧推拉边的断裂，即十字黏合样品两侧推拉边拉伸次数之和大于同向黏合的拉伸次数+横向拉伸次数。

（4）摩擦系数对耐用性的影响

在载重量1.8t的条件下，涂布最佳涂布量后的样品，在水泥地面和环氧地坪下的数据如图4-8-16所示。

从图4-8-16可以明显看出，样品在环氧地坪上的使用寿命38次，而在水泥地面上使用寿

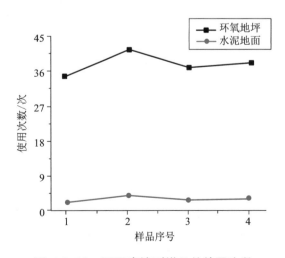

图 4-8-16　不同摩擦副样品的使用次数

命为3次，因此使用场地的不同对纸滑板使用寿命有很大影响，其他条件不变时，纸滑板在环氧地坪上的使用寿命远高于在水泥地面的使用寿命。

（5）经济性分析

木托盘与塑料托盘的费用如表4-8-1所示，自1998年起，美国及欧盟对中国出口用木制托盘相继发出禁令，木托盘需经熏蒸等方法处理后方可出口。熏蒸成本大（一般需48小时，费用为成本的20%左右），且所用药剂（如溴化钾醇等）为有害制剂，此外出口使用后的托盘，需由承运商负责运走或作销毁处理。相较于塑料托盘和木托盘的成本来看，纸滑板每张是90美分至2美元，是木托盘的10%，塑料托盘的5%。从投资的角度，使用纸滑板只需购买一台推拉器设备安装在现有叉车上，推拉器设备市场价一般在8万元人民币，为一次性投资。假设公司托盘的采购量在500片/月，换成纸滑板，每月就可以节省最低4万元的成本，2个月后即可回收推拉器的成本，并且以后的每年都可以节约48万元。

表4-8-1　各类托盘的使用成本

产品类型	单个产品使用频率	单个产品成本	单个产品剩余残值	使用成本	运输成本	结论
塑料托盘	按300次/6个月计算，可使用1800次/3年	230元/块	按三年后3换1计算，残值为77元	153元÷1800次=0.085元/次	1只托盘的体积：0.18m³，20尺货柜一般40托，约占用7.2m³	塑料托盘一次性投入大，但周转次数多，无须维修费用，单次使用成本低
木托盘	平均每使用200次需要维修一次，维修费30元，总计可使用600次后报废	120元/个（成本）30×3=90元（维修费用）总计210元/块	0	210元÷600次=0.35元/次	1只托盘的体积：0.18m³，20尺货柜一般40托，约占用7.2m³	木托盘一次性投入较少，但周转次数少，维修费用高，单次使用成本高，是塑料托盘的4.118倍
纸滑板	0.5t环氧地坪1100次	不足20元/张	0	20元÷1100次=0.018元/次	1只托盘的体积：0.001m³，20尺货柜一般40托，约占用0.04m³	适用于出口、1次性内销等不需回收，企业内部周转成本占优势

在空间占用率上，纸滑板厚度约1mm，仓储空间占用小，为木托盘的1%，1000张纸滑板才1立方米，节约了大量仓储和周转资金。目前国内有少数企业已开始进行应用，见图4-8-17。

3. 结论

涂布最佳定量的防水涂料，可明显减少纸滑板与地面的摩擦，提高纸滑板的使用寿命。

防滑涂料可有效提高与包装件的摩擦，提高推拉成功率，提高使用次数；环氧地坪在同向黏合时，载重0.5t使用230次，1.8t使用38次，十字黏合0.5t使用1085次，1.8t使用

图 4-8-17　在国内实际物流中的应用

57次；而同向黏合纸滑板在水泥地面是3次。

同向黏合时，环氧地坪上0.5t的耐用性是1.8t的6倍；十字黏合时，环氧地坪上0.5t是1.8t的18倍。1.8t同向黏合环氧地坪的耐用性是水泥地面的12倍，0.5t应用在环氧地坪的仓库内，选择十字黏合耐用性能最佳。

本节通过一系列的实验数据深入研究纸滑板的耐用性，给企业带来具有参考价值的成本数据，以消除企业的顾虑，使纸滑板这项新技术能够充分发挥其优势，在货物的运输和企业内部周转等方面得到普及，同时给企业节省成本，提高企业的经济效益，也有助于纸滑板在国内市场上大面积推广。

第9节　药品与医疗器械纸箱上的标签标志

药品、医疗器械的外包装主要采用纸箱，每年的采购量都很大，是包装行业的一块"大蛋糕"。它们的质量标准高，标签要求严，而且药品、医械上的标签内容，在报批投产前都经过了药监局的审核，涉及的标准、法规大多是强制性的，而生产商对纸箱上应该印什么、怎么印、印多大、印在什么位置、有哪些禁忌等事项，了解并不深刻和全面，因此在具体设计、加工纸箱时，出现错误在所难免（注：文中的"标签"系指包装上印刷的内容，即俗称的"唛头"）。

1. 药品纸箱上的标签规定

（1）标签中不得有介绍、宣传产品或企业的文字内容。

（2）不得以粘贴、剪切、涂改等方式修改标签内容。

（3）使用国家规定的规范化汉字，如要增加其他文字对照的，应以汉字表述为准。

（4）标签中不得出现"原装正品""进口原料""驰名商标""专利药品""××监制""××总经销"等字样。

（5）药品外包装上应注明：**药品通用名称、商品名称**、成分、性状、适应症、功能主治、用法用量、不良反应、禁忌、注意事项、**贮藏、数量、生产日期、产品批号、有效期、批准文号、生产企业**等，允许部分内容（如上述非黑体）不详列，而用"详见说明书"来替代。

（6）原料药的标签上应注明：药品名称、贮藏、生产日期、产品批号、有效期、执行标准、批准文号、生产企业、包装数量以及运输注意事项等。

（7）有效期应按照年、月、日顺序，月、日以两位数表示，如2020.12.09。

（8）药品通用名必须用黑或白两色，应当显著、突出，其字体、字号和颜色必须一致，大小应在上部三分之一范围内标出。

不得采用草书、篆书、斜体、中空、阴影等字体，颜色应使用黑色或白色，与背景形成强烈反差。不得分行书写。

（9）药品的商品名称不得与通用名称同行书写，字体和颜色不得比通用名更突出，字体不得大于通用名称的二分之一。

（10）注册商标应印在药品标签的边角，面积不得大于通用名称的四分之一。

2. 医疗器械的运输包装箱上标签

（1）医疗器械产品的分类

国家对医疗器械按照风险等级实行分类管理。共分为三类。

Ⅰ类：常规使用能保证安全，风险系数较小。如医用刀剪、刮痧板、X光胶片、手术衣、手术帽、检查手套、纱布绷带、医用口罩等。

Ⅱ类：需要按照专业知识指导，并严格执行方能保证安全。具有中度风险。如医用缝合针、血压计、心电图机、脑电图机、注射针、助听器等。

Ⅲ类：需要专业人士严格按照专业规范进行操作，才可确保安全，风险系数很大。如心脏起搏器、人工晶体、超声肿瘤聚焦刀、血液透析装置、血管支架、麻醉机、血管内导管等。

第Ⅰ类医疗器械产品实行备案制，不需要审批。

第Ⅱ类、第Ⅲ类医疗器械需注册，经临床测试合格后，由"国家食品药品监督管理局"发给文号、批号。

Ⅱ、Ⅲ类医疗器械如无批号或批号过期的，纸箱厂决不可承印。

医疗器械产品外包装上的部分标识与说明如表4-9-1所示。

表4-9-1　医疗器械外包装上的部分标识与说明（国际通行）

STERILE EO	经环氧乙烷灭菌	STERILE R	经辐射灭菌
STERILE（无菌图标）	无菌管路（灭菌方法在方框中表示）	（生物风险图标）	有生物风险
NON STERILE	未灭菌	（工厂图标）2019.06.23	生产日期
LOT	批次代码	（沙漏图标）2017.10	有效期至
（禁止二次使用图标）	不得二次使用	/	

注　无菌管路指：1.注射泵管路；2.连接管路；3.与注射管为一体的管路。

3. 药品分类管理标识

（1）处方药。凭医师处方才能购买的药品（外包装上可印可不印）。

标识：

图案：大红底，白字。

（2）非处方药，"OTC"是英文Over The Counter的缩写，主要有维生素、皮肤药、感冒药、止痛药等，它分为两类，取决于该药品安全性。

a. 甲类"OTC"只能在具有"药品经营许可证"的社会药店购买。

标识：

图案：大红底，白字。

b. 乙类"OTC"，可在超市、宾馆、百货商店等场所购买。

标识：

图案：草绿底，白字。

非处方药的标志，一般在运输包装箱上都有印刷。

（3）保健品，由"国家食品药品监督管理局"审批，俗称"蓝帽子"。

标识：

图案：天蓝色，白底，注意下面四个字的字体。

（4）中药饮片。

标识：

图案：绿色，白底。

第五章 基础技术研究

第1节 瓦楞纸板的抗水性黏结

瓦楞纸板在潮湿条件下强度会迅速降低，这是个世界性的难题，发达国家在这方面进行了长期的研究与探索，并取得了令人瞩目的成果，目前比较有效且公认的途径有三条：

（1）提高瓦楞纸板黏结剂（俗称糊或胶）的抗水性能；

（2）原纸抄造中无机填充物的改良；

（3）纸板表面涂覆防水或防潮剂。

上述后两种方案，都是在纸板表面添加或涂刷一层特殊的防水物质（如蜡、硅等），使纸张的纤维在接触水或水汽时，具有低表面的张力，形成对水的不浸润层，从而使纸板达到防水的效果，但它对瓦楞纸板内部黏结点中的水分却完全不起作用。

在我国，几乎所有的瓦楞纸板生产线，都采用水溶性玉米淀粉（或木薯淀粉）作为胶黏剂，淀粉颗粒的直径一般为4~50μm，主要成分为碳水化合物（葡萄糖化合物），它们本身是不溶于水的，在水中随温度的上升而发生膨胀，然后破裂而糊化，变成非常黏稠的半透明液体，从而产生较强的黏合力。

玉米淀粉胶黏剂的优点是无毒、无腐蚀、不污染环境、原料来源广、成本低、制造工艺简单等，但它的耐水性差，却是一个十分致命的缺陷。

瓦楞纸箱行业日常所讲"黏合强度"的测定，是在大气中进行的，俗称"六针测试法"（见图5-1-1）。它是将12根针形附件，分两组插入试样的瓦楞纸与里纸（或面纸、中纸）之间，然后对针形附件施压，使其做相对运动，直至被分离。其数值的大小，直接反映了瓦楞纸与里纸之间结合的牢固程度。

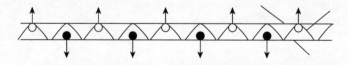

图 5-1-1　六针测试法

在国家标准GB/T 6544—2008《瓦楞纸板》中规定，任何一黏结层的黏合强度均应大于400N/m（注：此版本升级前的GB/T 6544—1999规定为"不低于588N/m"）。

此处国家标准所指黏合强度的测定，是在恒温、恒湿环境中进行预处理后进行的，因此，它与纸箱在常温下使用的实际环境条件差异很大。

下面，来讨论"抗水性黏结"。

由于瓦楞纸板胶黏剂中含水量很高（约占80%），因此纸与纸之间黏结点中的水分子，会向原纸内部不断渗透，在瓦楞中形成水分梯度，即水分多的地方向水分少的地方移动（见图3-2-1），使整个瓦楞纸板很快受潮变软，造成纸板的黏结强度、边压强度等主要物理性能指标下降，严重时甚至会造成整个纸箱功能的失效。

在生产高档出口纸箱中，外方往往会对胶黏剂的抗水性指标，提出明确要求，有的还列为产品出口到目标地国的准入先决条件，如通用汽车、亨斯迈化学（汽巴）等，而一些冷冻行业或需在高湿环境中储运的纸箱用户，对此要求也非常强烈，但国内在这方面的研究与生产，尚属起步阶段。

评价与衡量瓦楞纸板抗水性能的优劣，有一个重要的国际标准，即ISO 3038：1975《瓦楞纸板胶粘抗水性的测定（浸水法）》，它源于原西德的工业标准DIN 53133，三十多年后，我国才将ISO 3038：1975国际标准转译修订为GB/T 22873—2008，并于2009年9月1日生效实施。

下面介绍"浸水法"测定的原理与设备。

将尺寸20mm×150mm的瓦楞纸板标准试样浸于水中，在纸板上悬挂标准重砝，并使施力方向与胶粘线垂直，测量胶粘线抵抗重砝牵引所需的时间。

时间越长，耐水性能越佳。

这个测试需要在专用的测试仪上进行，但新国家标准公布后，国内尚无生产浸水测试台的厂家，这是瓦楞包装行业检测领域的一个空白。

盛水玻璃水槽长600mm×宽300mm×高350mm，上面装有挂钩、重砝及升降器、自动计时传感器等。

可以记录每个重砝落下的瞬间时间，而无须专人值守。

抗水性测试的过程如下。

（1）用刀片在标准试样上切出两个切口，保证试验区域内有五条胶粘线（见图4-4-5）。

单瓦楞需测试面纸与瓦楞以及瓦楞与里纸各两组，共10件试样。

双瓦楞需测试面纸与细瓦楞（一般为B瓦楞）、细瓦楞与中纸、中纸与粗瓦楞（一般为A楞或C楞）、粗瓦楞与里纸各4组，共20件试样。

（2）每个试件挂上标准重砝后，将所有试件同时浸入水中（试件均应低于水面25mm），并开始计时，测试胶粘线被剥离、重砝落下的实际时间或在额定时间里、试件损坏的数量（一般前者使用较多）。

测试中应注意的事项如下。

（1）重砝（含挂钩）总质量为（250g±1g，为防生锈，选用铜材，密度为8.3～8.9kg/dm³，以保证其浮力在可控范围内。

（2）测试水槽中的水应为蒸馏水，水温在17～23℃。测试时，要防止瓦楞中进入气泡，影响测试结果。

（3）每件试样的上下两端小孔处，应用胶带缠绕，以增强试样孔的强度（见图5-1-2）。

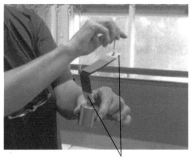

两端缠绕胶带

图 5-1-2　缠绕胶带

（4）需要测试的纸板，应在标准大气条件下，至少老化72小时以上，以稳定其抗水性能。

测试结果的比较如下。

（1）以目前中国市场上最常用的玉米淀粉胶黏剂为例（未经特殊处理），纸板剥离、重砣下落的时间一般在2～5分钟。

（2）在常用玉米胶黏剂中，添加了某公司生产的抗水剂后，剥离时间可达2小时左右。

（3）笔者公司测试了从美国与欧洲进口的不同批次、不同厂家、不同时间生产的高档双瓦楞纸箱，它们的重砣下落时间高达45～120小时。

在笔者公司服务的高端客户中，各企业对纸板胶粘抗水性的要求也各不相同，但大多数都要求在24～72小时。

笔者公司的"研发中心"历时10个月，对国内外的各种"胶粘抗水添加剂"进行了深入的研究与探索，取得了不俗的成绩。

经"国家包装产品质量监督检验中心"的权威检测，生产的双瓦楞纸板的重砣下落时间，已达到了139～219小时，远远超过了国外的同类瓦楞包装产品。

从测试的结果来看，粗细不同瓦楞的抗水性能差异很大，细瓦楞的测试值普遍要低于粗瓦楞，其原因是：在被测的五条黏结线中，细瓦楞的黏结面积之和要小于粗瓦楞。因此，在常见的粗细瓦楞搭配的双瓦楞纸板的测试中，所得的数据离散性甚大。

在实际生产中，为提高高档双瓦楞纸板的耐破强度，其中芯纸（中纸）往往会选用牛皮纸，其光滑的正面应该与粗瓦楞相粘才比较合理。

表5-1-1是以BC双瓦楞抗水性纸板为例，中纸系200g/m²（A级）牛皮纸，BC楞均为180g/m²（A级）瓦楞纸时，所得到的实测数据平均值。

表5-1-1　中纸的正、反面与瓦楞纸黏合强度比较

方案	测试值 中纸正反面	常规测试黏合强度/（N/m）		抗水性测试黏合强度/h	
		B瓦楞与中纸	C瓦楞与中纸	B瓦楞与中纸	C瓦楞与中纸
1	中纸光滑面（正面）与瓦楞黏合	808	1703	25.7	55.2
2	中纸粗糙面（反面）与瓦楞黏合	1503	1550	52.4	54.6

从表5-1-1可见，方案2可有效解决细瓦楞与中纸在常规黏结与抗水黏结中，数值偏低的问题。

具体的做法与经验如下。

（1）在普通玉米胶黏剂中，添加了从以色列某著名化学品公司进口的抗水型黏合添加剂CP-88（液态），它是热硬化型的酮醛聚乙烯醇化合物，其中近50%为固体，主要成分是聚乙烯醇与其他酮醛。

化学分子结构式：$HO-CH_2-CH_2-CO-CH_2-CH_2-OH$；

pH值7.0，黏度13.5s，比重1.14g/cm³；添加剂与玉米浆的匹配比例为1：70左右。

这种化合物，能有效提高黏合剂的黏着度和中间层的干强度，使淀粉胶增强流动性和渗透性，改善淀粉分子与纸纤维的亲和性，成膜性能优良，它对多孔或吸水类表面（如纸张）有很

好的黏结能力，不但具有良好的耐水性，且胶膜强度高，韧性好，阻延了胶黏剂中水分子的扩散与移动，因此瓦楞纸板的综合物理性能比较稳定。

（2）笔者公司从美国进口了型号为APS-360的全自动电脑程控打浆机，这是一种高剪切搅拌系统，它可对普通玉米粉进行超细颗粒的粉碎及充分搅拌，以提高纸板的黏合强度。

以1000kg的普通常用黏合剂为例，其主要成分的含量如下：

固体玉米粉剂20%；

浓度50%的烧碱（钠）7‰，7#硼砂少许，其余为水；

然后用高剪切方式搅拌10分钟后，检查并控制它的黏度在35秒左右，这时再添加CP-88抗水性添加剂搅匀即可。

常用淀粉胶黏剂耐水性差，主要有两个原因：一是由于淀粉颗粒较大，其相互之间的空隙也大，使胶黏剂主链上带有的较多亲水基因，在加热过程中被大量蒸发，留下的空隙中减少了黏结剂的存在，从而影响了黏结效果；二是它成型后未能形成有效的网状交联结构。

而近似纳米状的超细颗粒，在添加剂的活化作用下，其流动性和渗透性相当优异。待粘表面存在的少量油脂类物质，在苛性纳作用下皂化，达到了去油的目的，减少了胶黏剂渗透阻力，使胶黏剂能有效浸润待粘表面，并充分渗透到纸张表面的微孔中，增加其渗入深度，客观上也提高了单位面积上的胶合部分的面积。

胶黏剂在添加剂的极性作用下，超细颗粒可有效减少淀粉颗粒间的空隙、增加胶黏剂的黏合力及干燥程度，在加热和干燥过程中，可进一步交联成复杂的网状体结构的胶膜，形成很强的化学键力和机械联结力。

（3）对黏结剂在纸板复合过程中的功能与作用进行了分析，并随之对生产中的各项工艺参数进行了优选，例如纸板流水线在复合时的线速度、胶黏剂的糊化与干燥温度、皮带张力等。

当抗水性黏结剂由糊辊转移到瓦楞楞峰后：

（1）该黏结剂会先湿润纸张的表面——水和液碱软化纸张纤维；

（2）扩散与渗透——液态黏结剂被纸张表面吸收或压入；

（3）黏结剂的胶化——淀粉胶受热胶化时黏度极速增高；

（4）黏结剂的干燥——糊中大量的游离水被快速蒸发，糊化加热温度约为165℃，烘干淀粉所吸收的热量为0.26～0.39千卡/平方米。

抗水性黏合强度会随淀粉胶涂量的增加而增加，但过多则会导致瓦楞峰与面纸黏结面积增加，使U型瓦楞峰变为矩形，出现"搓板"状表面，并使纸板平面压缩强度等性能下降，而最佳的涂胶量，是在瓦楞峰面上的施胶宽度为0.5mm左右（见图3-2-1），即淀粉量以10～15g/m^{2}为宜（粗细瓦楞会有差异）。

检查的方法：将试样放在水中分离后，用医用碘酒稀释8～10倍，涂在黏结面上，碘与淀粉结合后会产生显色反应，根据其中的直链淀粉与支链淀粉的含量比，分别呈现出蓝色至红色，其色带宽度即为施胶宽度，可对其进行直接测量。

原纸表面看起来平整光滑，但在放大镜下观察，却是十分粗糙的，表面还呈多孔状凹坑，当抗水性黏结剂渗透到这些纤维的凹坑或孔隙中被固化后，就把胶黏剂与被粘物牢牢连接在一起，这种微观机械结合力的大小，与原纸的材质、等级、纤维、含水率等关系都较密切。

国家权威查新机构提供的资料显示，近几年来，我国一些院校、研究所或有实力的包装企业，相继开展了瓦楞纸板抗水性胶粘的研究，也有一些专利可供查询，但这些成果大多数尚停留在实验室阶段。

从能检索到的相关文献得悉，目前它们能达到的抗水性指标都较低，一般仅几个小时，最高的也只有48小时，最不可思议的是它们的检定方法，全部是在水中自然浸泡、未施加外界重荷检测的，仅以瓦楞不脱胶、不分离为判断标准，这与国际惯例及新国家标准GB/T 22873—2008之规定，在水中悬挂250g重砝来检测，相去甚远。

笔者做过这样的试验：某种社会上用的"抗水性瓦楞纸板"，在水中自然浸泡可达24小时才分离，但如按新国家标准规定，在水中挂重砝再测试，仅仅只有10来分钟而已，两者根本没有可比性。

造成这种检测方法不规范的主要原因是：

因为新国家标准发布才不久，所以国内能做这项正规检测的第三方机构实在太少，我们为此也曾寻找了几个月，才勉强做成，这就大大束缚了这项新技术的深入开展推广，也难以与国际、国内的标准及技术参数接轨比对。

总之，希望相关部门能加快创新步伐，加大科研投入，尽早将瓦楞纸板的抗水性黏结成果转化为生产力，因为它对整个纸箱包装行业来讲，是一项具有深远意义的技术进步。

第2节　纸箱抗压强度关联因素的设定与优化

瓦楞纸箱最重要的功能，在于运输中对商品具有良好的保护性，而瓦楞纸箱的抗压强度，则是保护性能的综合体现，因此抗压强度对纸箱的重要性是不言而喻的。作为纸箱行业的从业人员，充分掌握抗压强度关联因素的设定及优化，这是十分必要的。

传统瓦楞纸箱只宜装载轻质物品，怕潮怕摔，怕长久码垛，因此它的应用受到很大限制。

随着技术的进步与制箱设备的更新换代，各种重型、超强、功能涂布等新品种纸箱不断涌现，使化工、机电、危险品等重载荷产品的"以纸代木"成为一种可能。

国内的纸箱用户，如一些大型企业与跨国集团，对纸箱的认识也发生着深刻的变化；从关注纸板的耐破强度（BST）逐步转向纸箱的抗压强度（BCT），并纷纷购置了空箱抗压仪，对入库纸箱进行测试、验收把关。

纸箱在仓储和运输中，都是需要堆叠使用的，所以它的堆码承压能力，成了评价与设计瓦楞纸箱的重要依据。影响抗压强度指标的因素很多，它是一个复杂的系统工程。

1. 原纸定量与等级的影响

说到瓦楞纸箱的抗压强度，人们首先想到的往往是纸箱的用材，确实它是个基本的物性指标。

加工纸箱的瓦楞纸板是由面纸、里纸、芯纸和加工成波形瓦楞的瓦楞原纸通过黏合而成，前者又称"箱纸板"（见GB/T 13024—2016），它仅与纸板的耐破强度关系密切，而后者"瓦楞原纸"（见GB/T 13023—2008）被压成波形后，形成中空结构，增加了纸板的厚度，因此纸箱抗压强度的很大部分取决于瓦楞原纸的优劣，如定量、环压指数、平压指数、紧度等指标，国家标准将原纸划分成三个不同的等级，即优等品、一等品和合格品。

各种计算纸箱抗压强度的理论公式很多，但都是"舶来品"，如凯里卡特（K.Q.Kellicutt）公式、马丁荷尔特（Maltenfoit）公式、马基（Makec）公式、沃尔福（Wolf）公式等，它们大都围绕着原纸的压缩强度［即环压强度（RCT）与平压强度（FCT）］和纸板的边压强度（ECT）来进行计算。选择适当的原纸，对大多数纸箱设计人员来讲并不困难，但它并不是评价抗压强度值优劣的唯一指标。

2. 箱型的影响

国际纸箱箱型的标准，从02型到08型（注：01型为纸板，09型为箱内附件），当纸箱的尺寸、材料、楞型等基本要素相同，不同箱型的抗压强度值会相差很大。假设常见的"0201型开槽箱"的抗压指数为100，那么"0320型套合箱"即为200，"0503型滑入式纸箱"为70，而"0420型翻盖箱"只有65。

按照客户提供的内装物重量、最大综合尺寸、堆码层数、运输方式、仓储环境、生产批量等基础要件，有经验的设计人员除了选择最理想的标准箱型外，还会创新一些结构新、强度高、性价比好的"非标准箱型"，如六角箱、八角箱、角柱箱，捆包式、集成式、组合式等纸箱。

3. 纸箱周长与箱高的影响

总的规律是纸箱周长大，则纸箱的抗压强度也高，实验数据表明：常规02型单瓦楞纸箱的最佳周长约为182cm，双瓦楞纸箱的最佳周长约为225cm。

同材质、同长宽的纸箱，如高度不同，其抗压强度也不尽相同。日本包装专家川端洋一曾得出了下面的实验结论，其规律是：当常用纸箱的箱高=300mm时，其抗压强度值最高。但当高度在100～300mm时，变化起伏较大。表5-2-1是不同纸箱高度的抗压强度影响率：

表5-2-1　不同纸箱高度的抗压强度影响率

纸箱高度/mm	100	150	200	250	300	400	500	600	700	800	900	1000
抗压强度相对变化率/%	120	112	108	103	300	99	101	100	102	101	99	100

表5-2-1告诉我们，当箱高大于300mm后，箱体的抗压强度变化相对平稳，而这时可能出现的最大问题是码垛箱体的"失稳"。

笔者处理过这样一个案例：某单瓦楞的药品箱，内装60个小盒，使用中用户常反映抗压强度不够，我们在不改变材质，不减少内装物数量的前提下，只是简单改变了60个内盒的组合排列，即调整了纸箱的周长与高度，就完美解决了问题。

4. 纸箱长宽纵横比的影响

当纸箱的基本要素都相同，只是长、宽比例不同时，抗压强度也存在着差异，实验证实最佳的长宽比约为1.5∶1。

表5-2-2是美国科学家沃尔福（Wolf）的研究成果——瓦楞纸箱长宽比例对抗压强度的影响。

表5-2-2　瓦楞纸箱长宽比例对抗压强度的影响

纸箱长宽比	1：1	1.1：1	1.2：1	1.3：1	1.4：1	1.5：1	1.6：1	1.7：1	1.8：1	1.9：1	2.0：1
抗压强度相对变化率/%	96	98.5	100	101.2	101.5	101	98.6	96	92.7	84	80

著名科学家华罗庚在20世纪70年代，提出了有名的"0.618法"，也被誉为"黄金分割原理"，有人称它为"华罗庚法则"，它在纸箱行业的应用效果同样是很显著的。

纸箱是三维立方体，作为用户，重点关注的是纸箱的内容积与抗压强度，而纸箱厂计价，则是以纸箱展开后的实际用材面积大小乘以平方米单价，它们之间有个最佳黄金分割比，即长：宽：高= 1.618 ：1：1.618，当符合此法则时，则纸箱的容积最大，用材最省，强度最合理，搬运时更符合人体力学原理。

虽然此理论公式与沃尔福的实验数据略有差异，但两者已相当接近，这些误差完全可以忽略不计。

当纸箱内装物为若干长方体时，可以有很多种的排列方式，而每一种排列方式又对应着一种外箱尺寸，例如：当内装量为12件时，可以有10×6种排列方式，而内装量为24件时，则有16×6种排列方式……

当内装量决定后（内装量往往由用户指定），设计员在确定纸箱长宽高尺寸时，应该充分考虑纸箱的抗压强度、用材多少、美学因素、在标准托盘上的匹配堆码等相关要素，优选最接近"黄金分割比"的尺寸。

5. 纸箱楞型的影响

瓦楞纸箱除常见的A、C、B、E楞型外，近年又陆续增加了不少新楞型，如D楞（楞高7.5mm）、K楞（楞高6.5～7mm）、F楞（楞高0.75mm）、G楞（楞高0.55mm）、N楞（楞高0.4mm）、O楞（楞高0.3mm）等。

不同纸板楞型对纸箱的抗压强度影响很大（详见第五章第8节）。

假设所用原纸、尺寸、箱型等因素相同，常见单瓦A楞的抗压强度是B楞的1.65倍。五层AB楞的抗压强度是三层A楞的1.6倍，而五层AB楞则是BC楞的1.2倍……，在设计时，不同纸板楞型的种类和耐破、环压等指标均可查有关标准，原纸的组合定量也是其中的评价内容。

需要注意的是：出口欧美的纸箱一般只用C楞、B楞（单瓦）与BC楞（双楞），很少有用到A楞或AB楞的，而且当出现E楞或E楞与其他楞组合时，是不考虑它的边压强度的。

6. 纸箱上不同压痕线对抗压强度的影响

常规瓦楞纸箱上下摇盖的横向压痕线（俗称"单对双"，即纸箱外层压双线，纸箱里层压单线），它对强度的影响很直接，随着压痕双线宽度的增加，纸箱变形量也增大，抗压强度指数随之降低。

横压双线每加宽1mm，抗压强度将下降90～130N（注：当压痕线宽度变小，则摇盖开合时易爆线，对低等级的箱纸板来说尤其严重）。

国家行业标准SN/T 0262—1993《出口商品运输包装瓦楞纸箱检验规程》中，规定了双线宽度的极限值，即双瓦楞不得大于17mm，单瓦楞不得大于12mm。表5-2-3是不同压痕双线宽度对抗压强度的影响值。

表5-2-3　不同压痕双线宽度对抗压强度的影响值

瓦楞结构	原纸定量/（g/m²）			压痕宽度/mm	抗压强度/N	减弱比例/%
	面纸	芯纸	里纸			
单瓦楞A	300	250	300	6	8200	12.2
				9	8170	12.6
				12	7910	16.3
	300	125	300	6	5700	26.3
				9	5680	26.8
				12	5480	31.4
双瓦楞A+B	280	125	220	6	6920	39.0
				9	6900	39.4
				12	6350	51.5

在生产实际中，除了上述常规"单对双"压痕线外，还常常会出现"单对平""单对单""凸筋压痕线""高低压线"等类型，以满足不同使用场合的需求，这些另类的压痕线，对纸箱抗压强度的关系十分密切，笔者公司曾有个专门课题组，对此进行过深入的研究。

例如，目前应用频率较高的是"高低压痕线"（模切时呈"单对单"形式），它的特征是纸箱内、外摇盖的压痕线不在同一直线上，即内摇盖的压痕线比外摇盖低一个纸板厚度，它的优点是纸箱成型时，四角不会重叠挤压，外观平整美观，封箱时，外摇盖回弹力小，因此很适合高材质、重载荷纸箱，但是高低压痕线与常规"单对双"压痕线相比，承压的受力很不均匀，抗压强度要降低15%以上，通过大量实验数据得到的解决办法是：将高低压痕线的习惯高度差由一个纸板厚度减少到2/3纸板厚度，则能兼顾到抗压强度与外摇盖回弹等多方面问题（详见第五章第4节）。

7. 瓦楞纸板的疲劳影响

瓦楞纸箱重载堆码后，经历24小时，箱体的抗压强度将降低20%，码垛2天降低30%，一个月后降低40%，100天后降低45%，这就是瓦楞纸箱的"疲劳现象"。

由此可见，承载时间与抗压强度的关系非常密切。当加载负荷达到纸箱抗压极限时，通常不到几分钟，纸箱就会压损变形。当加载负荷达到纸箱抗压强度60%时，承载耐久时间约为一个月。表5-2-4是载荷与耐久时间的实验值。

表5-2-4　载荷与耐久时间的实验值

理论静态抗压强度/lb	实际载荷/lb	（载荷×100/静态抗压强度）/%	破损所需时间
702	664	95	1.3分钟
699	610	87	7.3分钟
696	544	78	399分钟
696	403	58	35.6天

因此在设计纸箱抗压强度时，一定要充分了解用户的码垛时间，即纸箱的"疲劳"因素，对一些载荷大，码垛时间长的产品（如机械零部件、化工原料等），要预留足够的安全系数或采取其他的加固措施。

8. 纸板老化与受潮影响

瓦楞纸板受潮后，其抗压强度会剧烈下降，即使立即进行干燥处理也不能恢复原来的强度，这种现象称为"老化"。在储运环境比较恶劣的情况下，纸箱的忽湿、忽干（即吸潮、排潮）的反复次数越多，老化现象也就越快、越严重。不同的环境与气候（如黄梅天、经过赤道的轮船等）使纸箱的含水率随时在发生着变化。

在相对湿度为90%的仓储环境中，存放15天的纸箱含水率可由9%提高到16%以上，含水率越高，强度越低，科学实验数据说明：纸箱含水率每上升1%，则抗压强度下降8%～9%，当相对湿度为90%时，纸箱的抗压值将下降35%（注：瓦楞纸箱标准大气测试条件为温度23℃，相对湿度50%），表5-2-5是美国科学家凯里卡特所作的含水率超过9%时的抗压强度变化率表。

表5-2-5　含水率超过9%时的抗压强度变化率

含水率/%	9	10	11	12	13	14	15	16	17	18	19
抗压强度变化率/%	1.00	0.933	0.870	0.812	0.758	0.707	0.660	0.617	0.574	0.536	0.500

表5-2-6也是凯里卡特的研究成果，即相对湿度对纸箱抗压强度的变化率。

表5-2-6　相对湿度对纸箱抗压强度的变化率

相对湿度/%RH	抗压强度变化率/%	相对湿度/%RH	抗压强度变化率/%
30	145.9	65	100
35	140.6	70	91.9
40	134.8	75	83.7
45	128.7	80	75.3
50	122.1	85	66.9
55	115.1	90	58.5
60	107.7	95	50.4

目前防止纸箱受潮的方法很多，主要是进行纸箱表面的防水处理，如涂布丙烯酸类乳化蜡，印刷防潮油墨，表面覆膜，浸蜡，产品装箱后整托打缠绕膜阻隔潮气，仓库改为密闭式或加抽湿装置等。虽然它们不能改变纸箱的力学结构与力学性能，但能使纸箱在潮湿环境中保持其原有的抗压强度。

9. 箱面印刷的影响

经印刷后的纸箱比无印刷的纸箱，其抗压强度一般降低10%～20%，这是因为印刷时橡胶滚轮会使瓦楞压伤、变薄、变形，即使采用柔性印刷，此种现象也不能避免。

纸箱印刷图文时，除压印辊对瓦楞纸板有挤压作用外，水性油墨对纸面还有浸润作用，最终使纸箱的抗压强度降低，而降低程度与印刷方法、油墨种类及印刷面积、印刷色数、印刷位置等有关。

实验告诉我们：即使使用快干型油墨，单色印刷后，箱体抗压强度将降低6%～12%，三色印刷降低17%～20%。

为减小印刷对纸箱抗压强度的降低量，设计箱面印刷时应注意以下几点：

（1）在箱高方向印刷，不宜印在纸箱上部和下部，而应尽量印在纸箱中部；

（2）尽量避免满版印刷，尤其要减少印刷多色图文；

（3）应避免在箱面上印刷通条色带，无论横向还是纵向，其强度影响在10%～35%；

（4）印刷时压力应尽可能小，印刷油墨应选用快干型油墨，印版尽量选软一些（邵氏硬度37度左右）；

（5）尽可能选用柔性版印刷，以减少对瓦楞的压力，尤其大面积印刷更是如此。

目前市场上出现了一种高端水性印刷机，自带红外线瞬间烘干功能，解决了油墨对纸箱的浸润问题，而崭露头角的瓦楞纸板数码印刷机，由于呈不接触的喷墨形态，所以以上述出现的问题都将不复存在。

10. 箱体开孔的影响

纸箱上开手提孔，或蔬果箱上开散热通风孔，高端纸箱上开撕箱拉链口，以及具有展示功能的视窗孔等，对箱体的强度都有明显影响。

孔的数量、位置及孔形对箱体的强度影响有差异，设计时要掌握的基本规律如下：

（1）箱上开孔的总面积越大，箱体强度降低也越大；

（2）开孔总面积相等时，圆形孔比矩形孔对箱体强度影响大；

（3）孔越接近箱顶、箱底、箱角，箱体强度下降越大；

（4）矩形孔长边与瓦楞平行时，箱体强度降低小；

（5）大孔用多个小孔代替有利于保持箱体强度。

11. 纸箱附件对抗压强度的影响

在国家标准GB/T 6543—2008《运输包装用单瓦楞纸箱和双瓦楞纸箱》中，列出了"09型"纸箱附件40多款，它们除了对内装物起到阻隔、缓冲保护等作用外，对提高瓦楞纸箱的整体抗压强度影响也很大。对这类插片、隔板的抗压强度值的计算，一般采用马基公式，当然也可以打样实测。

需要特别提醒的是：设计这种附件时，一要注意瓦楞的方向，与承压受力方向一致，二要注意附件高度应与纸箱内径高等同。

表5-2-7是彭国勋教授在《瓦楞包装设计》一书中，给出的内插各类附件对纸箱抗压强度的影响参考值。

在一些重型"托盘吨箱"的设计中，还大量引入了高强纸护角、纸管、蜂窝垫块等附件，以此来提高纸箱整体的刚性支撑能力。

表5-2-7　内插各类附件对纸箱抗压强度的影响参考值

式样		强度增加/%	式样		强度增加/%	式样		强度增加/%
一片组合		26	二片组合		90	插片组合		25
		63			96			60
		80			113			108
		124			156			148

12. 纸箱内装产品的特性对抗压强度的影响

瓦楞纸箱应用范围很广，几乎涉及了各行各业，因此内装物形态也千差万别。家电类产品一般都有发泡塑料作防护，因此纸箱不需要承担全部堆码压力。瓷砖、地板类包装箱，则完全由产品自身承重，纸箱只起到简单碰擦防护，而药品类产品对纸箱的抗压要求就比较高，而对纸箱抗压要求最高的是用塑料袋包装流动性大的化工原料与液态产品。

设计员在考虑纸箱抗压强度值时，一定要充分了解内装物的特性。箱内装满刚性物品，对箱体抗压能力有加强作用。装满柔性物品，对箱体强度无影响。（但鼓肚后例外）箱内物品未装满，纸箱上部有一段空隙时，强度下降。箱内装有发泡塑料、小内盒，以及09型附件支撑时，纸箱强度有加强。刚性内装物对纸箱抗压强度有增强作用。酒类、饮料类瓶装包装箱，由于玻璃瓶、塑料瓶、金属罐等，自身有很大的抗压能力，所以纸箱已不作为主要支撑体，设计时完全可以采用纸板的轻量化、低成本化，在这方面，行业中有一套成熟的计算方法。

13. 纸箱承载压力方向的影响

当0201型纸箱的外加载荷顺着瓦楞方向时，瓦楞纸板的边压强度最高，所以设计、制造、使用时，瓦楞直立方向与箱高方向应完全一致。假设此时强度系数为1，那么，如果沿箱体长度方向施加载荷，其强度系数约为0.4；如果沿箱体宽度方向施加载荷，其强度系数约为0.6（详见第一章第7节）。

以上承载压力方向的规律，大多数从业人员都是清楚的，也不太会犯颠倒方向的低级错误，但用户在实际使用时就不一定了。

在设计03型套合箱或04型折叠箱时，纸箱的瓦楞方向却往往被忽视，图5-2-1中，03型（俗称天地盖）箱与图5-2-2中，04型（俗称飞机盒）箱的四个箱壁中，一定会有两个受力方向为横向的（抗压弱），这时应将它们设计在纸箱短边上（箱宽方向），否则对整个纸箱的抗压强度有影响。

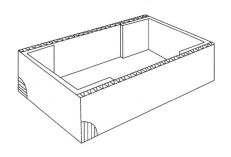
图 5-2-1 03 型（天地盖）箱的瓦楞方向

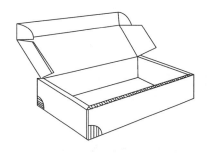
图 5-2-2 04 型（飞机盒）箱瓦楞方向

14. 纸箱堆码方式的影响

纸箱在使用时，不同的堆码方式，其抗压强度是不一样的。影响最大的是堆码在最下面那箱承担的负荷量（详见第一章第7节）。

假设：正常齐平堆放，强度设定 100%［图 5-2-3（a）］，那么，十字装 50%［图 5-2-3（b）］，错开装 60%［图 5-2-3（c）］，骑缝装 60%［图 5-2-3（d）］，井字装 50%［图 5-2-3（e）］。

（a）正常　　　（b）十字　　　（c）错开　　　（d）骑缝　　　（e）井字

图 5-2-3

在这方面，日本科学家进行了大量的静态与动态的堆码试验，发明了"底部二层活用堆码法"，取得了良好的应用效果，它将负荷最大的底部二层采用"齐平式堆码"［图5-2-3（a）］，避免了底层抗压强度的劣化，而从第三层起，又采用错落堆码即骑缝装［图5-2-3（d）］或井字装［图5-2-3（e）］，保证了整垛的稳定性。

即使是齐平式堆码［图5-2-3（a）］，只要上下不对齐有偏差［图5-2-3（c）］，其抗压强度也会受到影响，当偏差值达到12mm时，试验结果表明，强度值将降低29%（详见第一章第7节）。

在流通领域，托盘作为一个移动的载体，使用极为广泛。但当包装件的堆放伸出托盘时，则形成了"悬臂式堆码"，这时的抗压强度值，将随着伸出值的增加而下降。

另一个问题是瓦楞纸箱在托盘上的位置常常不被人们重视，瓦楞纸箱箱角不要位于托盘木条空隙处，因为这时纸箱不是四壁平均受力，而由悬空边承担了过多的负荷。一般有以下原则：

①纸箱长边与木条平行，且纸箱两侧均位于木条上方则强度最好；

②纸箱长边与木条平行，但纸箱两侧悬空在木条间隙处则强度次之；

③纸箱宽边与木条平行，且纸箱两端均位于木条上方则强度较差；

④纸箱宽边与木条平行，但纸箱两端悬空在木条间隙处则强度最差；

⑤托盘为整板结构或加放垫板，则不论纸箱位置如何，强度都将超过①。

托盘上木条之间的空隙，按国家标准规定应该是额定的，但一些偷工减料、不按标准生产的托盘，木条之间的空隙会很大，这时要特别关注它对纸箱强度的影响。

纸箱的堆码方式与在托盘上的位置，属于流通领域内的因素，已超出了纸箱生产厂所能控制的范围，但用户在发生纸箱强度不够，造成变形、塌陷、鼓肚、倾覆等包装事故时，因为不具备相关专业知识，往往首先会考虑纸箱的质量不好。

这几年我们的做法是，派出售后服务队上门，给重点客户的采购、品检、仓库、运输等管理人员培训上课，现场演示，甚至还直接为他们编制"仓储作业指导书""仓库管理规定"等ISO 9000文件，收到了很好的效果。

15. 计算纸箱空箱抗压值时，安全系数K的取值

国家标准GB/T 6543—2008"附录D"中，纸箱抗压强度的计算公式为

$$P = KG\frac{H-h}{h} \times 9.8$$

［公式中字母含义见本章第3节式（5-1）］

公式中，其他数据都是额定的，唯有K系数是不确定的，且正确取值比较困难，它与储存期（纸板蠕变）、环境湿度、堆码方式、装卸条件、印刷开孔等因素都有密切关系。很多都需要依靠丰富的实际经验。表5-2-8也是彭国勋教授的实验数据。

表5-2-8　K值选定时的参考数据

	抗压强度损失	乘子a_i	
载荷下堆放时间	10天——损失37%	0.63	
	30天——损失40%	0.6	
	90天——损失45%	0.55	
	180天——损失50%	0.50 √	
载荷下相对湿度RH（RH周期性的变化会进一步加剧损失）	50%——损失0%	1	
	60%——损失10%	0.9	
	70%——损失20%	0.8	
	80%——损失32%	0.68 √	
	90%——损失52%	0.48	
	100%——损失85%	0.15	
托盘码垛方式		高质量箱	低质量箱
柱型，对齐	损失忽略		
柱型，错位	9%～15%损失	0.9√	0.85
互锁式	40%～60%损失	0.6	0.4
超出托盘	20%～40%损失	0.8	0.6
托盘板间隙	9%～25%损失	0.9	0.75
野蛮装卸	9%～40%损失	0.9	0.6
印刷与开孔	9%～20%损失	0.9√	0.8

最保守的安全系数K，可按表5-2-8中所有安全乘子a_i的连乘来计算。假设表5-2-8中打"√"处，为某化工原料箱使用现状，那么它的K系数应为：

$$K = 1 / \prod a_i = 1 / 0.2754 = 3.63$$

从上述分析可见，设计纸箱抗压强度时，除了原纸材料、制造工艺、使用流通等因素外，对一些特殊的纸箱，还应作一些特殊的考虑，如用于网购电商的纸箱（常会发生野蛮抛扔），使用不同的模切加工方式（如平压平、圆压圆、圆压平）纸箱等。

总之，瓦楞纸箱抗压强度的设定是一项考验设计员功力的工作，除了有大量的计算外，还需要长期经验的积累，设定合理的安全系数，如果抗压值"过剩"，则造成浪费，增加生产成本，抗压值"过低"又会造成包装箱功能丧失。

在设计一些重要包装箱时（如危险品纸箱），完成设计后尚需打实样进行强度校核，并预测该纸箱日后在物流运输链的全过程中，可能会遇到的所有问题，将它们浓缩在实验室中进行ISTA仿生测试，如抗压、冲击、跌落、振动、温湿度等验证，确保量产时能一次成功。

第3节　纸箱材质与各项技术指标的确定

瓦楞纸箱在加工前，需要合理、科学地确定其材质与各项物理指标，这是一项技术含量较高的工作，对大多数纸箱用户来说，都不具备这方面的专业知识，而一些中小型纸箱生产厂，也都只停留在"老经验"上，缺乏理论与数据的支持。

目前，社会上习惯的传统做法包括以下内容。

（1）纸箱用户拿一只旧的或他厂的纸箱，要求纸箱厂"就按这只样箱的材料做"。

（2）纸箱用户列出若干不同材质，要求纸箱厂分别打样，然后进行堆码、跌落等试验，看看哪一款最适合，属于"广种薄收"的办法。

笔者受理过某大客户的一款纸箱，对方竟开列了8种不同材质的配比，要求纸箱厂每种各打6个样箱，供客户评判选择。

（3）请有经验的"资深人士"目测估算，以确定纸箱用材的配方。

这些做法都带有很大的盲目性和局限性，有时配材标准过低，会造成纸箱在堆码或运输时发生事故，有时又会造成"质量过剩"，浪费了资源，同时也增加了用户的包装成本。

而一些发达国家的做法是值得推荐的，在美国ASTM纸箱标准中，详列了"按内装物重量"与"纸箱尺寸大小"两项主要应用指标，以此来确定纸箱的各项技术参数，并通过一系列的公式计算来选择用纸规格等，在欧盟与日本的纸箱标准中，也都有相似的内容。

我国经改版升级的纸箱、纸板标准GB/T 6543—2008（注：主要参照日本JIS Z1506标准）与GB/T 6544—2008，这两份国内标准也作了这方面的努力，力争与国际技术"接轨"，它为我们确定纸箱的材质与物理指标，提供了科学的可靠参数。

请特别关注GB/T 6543—2008《运输包装用单瓦楞纸箱和双瓦楞纸箱》中的"表1"（见表5-3-1）和GB/T 6544—2008《瓦楞纸板》中的"表1"（见表5-3-2）之内容。

对照这两份国家标准，我们举例来说明。

表5-3-1　GB/T 6543—2008所列瓦楞纸箱的种类

种类	内装物最大质量/kg	最大综合尺寸[a]/mm	1类[b]		2类[c]	
			纸箱代号	纸板代号	纸箱代号	纸板代号
单瓦楞纸箱	5	700	BS-1.1	S-1.1	BS-2.1	S-2.1
	10	1000	BS-1.2	S-1.2	BS-2.2	S-2.2
	20	1400	BS-1.3	S-1.3	BS-2.3	S-2.3
	30	1750	BS-1.4	S-1.4	BS-2.4	S-2.4
	40	2000	BS-1.5	S-1.5	BS-2.5	S-2.5
双瓦楞纸箱	15	1000	BD-1.1	D-1.1	BD-2.1	D-2.1
	20	1400	BD-1.2	D-1.2	BD-2.2	D-2.2
	30	1750	BD-1.3	D-1.3	BD-2.3	D-2.3
	40	2000	BD-1.4	D-1.4	BD-2.4	D-2.4
	55	2500	BD-1.5	D-1.5	BD-2.5	D-2.5

a　综合尺寸是指瓦楞纸箱内尺寸的长、宽、高之和。
b　1类纸箱主要用于储运流通环境比较恶劣的情况。
c　2类纸箱主要用于流通环境较好的情况。

注：当内装物最大质量与最大综合尺寸不在同一档次时，应以其较大者为准。

表5-3-2　GB/T 6544—2008表1所列瓦楞纸板质量等级（部分）

代号	瓦楞纸板最小综合定量/（g/m²）	优等品			合格品		
		类级代号	耐破强度（不低于）/kPa	边压强度（不低于）/（kN/m）	类级代号	耐破强度（不低于）/kPa	边压强度（不低于）/（kN/m）
S	250	S-1.1	650	3.00	S-2.1	450	2.00
	320	S-1.2	800	3.50	S-2.2	600	2.50
	360	S-1.3	1000	4.50	S-2.3	750	3.00
	420	S-1.4	1150	5.50	S-2.4	850	3.50
	500	S-1.5	1500	6.50	S-2.5	1000	4.50
D	375	D-1.1	800	4.50	D-2.1	600	2.80
	450	D-1.2	1100	5.00	D-2.2	800	3.20
	560	D-1.3	1380	7.00	D-2.3	1100	4.50
	640	D-1.4	1700	8.00	D-2.4	1200	6.00
	700	D-1.5	1900	9.00	D-2.5	1300	6.50

注：各类级的耐破强度和边压强度可根据流通环境或客户的要求任选一项。

　　假设某纸箱内径尺寸为370mm×270mm×340mm（见图5-3-1），内装物重量11kg，用于出口，那么按照GB/T 6543—2008表1"a"的规定，可以先计算出其最大综合尺寸为980mm。

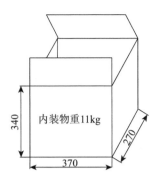

图 5-3-1　纸箱内径尺寸为 370mm×270mm×340mm

确定材质与物理指标的步骤如下。

1. 选择纸箱楞型

从表5-3-1中可以看到，像这类纸箱，既可采用单瓦楞，也可采用双瓦楞，在欧美国家会倾向使用单瓦楞，而中国习惯以双瓦楞为主打产品。

很显然，美国的瓦楞纸箱用材更省，所耗资源更少，成本更低，占用空间更小，纸箱成型后外观更漂亮，因此，大力开发重载荷单瓦楞纸箱，是我们今后努力的一个方向。

这里，权且也选用单瓦"C"楞（注：欧美国家很少采用A或BA楞，主要品种为C或BC楞）。

2. 选择纸箱种类

表5-3-1规定了纸箱的两种类别，即"1类"与"2类"，它在此表格"b"与"c"的注释中作了说明：

"1类"纸箱主要用于储运流通环境比较恶劣的情况；

"2类"纸箱主要用于流通环境较好的情况。

划分的依据主要是根据运输、仓储的环境状态，但这些往往不是纸箱厂或用户能提前知晓掌握的，所以在实际操作中，人们常会以内装物的性质来区别，如将医药、电子、化妆品等附加值较高的产品，以及出口包装、危险品纸箱等，归为"1类"箱，这次我们也选择"1类"（注：美国标准只有1类，没有2类）。

3. 选择纸箱代号

由表5-3-1可知，当该箱内装物的质量11kg时，应属BS-1.3，但该箱的最大综合尺寸却只有980mm，则属BS-1.2，显然它们不属于同一档次，按照表5-3-1"注"规定：当两者"不在同一档次时，应以其较大者为准"，因此该纸箱的标准代号应该确定为"BS-1.3"，它对应的纸板代号则为"S-1.3"。

需要说明的是，有少部分客户因仓储环境比较恶劣，或者常遭遇野蛮装卸等负面原因，所以按常规标准确定的纸箱等级，往往不能满足实际的强度需求，这时可整体提升一档指标来解决，个别危险品纸箱还有提高两档的特例。

4. 确定纸箱物理指标

有了纸板代号"S-1.3"，就可以轻易查到，该纸箱所属的用材定量与物理指标了，在

表5-3-2中，"S-1.3"提供的数据资料共有4项：

①瓦楞纸箱最小综合定量≥360g/m²

（注：单瓦楞的"最小综合定量"是指面纸加里纸，而双瓦楞除面、里纸外还需加中间的夹芯纸的定量）。

②耐破强度≥1000kPa

③边压强度≥4.5kN/m

④再按照GB/T 6543—2008"附录D"的计算公式，马上可以得知另一项重要物理技术数值，即该瓦楞纸箱的"抗压强度"值P_1（N）：

$$P_1 = KG\frac{H-h}{h} \times 9.8 \tag{5-1}$$

式中，G为纸箱毛重（kg），H一般规定为3m（注：出口用纸箱有时也会按照"标准集装箱"的内净高度2.35m计），h为纸箱外径高度0.34m，K为强度安全系数，"K"是公式（5-1）中唯一的不确定值，它与纸箱的储存期长短（受压蠕变）、流通环境的温湿度、堆码方式、装卸条件、纸箱印刷、纸箱开孔等因素关系密切，尽管比较复杂，但仍有一定的规律和经验参数可循，此处不作展开，本例设K=2.2，那么

$$P_1 = 2.2 \times （11kg + 纸箱自重设为0.8kg） \times \frac{3m-0.34m}{0.34m} \times 9.8 = 1990N$$

有了上述①②③④项基础数据，我们即可通过相关公式，来推导或验证纸箱的用材与技术指标。

美国马基公式：

$$P_2 = 5.87 \cdot ECT \cdot (TZ)^{\frac{1}{2}} \tag{5-2}$$

式中，P_2为纸箱的抗压强度，N；ECT为纸箱的边压强度，N/m；T为纸板厚度，m；Z为纸箱内径周长，in/m。

公式（5-1）与公式（5-2）的主要区别在于：

公式（5-1）的P_1值，是该纸箱在实际安全使用时，必须具备的最低"抗压强度"值。

而公式（5-2）的P_2值，是在已知纸箱大小、楞型、用材配方等要素后，经计算得出的理论"抗压强度"值，它与公式（5-1）正好互补验证。

公式（5-2）中所指的"ECT"值，一般正规纸箱厂都会将本厂各类常用纸板的ECT数据，事先测试好并汇总列表，供设计时参考。由于各厂所进原纸的制造厂商、等级、定量、原料配比等各不相同，有些还会选用一些非标纸种，所以每个纸箱厂所用原纸的物理指标值差异很大。

当然也可以用一个简易公式，通过计算来求得瓦楞纸板ECT的近似数值［见公式（5-3）与公式（5-4）］。

边压强度的计算公式：

$$单瓦楞纸板ECT = 面纸RCT + 里纸RCT + 瓦楞纸RCT \times 楞率 \tag{5-3}$$

$$双瓦楞纸板ECT = 面、芯、里纸RCT之和 + 各瓦楞纸RCT \times 楞率 \tag{5-4}$$

公式（5-3）和公式（5-4）中的RCT为原纸的"横向环压强度"（N·m），这是评价原纸优劣的一项重要指标，因此各正规造纸厂在送货时，都会附"产品合格鉴定书"，其上面均会注明此值。有些纸箱厂，在原纸入库时，也会对"横向环压强度"作检测、验收、记录、备案。而各瓦楞的楞率，各厂因瓦楞辊的磨损程度不同而会略有差异，但标准的理论值应该都是一致的，即A=1.53，B=1.36 C=1.46 E=1.25。

看上述实例，假设选择一款市场上常用的单瓦楞纸板，规格为$200g/m^2+120g/m^2+200g/m^2$，原纸等级皆为优等品。这款纸板的最小综合定量应是$200g/m^2+200g/m^2=400g/m^2$，已大于上述"4.①"规定的$360g/m^2$了。造纸厂送货时提供的合格证书，该$200g/m^2$箱纸板的RCT≥1800N/m，耐破强度≥600kPa，同时提供的$120g/m^2$瓦楞纸的环压强度RCT≥1200N/m。那么该纸板的边压强度值（ECT）按照公式（5-3）可知：ECT=1800N/m+1800N/m+1200N/m×1.46=5352N/m，显然它也超过GB/T 6544—2008规定的"4.③"中起码的4500N/m额定值了。再将纸板厚度T=3.8mm（C瓦楞标准厚度为3.5～4mm）与纸箱周长代入公式（5-2）得：$P_2=5.87×5352N/m×\{0.0038m×2(0.37m+0.27m)\}^{1/2}=2191N$，它同样优于按GB/T 6543—2008规定计算的最低抗压强度P_1=1990N（见前述4.④）。

瓦楞纸板的耐破强度主要与面纸、里纸关系密切（双瓦楞还含夹芯纸），而波形瓦楞纸对耐破强度影响很小，在生产实际中为计算方便，一般忽略不计，取近似值为0，所以当知晓了各张箱纸板的耐破强度值后，只要将它们简单相加，就可得出该纸板的耐破强度值了，它们应该是

$$600kPa + 600kPa = 1200kPa$$

显然，它满足GB/T 6544—2008规定的最低1000kPa的要求（见4.②），因此该纸板所有的数据指标，全部符合BS-1.3的规定，结论是可靠适用的。

有经验的设计员或配材员都清楚，由于加工中常常会有些事先不可预测的因素，某些强度指标会遭受损失，加上制造与检测时的误差，所以在配材时，一定要将计算出的理论值高于国家标准规定值的10%以上，才比较安全靠谱（详见GB/T 6543—2008中的5.1.1）。

选材确定后，下一步还应该打实样，并测试样箱的各项物理指标，看看它是否符合国家标准所规定的上述4项主要参数，并验证打样前所作的各项理论计算值与实测值之间的误差，经过较长时间的数据积累，就可以获得大量宝贵的第一手经验数值，在日后的设计中，就可以得心应手，效率也可提高好多倍。

还有一点经常困扰供需双方的是，一旦对纸箱的质量产生异议，在测试或复验技术指标参数时，是否要先进行预处理？GB/T 6544—2008"附录B 5.2"中提到，检测试样应按照GB/T 10739—2002《纸、纸板和纸浆试样处理与试验的标准大气条件》中的规定，在温度（23±1）℃、相对湿度50%±2%的环境里，一般须保持24h后再测试，当然这需要在专业设备上进行，而且费用不菲。可是，用户强调：他们的纸箱并不是在恒温恒湿条件下使用的。一款基础条件完全相同的纸箱，处在南方梅雨高湿季节和北方冬季寒冷干燥季节，前者的抗压强度还不足后者的50%。有些经过常规计算完全达标的纸箱，在冬季或春、秋季使用确无问题，但在梅雨季却常会发生码垛垮塌事件，换言之，经恒温恒湿检验合格的纸箱，在夏季常温下使

用，却往往是不成功的。很多用户从实际安全使用角度出发，要求无论在何种气候环境下，纸箱检测都应在常温下进行，此要求并不过分，它对纸箱的生产厂，则提出了更高的要求，供方应充分了解用户的使用环境，比如在特殊时间段，应对纸箱表面进行防潮涂布或用薄膜阻隔潮气，也可采取抗水性黏结或提升配材标准等措施。

由于国内纸箱产能供大于求，"僧多粥少"的局面非常严重，因此一些纸箱厂在招投标时，往往打"低价牌"恶性竞争，有的甚至低于成本价抢单，成交后再逐步偷工减料。有的弄虚作假，送样检测的几个纸箱与批量供货的纸箱根本不是一回事；有的采用降低纸张的定量（厚度）；有的降低纸张的质量等级；更有甚者，违规使用"有害物质超标、对环境污染严重"的"泡花碱"（俗称水玻璃）作黏合剂（价格低廉、纸板硬挺），而不用国家标准规定的环保型淀粉黏合剂（见GB/T 6544—2008中的5.1.2）。最终造成用户在堆码或运输时，发生纸箱表面泛黄、鼓肚、破损、塌陷、倒伏、RoHS不达标等包装事故，出口用的纸箱还影响到国家的声誉。

为了应对纸箱厂的不诚信、不作为，不少终端用户无奈在纸箱进库时用"称重量"来验收，看起来简单直观，但"买的不如卖的精"，笔者曾解剖化验过某用户的一款"问题"纸箱，其中间的夹芯纸竟用450g/m²的劣质廉价纱管纸充数顶重量，而且纸张的含水率非常高。

有很多纸箱用户则在合同中规定了面纸、芯纸、里纸，以及各层瓦楞纸的详细定量与等级，但实际上，将从纸箱上剥离下来的每张纸，进行精确检测是件非常专业且十分困难的事（特别是纸张等级的鉴定），所以此办法要么纠纷不断，要么形同虚设。

有的用户在规定纸张定量与等级时，本身就很外行，并未采用GB/T 13024— 2003《箱纸板》和GB/T 13023—2008《瓦楞芯（原）纸》所规定的标准定量与等级，为此，供应商必须额外采购特规原纸，这对一些中小订单来讲是难以想象的。

由于各个纸箱厂所用"瓦楞纸板流水线"的性能优劣差别巨大，即使用同样定量与等级的原纸，在不同等级的流水线上进行加工，所得到瓦楞纸板质量与技术指标的差异也会很大。

纵观国内外的纸箱标准，没有一份会作上述规定，而全部采用按"物理技术指标"来验收与评判纸箱的优劣。换言之，如何配纸是供应商应该做好的专业工作，而纸箱用户只要最终把住"边压"与"耐破"两道关口即可，即使有些需要重载荷堆码的客户，也仅仅再增加一项"抗压强度"值的测定就足矣（见前述4.④）。

为此，笔者建议如下。

（1）纸箱用量较大的客户，应购买"边压"与"耐破"测试仪，这两台设备价格不贵，体积很小（台式），操作简便，只要对采购的纸箱按国家标准进行测试鉴定，就能确保纸箱的质量与使用安全，也不用担心供应商偷工减料了。

而一些纸箱用量较小的客户，则可通过第三方检测机构，定期对这两项或三项指标进行验证。

（2）对纸箱厂而言，降低包材成本的方法有很多，但绝对不是偷工减料，而只能是通过加强自身管理，减少加工损耗，避免人员浪费，以及靠技术创新、设备更新等途径。

第4节　纸箱摇盖各类压痕线的研究

0201型瓦楞纸箱上下摇盖的压痕线，有各种各样的形式。常用的是单对双压痕线，还有单对平、单对单、凸筋和高低压痕线等，后两种必须采用模切机加工成型。

单对双压痕线（见图5-4-1）：使用最普遍，在瓦楞纸板流水线复合纸板时就可直接加工成型，方便、成本低，双线的宽度，国家标准GB/T 6543—2008中规定不得超过17mm，由表5-2-3可知，双线的宽度大小，对纸箱的抗压强度影响很大；宽度越大，强度减弱越严重，但宽度减小后，摇盖折叠时常会发生爆线现象，尤其是在面纸等级较低、纸板含水率小、高配材纸板很硬、气候干燥等情况出现时，爆线就成大概率事件。因此，宽度的理想选择要把握"度"，应视纸箱的不同情况来确定。

单对平压痕线（见图5-4-2）：当瓦楞纸箱外表面需要满版印刷，或者印刷位置正好在压痕线上或压痕线附近时，就需要采用单对平压痕线，它也可以在纸板流水线上直接完成，它的缺点是纸箱摇盖折叠时比较困难，而且折后成型直角也不够美观，但是对抗压强度影响较小。

图 5-4-1　单对双压痕线　　　　　　　图 5-4-2　单对平压痕线

单对单压痕线（见图5-4-3）：对瓦楞压溃的区域比较小，深度大，所以当纸箱上印刷内容紧靠压痕线时，往往会将"单对双"压痕线改为"单对单"压痕线，有些异型箱折叠部分，有的需要往里折叠，有的则需往外折叠，这时也会采用单对单压痕线。模切加工时，一般都是单对单压痕线，它对抗压强度的影响也很小。

凸筋压痕线（见图5-4-4）：如果纸箱上的压痕线质量要求比较高，如成型要求美观、折叠要求容易，或者纸板比较硬，往往会采用凸筋压痕线，它需要在模切机上加粘压痕条，压痕条的材质大多数为硬质塑料，少数也有钢质的，而压痕条的高度与宽度，要根据纸板的不同楞型或具体需求来选择不同型号的压痕条。

图 5-4-3　单对单压痕线　　　　　　　图 5-4-4　凸筋压痕线

高低压痕线（见图5-4-5）：高低压痕线是指纸箱内外摇盖压痕线不在同一条直线上，即纸箱内摇盖压痕线比外摇盖压痕线低。高低压痕线纸箱在成型过程中，上下摇盖不会重叠挤压，成型后外观平整美观，封箱时，外摇盖的回弹小，但加工时需模切，抗压强度比常规瓦楞纸箱（见图5-4-6）低。

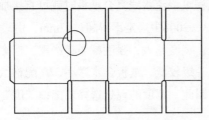

图 5-4-5　高低压痕线纸箱

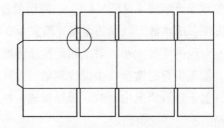

图 5-4-6　常见的 0201 型水平压痕线纸箱

瓦楞纸箱抗压强度值是纸箱的关键性指标。影响瓦楞纸箱抗压强度的因素较多，一般有固定因素、变化因素两大类。固定因素主要包括；原纸性能、纸箱箱型、楞型、纸板厚度等。变化因素主要指制造过程中的因素，包括纸板的压线形式、含水率、开孔位置形状、印刷面积与位置、堆码方式、仓储及流通环境等。

目前瓦楞纸箱制造行业对变化因素研究较多，而对于纸箱制造成型过程中的不同压线方式鲜少关注。所以本节重点讨论当下比较时尚的"高低压痕线"对抗压强度的影响，以及纸箱抗压实验变形的过程分析。

1. 纸箱尺寸与材料

瓦楞纸箱的尺寸设为400mm × 300mm × 350mm。楞型为BA楞，材质200g/m² + 120g/m² + 120g/m² + 120g/m² + 200g/m²，纸板厚度7.43mm。均为市场上常见的产品。

2. 试样的制备

采用最常见的0201型箱，长宽比1.3；用打样机制作"高低压痕线"纸箱56只（7×8），令高线与低线之间高度差分7组（1mm、2mm、3mm、4mm、5mm、6mm和7mm）各制作8个。

另外将单对双、单对单、单对平的对照纸箱也各制作8个作为对照比较。

由于纸箱含水率的差异会给测试结果带来较大影响，故在实验前，将纸箱放置在温度（23 ± 2）℃、湿度（50 ± 2）%的标准恒温恒湿箱中预处理24h，同时严格保证实验环境条件。

3. 测试标准和方法

纸箱抗压强度值，是指在抗压试验机上均匀施加动态载荷，至箱体变形或压溃时的最大载荷，是瓦楞纸箱质量好坏的一个重要技术指标。

纸箱抗压强度值的测定，按照GB/T 4857.4—2008规定。

4. 结果与讨论

（1）高低压痕线纸箱，不同高度差对瓦楞纸箱抗压强度的影响

高低压痕线不同高度差（1mm、2mm、3mm、4mm、5mm、6mm、7mm），空箱抗压测试结果，见图5-4-7（每组平均值）。随着高度差的逐渐增大，抗压强度逐渐降低，高度差在1～5mm，即小于或等于纸板厚度的2/3时，抗压强度下降相对缓慢，高度差在5～7mm，即与纸

板厚度接近时，抗压强度急剧下降。

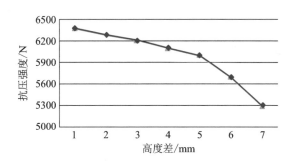

图 5-4-7　不同高度差对抗压强度的影响

本次实验材料的厚度为7.43mm，说明当高度差达5mm（材料厚度的2/3）时，抗压强度则显著变差，综合兼顾纸箱成型之后的回弹、平整、易折和美观，可以下这样结论：高度差在2/3纸板厚度时最佳。

当高线与低线之间的差值为5mm（2/3纸板厚度）时，抗压强度约降低10.5%，产生此种现象的主要原因是：

常规0201单对双纸箱成型之后，上下摇盖之间紧密贴合，四条压痕线在同一水平线上，上下摇盖之间紧密贴合，包角紧实，孔隙小。而高低压痕线纸箱成型后，上下摇盖之间有一定的高度差，四条压痕线不在同一条水平线上，当纸箱受到垂直压力后，常规0201纸箱四条边和四个角同时受力，而高低压痕线纸箱，只有两条边和两个角先受力，然后另外两条边和角才受力。

在纸箱的整个承压过程中，主要是四个角受力，约占整体受力总量的2/3，因而常规纸箱的抗压强度要高于高低压痕线纸箱。

（2）高低压痕线对瓦楞纸箱变形的影响

由图5-4-8和图5-4-9可知，瓦楞纸箱是否进行高低压痕线，对成型影响较大。首先，高低压痕线纸箱成型后的上下摇盖平整性较好，无明显包角，从受力角度分析，由于高低压痕线纸箱，上下摇盖之间有一定的高度差，因而折叠成型容易且回弹力较小，容易封箱。但从受力变形角度看，当纸箱承受的压力超过其抗压极限时，纸箱侧壁的四个垂直面便开始弯曲变形直至被压溃，进而纸箱垂直面出现折痕，而且越靠近纸箱垂直面中间位置变形越早、越严重，侧壁上靠近四个棱角的部位变形最晚、变形量最小。

图 5-4-8　高低压痕线纸箱（左）和常规纸　　图 5-4-9　高低压痕线纸箱（左）和常规纸
　　　　　箱成型时摇盖回弹对比　　　　　　　　　　　　箱成型时角部对比

高低压痕线纸箱与常规纸箱相比，前者变形早，变形量大，承重力低。

（3）不同压线方式对瓦楞纸箱抗压强度的影响

单对单、单对双（双线宽度设定为17mm时）、单对平等3种不同压痕线纸箱，各自8件样品的空箱抗压测试结果，见图5-4-10。

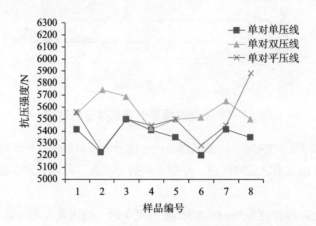

图 5-4-10　不同压线方式对抗压强度的影响

纸箱这三种不同压线方式的抗压强度平均值，分别为5358N、5576N、5483N，相差不超过4%，由此说明上述三种压线方式，对纸箱抗压强度的影响比较小。

通过对高低压痕线瓦楞纸箱抗压强度的试验研究，可以得到以下结论。

①不同的高低压痕线高度差，对纸箱抗压强度的影响很大，随着高度差的增大，抗压强度逐渐降低，高度差在5～7mm时，抗压强度急剧下降。理想的加工状态是高度差控制在纸板厚度的2/3。

②与相同尺寸、相同材质的常规瓦楞纸箱相比，高低压痕线纸箱抗压强度值相对较低，大约会降低10%左右。

③高低压痕线纸箱的抗压强度值相对比较稳定，而常规纸箱的抗压强度值波动较大。高低压痕线纸箱成型后整体平整度好，没有包角，特别对高配材纸箱，使用时产生回弹的概率要小很多，便于封箱，所以生产中使用者越来越普及。

④单对单、单对双、单对平3种不同压线方式，对纸箱的抗压强度影响非常小，基本可以忽略不计。

第5节　0201型纸箱成型后容易产生的问题

瓦楞纸箱的结构、型号、品种有很多，从01型到09型有超过千款，但0201型（俗称"开槽箱"或"平口箱"等）无疑是使用最广泛、生产成本最低、加工效率最高、储运空间最小的一款。

现代纸箱厂中的主要加工设备，如瓦楞纸板复合流水线、印刷开槽机、钉（黏）合机等，很多功能都是为0201型纸箱专门量身设计的，在所有的各类箱型中，0201型纸箱的市场占有率超过90%。

按照GB/T 6543—2008中4.1条目解释：0201纸箱起码应具备以下4个特点（见图5-5-1）：

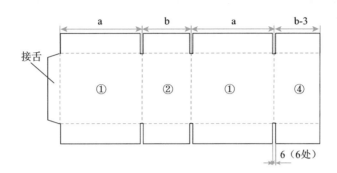

图 5-5-1　0201 纸箱的 4 个特点

①由一片瓦楞纸板组成（开槽、压线、切角）；

②上下摇盖构成了箱顶与箱底；

③通过打钉或黏合成箱；

④可以折叠平放，储运空间小。

但是，客户在使用0201型纸箱时，常常因纸箱成型时产生的种种问题而投诉供应商，并引起双方的争执，其中有些确实是纸箱厂在加工中某些细节做得不到位，但很多是用户不了解0201型纸箱的一些固有特性所致。

1. 摇盖错位（见图5-5-2）

用户往往认为摇盖错位是纸箱厂的加工误差所致，造成封箱困难并影响外形美观。

其实刚下线的纸箱是不存在这个问题的，造成摇盖错位的原因是：在打钉或黏合时，必须要将①面与④面，以及②面与③面各成为一个平面（见图5-5-3），以便折叠后拍扁、捆扎、堆放、运输，但纸箱中的①②夹角和③④夹角却被严重挤压变形，客户在拉开纸箱使用时，由于纸箱的惯有弹性，它不会自动形成矩形，一定是一个平行四边形（见图5-5-3），因此使用前要靠人工把它拉正，当材质越好、强度越大时，拉正越困难。

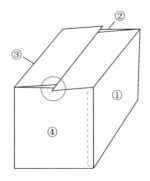

图 5-5-2　摇盖错位

图 5-5-3　拉开成平行四边形

解决的办法也很简单，只要将如图5-5-3所示的平行四边形，向相反的方向拉到底，即将①②成一个平面，③④成另一个平面，拍压一下，再放开时反向作用力使纸箱很容易就方正了，摇盖错位问题也就解决了，这就是人们俗称的"矫枉过正"。

在自动包装线上，这个问题是不存在的，只要设备调试正确，间隙合理，纸箱的方正性是有保证的。

2. 纸箱外形有两个是圆角（见图5-5-4）

纸箱展开方正后，很多客户发现外形四个角中，只有两个角是比较直的直角，另两个却是圆角（有时也会呈多边形），这也是0201型纸箱不可避免的另一个特性。

在纸箱折叠时，①④间的夹角与②③间的夹角始终是平直的，所以纸箱拉开成型时，此两处的棱角分明，成型漂亮。

而③④夹角与①②夹角则不同，他们在纸箱折叠拍扁时，两角部的瓦楞受到强力挤压，内箱角形成了严重的起鼓褶皱（见图5-5-5）。

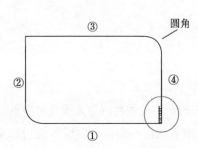

图 5-5-4　纸箱外形有两个是圆角　　　　图 5-5-5　起鼓褶皱

反映在纸箱外，此两角即成圆弧状，外形确实不够美观，但它并不影响纸箱的正常使用。圆弧半径的大小，取决于瓦楞纸板的厚度（主因），纸板的平压强度（影响较大），以及加工时压线的深度（影响较小）等。

3. 纸箱方正度

有些客户在纸箱内，需装直方体的物料或小盒等，而纸箱的外形尺寸则与集装箱匹配已不能再加大，所以将纸箱的方正度作为一项硬性考核指标（有的甚至将接舌钉边放在箱外），成型后测量纸箱的两处对角线，可测得方正度（见图5-5-6）。

理想的状态应该是$a=b$，但实际上是不太可能做到的，因为它是纸箱加工过程中存在的各种误差的积累，那么方正度误差允许值应该多少才合理呢？

由于近年来在各类纸箱标准与教材中都未见有关表述，因此常常会引起供需双方的矛盾。笔者查询《瓦楞纸箱生产许可证实施细则》[国家技术监督局（1992）253号文]，找到关于"方正度"的如下描述："综合尺寸小于等于1000mm的纸箱，顶面两对角线之差不得大于5mm；综合尺寸大于1000mm的纸箱，顶面两对角线之差不得大于8mm"，此项规定，客户也基本能接受。造成方正度超差的原因主要如下。

①在印刷机上压制四条纵向长、宽线时尺寸误差偏大（设备因素与人为因素都有可能），成型后就成了平行四边形或梯形。

②造成长宽压线不准的客观原因，目前也是纸箱厂无法克服的（见图5-5-7），因为压线的位置与瓦楞位置之间的关系是随机的，所以当压线轮在A或C位置时，压线尺寸会比较准确，但当压线位置在B处时，虽然瓦楞也可被压溃，但位置却会发生滑移。当纸板是双瓦楞时，滑移情况就更加复杂和不可预测。

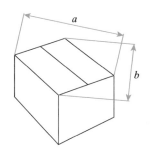

图 5-5-6　纸箱方正度的测量

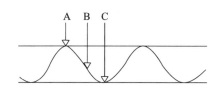

图 5-5-7　长宽压线不准

③钉合或黏合时超差，第四面的宽度应该比第二面少3mm（指AB双瓦楞），以防止当①②面及③④成平面时，第四面钉合或黏结处会露出箱边，但在钉或粘时，往往会控制不好，造成3mm尺寸过大或过小［见图5-5-8（a）、图5-5-8（b）、图5-5-8（c）、图5-5-8（d）］。

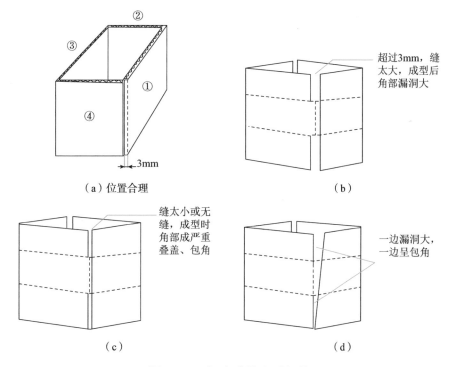

图 5-5-8　钉合或黏合时超差

当纸板强度较大或纸板较厚时，此处尺寸更不易控制，有经验的操作工，在半自动或手工粘箱机上操作时，会随时用手拍击矫正。

需要说明的是，在目前大多数的全自动粘箱机或钉箱机上，是难以解决此难题的，因此当纸箱使用高品质材料或客户对此有严格要求时，建议改用半自动或人工结合。

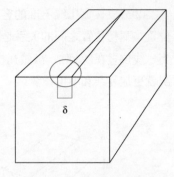

图 5-5-9 摇盖呈剪刀差

4. 摇盖呈剪刀差（见图5-5-9）

这种情况严重时，客户是有权退货的，造成此种现状的原因有两点：

①纸箱加工的方正度超差，本身就呈平行四边形或梯形；

②另一个更重要的原因是图纸设计错误所致。

在全球主要工业国的纸箱标准中，都明确规定纸箱的接舌一定要在长面上（见图5-5-1中①面），我国的纸箱标准GB/T 6543—2008附录C中也作了这样的图例规定。

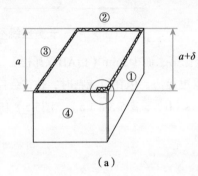

（a）

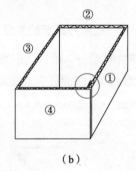

（b）

图 5-5-10 剪刀差的成因

从图5-5-10（a）可见，由于接舌的存在，第①面的外形长度比第③面大一个纸板厚度δ，这时内摇盖的合拢一定也会呈剪刀差，只是长方形纸箱内摇盖合拢时中间有很大空隙，肉眼难以发现罢了。

由于接舌在长边上，成型时纸箱的宽度尺寸是相等的，外摇盖合拢时，就不会产生图5-5-9状的剪刀差。

有人做过这样一个实验：将①面的长度预先减去了一个纸板厚度δ，以保证结合后①面与③面外尺寸相同，但此时却发现，纸箱已不能折叠拍扁成平面了。

图5-5-10（b）则相反，由于接舌在短面④上，造成②④两面的外形尺寸不一样，④面比②面要多出一个纸板厚度δ，内摇盖折叠后虽然是齐平的，但外摇盖合拢时，必定会产生如图5-5-9所示的剪刀差，剪刀差的一头密合，另一头最大宽度就是一个纸板厚度δ（见图5-5-9），此时即使采用将接舌特殊压扁等措施，也不能消除此弊端。

可以说，0201型纸箱由于接舌厚度的原因，产生剪刀差是必然的，只是这个剪刀差，是发生在内摇盖还是外摇盖的区别而已。

无论接舌在长面①还是短面④，对纸箱的使用都没有什么大的影响，只是外形不美观。

对于正方形纸箱的处理，为了避免外摇盖的剪刀差，有经验的设计员会预先人为将正方形纸箱变成有微小差别的长方形，即将长边增加δ/2，短边减少δ/2（都在国家标准GB/T 6543—

2008中5.2.3纸箱尺寸公差允许范围内），这个问题也就顺利解决了（当然此时纸箱的长宽会有方向性）。

5. 摇盖回弹大，不易封箱

当纸箱采用高材质、强度很大时，正常的透明塑胶封箱带往往会封不住而被弹起（见图5-5-11），其原因是摇盖压线处的瓦楞未被充分压溃破坏，产生的回弹力过大，解决的办法可从两方面来考虑。

图 5-5-11　**封箱带弹起**

（1）纸箱生产方可以做的事

①如果纸箱的上下两条横向高度线是在纸板流水线上加工的，那么此时瓦楞纸正处于高温热态中，压线深些是很容易做到的。

压线深度的标准一般为板厚的70%为宜（见图5-5-12），再深时纸板的面、里纸易破损（特别是当面、里纸材质较差时），而且压线部位会严重脱胶。但如果瓦楞纸的"横向环压指数"值较高时，即使压深瓦楞后，事后部分弹性仍会恢复。

②模具加工时，瓦楞纸板已处在常温下，此时纸板的平压强度值很大，建议采用凸筋压线（见图5-5-13），在模具上加装特殊压条，使压线处的瓦楞能被充分压溃。

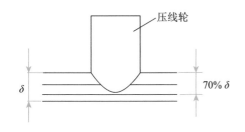

图 5-5-12　**压线深度**

图 5-5-13　**凸筋压线**

③高低压线，当纸箱模切时，采用高低压线也是一个好办法，当内、外摇盖的压线处在同一直线上时，内外摇盖的角部会重叠着紧压在一起，外摇盖角部会突起成一个小鼓包，所以角部的承受力特别大，这也是造成外摇盖回弹的主要原因之一，而模切时采用高低压线，即致内摇盖的压线低于外摇盖一个纸板厚度，可以完美地解决这一问题。

当然，采用高低压线时，纸箱的抗压强度会受到一定影响，而且增加一道模切工序后纸箱成本会上升（见第五章第4节）。

④使用专用"碰线机"压线，也可使摇盖处的瓦楞彻底压溃，效果较好，不过也是需要多一道生产工序。

（2）纸箱使用者可以采取的办法

①使用时可将四个上摇盖分别向里预折180°到底，它能较大地释放摇盖回弹的应力，封箱问题就能轻易解决，问题是封箱前需增加一名"辅助"操作工。（注：由于装物后或码垛时的重力作用，纸箱下摇盖一般不需作特殊处理）

②在自动或半自动包装机上，靠人工预折不太可能，可以改用"热熔胶封箱"替代"封箱带封箱"，前者黏结牢度是封箱带的好几倍（热熔胶封箱有手工与全自动两种），而且成本低，外形美观，防偷性强。

③改用高强黏力的牛皮纸封带，代替透明塑胶封箱带（塑料封箱带延展伸长率太大）。

6. 内摇盖受阻折不进

内摇盖受阻折不进的情况是经常会发生的，如图5-5-14所示，内摇盖向里折时受外摇盖阻挡，如用户是手工包装，一般问题不大，人工将外摇盖向外轻推一下就解决了。

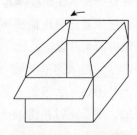

图 5-5-14　内摇盖受阻折不进

但在自动包装机上，却成了大问题，机械手立即会将摇盖强力撕裂而被迫停机，解决的办法是将纸箱的内摇盖切成斜边，位置在摇盖长度的1/3～1/2处，保留根部的一段直边，而且角上要切成圆角$R8$～$R10mm$（见图5-5-15A区）。

有些加工者会将斜边从高度压线处开始（见图5-5-15B区），此时最大的问题是纸箱成型时，内摇盖的两边与纸箱宽度内壁的支撑作用不存在了，所以封箱时极易形成很大的平行四边形，手工封箱时还需人工扶正才能封箱，因此不建议采用B区结构。

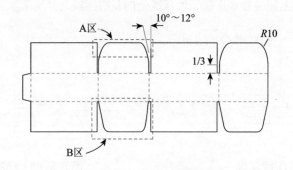

图 5-5-15　操作图示

7. 纸箱尺寸的不同测量方法

纸箱成型后尺寸的测量方法，不同的标准有不同的版本，但绝大多数的用户并不熟悉这些规定，有的甚至自己制订了一套测量办法，因此在评判尺寸是否超差、纸箱合格与否时，供需双方常常各执一词。

在GB/T 6543—2008中，规定了两种测量方法。

（1）该标准的6.2.1中规定："测量内尺寸时，应将纸箱支撑成型，相邻两夹角成90°，在搭舌上距摇盖压痕线50mm处分别量取长度和宽度，以箱底与箱顶两内摇盖间的距离量取箱高。"显然，这种方法是在箱内操作，因此无论用直尺还是卷尺都很不方便，而且测得的长、宽尺寸为内尺寸，而箱高测得的是制造展开尺寸，最后换算也很麻烦。

（2）为此该标准又规定了另一种测量方法，"也可将纸箱展开，使弯折的部分充分展平，展不平时可压上重物，用直尺测量展开尺寸"，并注明可参考GB/T 6543—2008附录C的规定，在展开尺寸、内尺寸或外尺寸之间进行互相换算。

第二种测量方法，确实比较直观，测量精度也高，可惜每次测量都需要破坏一只成品纸箱。

还有些人，干脆将空箱封好后直接测量纸箱的外尺寸，操作虽然简单，但由于测量基准的箱角，有一处呈圆角（见图5-5-4）以及接舌［见图5-5-10（a）与图5-5-10（b）］的原因，长、宽尺寸测量误差较大。

其实在很多纸箱厂内，有一种较成熟的测量方法，可以又快又准地测量纸箱的"外尺寸"；由于0201箱开槽的尺寸比较规范，在国内大多都是6mm（见图5-5-1）。

测量时用卷尺在与接舌不相邻的长、宽摇盖上直接测量（见图5-5-16），将测得的结果加上6mm，就是纸箱的长、宽外尺寸，而箱高的测量可采用封箱后测量（见图5-5-17）。

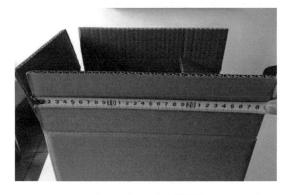

图 5-5-16　**直接测量**

图 5-5-17　**封箱后测量**

特别要小心的是，国外的纸箱的开槽宽度不一定是6mm，往往是0.25英寸，即6.35mm，而国内七层加厚纸箱或重磅纸箱的开槽刀尺寸，有时会设计得较大，这些测量要千万留意。

8. 接舌很短的扁平箱（见图5-5-18）

接舌很短的扁平箱是生产中常见的，如空调机架箱等。

当纸箱高度与宽度之比小于1/4时，纸箱的接舌部分特别短和脆弱，难以承受整个纸箱的重量与摇盖折合时的作用力，对尺寸较大的扁平箱更明显。

例如，某大扁平箱，A楞（楞宽8.0～9.5mm，接舌宽40mm），那么该接舌只有4～5条的瓦楞黏结线（黏结线的

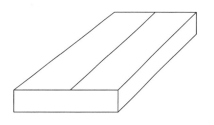

图 5-5-18　**扁平箱**

宽度一般为0.5mm，淀粉用量10g/m²左右），加之GB/T 6544—2008中的5.2.2规定，纸板黏合强度已降为400N/m（以前相关国家标准为588N/m），接舌处的受力本来就呈薄弱区域，所以当结合方式采用粘箱时，极易造成瓦楞纸板的脱胶分层、剥离。

接舌的面纸与纸箱本体的里纸结合面崩开的较多（见图4-1-3），而接舌面纸与接舌瓦楞崩开的相对较少。所以此处采用打钉结合较为妥当（纸板整体穿透），当然有时候打钉会对内装物造成伤害，而不被允许。

由于大扁平箱整体较重，成型时不会很方便，折缝处受力也不均衡，所以还常会出现槽口处撕裂现象，有经验的设计员会建议用户采用"03套合型"结构，或者面、里纸改用长纤维的进口木浆牛卡、接口处加粘加强带等。

9. 离缝与搭接

纸箱外摇盖合拢后的质量，也是供需双方的矛盾点之一，一般会有三种情况出现。

①如图5-5-19（a）所示，两摇盖正好密闭（理想状态）；

②如图5-5-19（b）所示，两摇盖间有缝，俗称"离缝"；

③如图5-5-19（c）所示，两摇盖上下重叠，俗称"搭接"或"叠盖"。

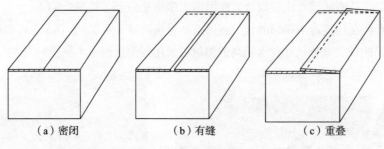

| （a）密闭 | （b）有缝 | （c）重叠 |

图 5-5-19　**纸箱**

在实际生产中，两摇盖正好密闭的概率并不高。

无论"离缝"或者"搭接"，都有一个操作检验标准，即《瓦楞纸箱生产许可证实施细则》［国家技术监督局（1992）253号文］在"摇盖合拢"栏目中规定"外摇盖的离缝与搭接不大于3mm"。

只要在此误差值范围内，手工包装都没有问题，但在自动包装线上，出现两摇盖上下重叠是不允许的，互相重叠的摇盖会影响粘封箱带，而且会造成纸箱上下面码垛时凸起不平。

世界很多著名企业的包装箱，不少都采用"离缝"5～10mm，当纸箱越硬则离缝越大，它除适宜自动包装外，还方便终端用户用锐器开箱时可直视、不易捅到内装物上。如内装物呈热态，还有利于散热（热熔胶封箱）。

10. 摇盖耐折度

在冬季或比较干燥的地区，摇盖耐折度的矛盾较突出，由于环境中的相对湿度低，纸板的含水率下降，脆性增加，韧性不足，摇盖折合时，压线处未被彻底压扁、压溃的瓦楞纸会将面纸或里纸撑破，随之造成爆线或断裂。

使用方法与质量评判的标准，在GB/T 6543—2008的5.3.7和6.2.2中有明确的表述："瓦楞纸箱摇盖经先合后开180°，往复5次……面层不得有裂缝，里层裂缝长总和不大于70mm。"但使用方往往不了解这些规定，有的将摇盖直接往外折，有的里层也不允许有丝毫裂缝等。因此，当客户所用面、里纸材质较差或纸板较硬时，纸箱销售人员有义务事先向用户说清楚这些规定和可能的后果，必要时应在合同中注明。

提高纸箱摇盖的耐折度，纸箱厂是可以有所作为的。

（1）提高压线质量，纸箱高度横向线一定要尽量压深、压透，还可使纸箱正面的"压痕线"尽量宽一些（注：压痕线即"单对双"压线的双线），只要不大于国家标准规定的最大17mm即可，或将常用的"单对双"压线改用模切凸筋压线。而当纵向长宽压线的面、里纸质量较差，压深纸板会破裂时，可尝试在压线轮口缠一层胶布后再压，也可采用预压轮先压垮瓦楞后再压线。

（2）适当提高纸箱的含水率，相关标准规定的含水率为12%±4%，因此这里有较大的调整空间（当然也不宜过大，因为每当纸箱含水率提高1%，空箱抗压强度将下降8%左右），比如在流水线上可降低预热烘缸温度，调整纸张在烘缸上的包角、减少接触面积，降低热板部位的蒸汽压力或减少瓦楞纸板在热板上的滞留时间等措施，在一些正规企业的流水线上或车间里，还装有喷雾增湿装置，以解决干燥天气纸板含水率过低的问题。

（3）还有一种比较特殊的情况，即在加工重型双瓦楞纸箱时，为了提高抗压强度，人们往往会在粗瓦楞上（例如AB楞中的A楞）使用高定量的AAA级瓦楞原纸，甚至采用两张瓦楞纸复合，由于粗瓦楞的平压强度远高于细瓦楞，压线时粗、细瓦楞的压溃程度严重不一，极易造成里纸的破损，此时只能用增加里纸的定量与等级来解决（长纤维交织的进口全木浆牛皮纸最佳）。

（4）减少纸板在仓储与运输时的水分流失（如加缠绕膜阻隔空气等）。

（5）事后补救时，可以在压线部位用抹布擦水（注：1～2天后才能见效）。

（6）改用碰线机压线。

（7）个别用户不会按"先里后外"程序折摇盖的，那纸箱厂只能自己先预折后再送货（提高售价）。

11. 改用加强型接舌

有的纸箱不允许打钉结合（如需环氧乙烷灭菌的一次性医用器械，不用内包装的纺织品等），这时靠两张纸的黏合强度往往不够，当内装物往外胀的力大于纸板黏合力时，纸箱接舌处就会崩开，简单的处理办法是采用加强型接舌（见图5-5-20），由于加强部分搭接的受力方向与纸箱外胀力的方向，正好相反，所以使用效果良好。

图 5-5-20　加强型接舌

它的缺点是：摇盖折叠后，在搭接的部位往往上鼓起一个小包，但它对使用没影响。另一个办法是在纸箱外加粘一层水性夹线强力胶带（西方国家的企业较常用）（见图3-2-4）。

12. 纸箱四角的漏洞与包角（见图5-5-21）

纸箱成型后，四角会产生漏洞［见图5-5-21（a）］和包角［见图5-5-21（b）］，它们的大小取决于纸箱开槽时，在压痕线上所处的位置，理想的状态是槽底位置正好落在压痕线的$b/2$处（图5-5-22）。

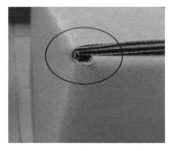

（a）四角产生漏洞　　　　　（b）包角　　　　　（c）箱角撕裂口超标

图 5-5-21　纸箱四角的漏洞与包角

171

模切加工时，切刀一般会设计成圆头刀（图5-5-22A处），而在印刷开槽机或联动机上加工时，常规呈方头刀（图5-5-22B处）。

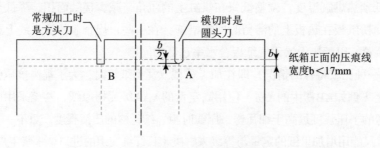

图 5-5-22　切刀位置

当槽底位置大于$b/2$时（开深），漏洞就会过大，当槽底位置小于$b/2$时，包角会严重。

在常规生产时，即使用进口高档设备加工，开槽刀的上下跑位也会在1～2mm，因此造成漏洞、包角不雅的现象是大概率事件（除非使用模切加工）。

在《瓦楞纸箱产品生产许可证实施细则》［国家技术监督局（1992）253号文］中，对漏洞、包角有如下规定："成箱后箱角漏洞直径不大于5mm，不允许有明显包角"，由于此处"包角"的大小，只说"明显"而并未量化，因此评判时常会引起供需双方的歧义。不同用户对漏洞与包角的需求各异，有些内装小颗粒物料的纸箱，就只允许有包角而严禁漏洞。

当有些纸箱的面纸质量较差时，包角过大就极易造成箱角撕裂口超标［见图5-5-21（c）］，这时客户往往会要求纸箱加大漏洞而不允许有包角。

需要说明的是，关于撕裂口的大小，国家标准也是有明确验收规定的，在GB/T 6543—2008的5.3.5中规定："切断口表面裂损宽度不大于8mm"，而在SN/T 0262—1993"表4"中则要求："裁刀切口里、面纸裂损距边不超过8mm或长度不超过12mm。"从生产实践情况来看：

①"方头刀"比"圆头刀"裂损大；

②切刀不锋利时，裂损大；

③高材质、高硬度纸箱比普通纸箱裂损大；

④纸箱含水率过低时，裂损大。

本节讨论的内容大多是边边角角的小问题，而且只有在终端实际使用时，才会发生和发现，都并不是理论问题。一般难以受到包装专家们的重视，在他们的大多数著作中，也难觅踪迹，但就是这些小问题，却一直困扰着纸箱生产厂与纸箱使用者，在他们那里成了"大问题"。

以上仅是一家之言，希望本节能引起基层生产人员的关注，也欢迎大家一起来参与讨论。

第6节　真空吸盘提升纸箱的自动码垛

纸箱堆垛是产品包装的最后环节，也是物流链的开端。

长期以来，在国内纸箱堆垛主要靠人工进行，随着"人口红利"的消失，产能产量的扩大，特别是有些有毒有害化工品或粉尘类产品的包装工位，戴着防毒面具码垛的情况已越来少，很多工厂纷纷将"人工包装"升级为"自动线包装"，其末端往往有真空自动提升的工序，它可完成包装箱抓取、搬运、平移、升降等三维空间的一系列移载动作，并把包装件快速、准确地放置在预先设定的位置（如托盘）。

瓦楞纸板的表面，粗看很平整，但实际上它有很多空隙，当真空吸盘提升时，压缩空气会从空隙中泄漏，不能满足必要的吸附力，造成提升失败。

真空吸盘提升码垛技术的研究，目的是建立提升运行系统，确定提升时所需吸附力，建立透气度、真空度、时间模型。

如果纸箱毛质量额定时，那么已知真空泵抽速即所能达到的最大真空度，就可确定纸箱的最大透气度，反之，已知纸箱透气度，就可以确定所需要的最小真空度。

1. 真空吸盘提升系统的建立及所需吸附力的确定

（1）包装箱的搬运与堆垛运动顺序

目前主流的机器人搬运顺序（见图5-6-1）：在初始位置，z 轴下降至最小高度 h，接触到纸箱，用时 t_1；等待真空度检测信号，确保吸盘吸牢纸箱，用时 t_2；在工作台上方，需要先提升至最高点 H，z 轴上升 $(H-h)$，加速度为 a 上升，用时 t_3；吸盘与被吸持物体作为整体做旋转运动，旋转角度为 ϕ，旋转半径为 r，重力加速度为 g，吸持时间为 t_4；到达放置点，释放纸箱，用时 t_5，回到原始位置继续下一次循环。

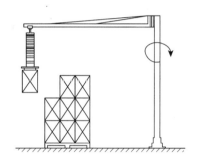

图 5-6-1　纸箱搬运堆码操作流程

（2）提升运行系统的建立及所需吸附力的确定

真空吸盘产生的压力与提升旋转系统无直接关系，只需满足 $W_{真空} \geq W_{所需}$，所以搬运提升旋转系统，可以简化为平动系统。

即只考虑提升时的加速度和水平运动时的加速度。

根据目前主流的运行程序，确定提升运行过程（见图5-6-2和图5-6-3）。

（1）z 轴下降，接触到纸箱，用时 $t_1=200$ms。

（2）等待真空度检测信号，确保吸盘吸牢纸箱，用时 t_2。

（3）z 轴需要先提升至最高点，z 轴上升250mm，加速度为3m/s²，用时 $t_3=2000$ms，停留 $t_3'=5000$ms。

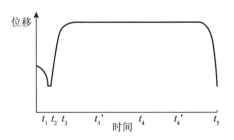

图 5-6-2　系统运行时间 – 位移曲线

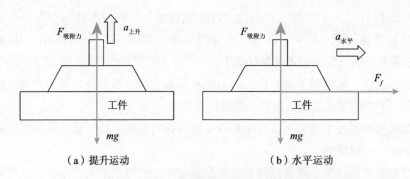

图 5-6-3　提升运动和水平运动时的受力分析

（4）水平运动1400mm，加速度为3m/s²，用时t_4=2000ms，停留t_4'=5000ms。

（5）下降，吸盘释放纸箱，用时t_5=200ms。

提升运动时：

$$W_{1所需} - mg = ma_{上升}$$

$$W_{1所需} = m(g + a_{上升})$$

水平运动时，吸盘与纸箱发生滑动摩擦的临界状态：

$$F_{静} = ma_{水平}$$

$$(W_{2所需} - mg)\mu = ma_{水平}$$

$$W_{2所需} = m(g + a_{水平}/\mu)$$

式中：μ为摩擦因数，取0.6；确定最终吸盘所需的吸附力时，需考虑安全系数b，一般取2～3，以确保真空吸附力能满足运行时所需的吸附力，此处b=2。$W_{2所需}$大于$W_{1所需}$，得到$W_{所需}$=$2W_{2所需}$。

2. 真空度–透气度–时间模型建立

真空系统就是抽除容器中的各种气体，可以把被抽容器中所产生的各种气体的流量称为真空系统的气体负荷。当真空泵启动之后，真空系统即对被抽容器抽气。根据动态平衡，可得真空系统抽气方程，见式（5-5）。

$$p_S = -V\mathrm{d}p/\mathrm{d}t + Q \tag{5-5}$$

式中：V为被抽容器的容积；p为容器中的压力；Q为容器内气流量，包括放气流量Q_f、渗透气流量Q_s、蒸发的气流量Q_z和漏气流量Q_l；p_S为真空系统将容器内气体抽出的气流量，故可进一步得到式（5-6）。

$$p_S = -V\mathrm{d}p/\mathrm{d}t + Q_f + Q_s + Q_z + Q_l \tag{5-6}$$

对于一个设计、加工制造良好的真空系统，抽气方程（5-6）中的放气Q_f、渗气Q_s、蒸汽Q_z和漏气Q_l的气流量都是微小的。对于纸箱、纸板等具有一定透气度的材料，气体渗透泄漏量较大，不能忽略，所以在计算抽气量时需要考虑纸板的渗透泄漏量。

纸板的透气度D是指在规定的条件下，在单位时间和单位压力差情况下，单位面积的纸或纸板所通过的平均空气量。纸板透气的泄漏量Q为：

$$Q = pAD\Delta p \tag{5-7}$$

式中：p 为真空系统内的压强；A 为吸盘有效面积；D 为纸板的透气度；Δp 为真空系统的内外压差。

将式（5-7）代入式（5-5）中得到：

$$p_S = -V dp/dt + pAD\Delta p \tag{5-8}$$

压强由大气压 p_0 变为 p，t 为达到 p 的时间，即为抽真空时间。代入式（5-8）得：

$$p_S = -V dp/dt + pAD(p_0-p) \tag{5-9}$$
$$V dp/dt = p[(p_0-p)AD-S] \tag{5-10}$$

$$\frac{dp}{p[(p_0-p)]AD-s} = \frac{dt}{v} \tag{5-11}$$

$$\ln\left[\frac{p}{(p-p_0)AD+S} - \frac{s}{p_0}\right] = \frac{p_0AD-S}{v}t \tag{5-12}$$

式中：t 为抽真空所需要的时间，s；D 为纸板透气度，m/（Pa·s）；V 为真空容积，m³；A 为真空吸盘有效面积，m²；S 为真空泵抽速，m³/s；p 为真空吸盘内最终达到平衡的压强，Pa；p_0 为标准大气压，Pa。

其中 p，D，t 未知，由于抽真空的时间太小，一般为0.2s左右，难以检测，所以需要对时间 t 做进一步安全系数处理，即在理想情况下，不考虑纸板透气度，真空系统的气体负荷主要是容器内原有的空间大气，得到抽气方程：

$$pS = -V dp/dt \tag{5-13}$$

压强由大气压 p_0 变为提升所需的最低压强 p_1 时，抽真空时间 t_0 为：

$$t_0 = \frac{V}{S}\ln\frac{p_0}{p_1} \tag{5-14}$$

由于纸板具有透气度，存在一定的泄漏量，所以达到平衡压强时的时间会延长，加入安全系数 b，得到抽真空时间 t：

$$t = b\frac{V}{S}\ln\frac{p_0}{p_1} \tag{5-15}$$

将 t 代入式（5-12）中得到最终的真空度–透气度数学模型方程：

$$\ln\left[\frac{p}{(p-p_0)AD+S} - \frac{s}{p_0}\right] = \frac{p_0AD-S}{v}b\ln\frac{p_0}{p_{所需}} \tag{5-16}$$

式中：D 为纸板透气度，m/（Pa·s）；A 为真空吸盘有效面积，m²；S 为真空泵抽速，m³/s；b 为安全系数；p_0 为大气压强，Pa；$p_{所需}$ 为提升所需要的压强，Pa；p 为真空吸盘内最终达到平衡的压强，Pa。

其中，吸盘的有效面积一般为最大尺寸的80%，真空度一般取最大值的90%，安全系数一般取2～3，以确保真空吸附力能满足运行时所需的吸附力。

需要说明的是，真空吸附时瓦楞纸板面纸的品种不同，会造成真空保压效果差异很大，国产纸一般纤维短、填充料多、紧度大、高压气体泄漏少，而高档进口纸则正好相反（如美卡）。

3. 实际应用

已知真空泵抽速及所能达到的最大真空度，根据式（5-16）可以得到所能吸附的最大透气度的纸箱；已知所吸附的纸箱透气度，根据式（5-16）可以得到吸附该纸箱所需要的最小真空度。

按照上述计算公式和实践验证可得：化工厂常用的25kg装粉料纸箱，如采用最常见的吸盘与真空泵，提升时间为7s，单箱毛质量小于30kg，则纸箱的透气度应保证小于3.5μm/（Pa·s）。

目前笔者单位研制开发了一种"防透气涂布瓦楞纸箱"的新技术——在纸箱表面涂布一层防透气涂料，使纸箱外表面形成一层阻隔膜，改变纸板透气性，效果显著，成本低廉，具有很好的推广价值。

涂布原理是整卷原纸的表面，定量涂上特种防透气涂料，经过可调压力滚轮挤压，高温烘干，涂料中的有效成分被纸张表面吸收，在纸张的浅表层形成了一个新的物质层，涂料中的水分则在烘干时蒸发。原纸表面的涂层厚度可控、精确、均匀，与原纸结合牢固，可有效改变原纸表面的物理与化学性能。

目前，经过涂布处理的真空提升纸箱已大量应用在国内各类自动包装线上，还源源不断地出口发达国家（见图3-2-3九箱提升和图5-6-4单箱提升）。

图 5-6-4　单箱提升

4. 结语

该款新产品与传统人工操作相比，具有显著优势，实现自动无人化生产、保障操作者安全、提高生产效率、节省劳动力、降低包装成本等方面都有积极作用，被越来越多的客户所认可和使用。

第7节　热态内装物对纸箱抗压强度的影响

近几年，我国包装用纸量持续增长，至2020年达6972万吨。

不同行业的特殊内装物，以及某些恶劣的存储运输环境，对瓦楞纸箱强度的要求越来越高。

全国有300余家化工染料厂是达成包装的客户，其中不少客户反映纸箱易变形，强度不够。

调研发现：大部分染料的最后一道工序是高温烘干，生产线降温环节的局限性，导致染料装箱时仍为高温。封箱堆码后降至室温的过程中，纸箱发生变形，进而影响了纸箱的强度。为进一步了解引起纸箱抗压强度变化的原因，结合理论与实验分析热态染料对纸箱抗压强度的影响。

1. 理论基础

热态染料先装入PE塑料袋，封口后再装箱，理论设想对纸箱抗压强度的影响主要因素，是空气温度变化引起含水率的变化和空气的热膨胀。

（1）空气中水分的影响

空气中饱和水蒸气的含水量随着温度的升高而增大，含水量可依据克拉伯龙方程推导出的式（5-5）求得。

当空气中绝对含水量不变时，温度升高，相对湿度下降；温度下降，相对湿度升高。

即箱内高温的空气所能容纳的水分较多，温度下降，则多余的水分就会析出被纸箱吸收，导致纸箱变软，抗压强度即发生变化。

$$m = \frac{p_b}{760} \times \frac{1000}{22.4} \times \frac{273}{T} \times 18 \tag{5-17}$$

式中：m指不同温度下水蒸气饱和时，每立方米气体的含水量，g；p_b指不同温度下水的饱和蒸气压，mmHg（1mmHg=133.322Pa）；T为热力学温度，K。

（2）空气的热膨胀

热态染料装入PE塑料袋并马上封口的过程会带入部分空气。袋中的空气受高温染料的影响，发生热膨胀，空气体积的变化可依据克拉伯龙方程（5-18）求得。

塑料袋的透气性很小，导致塑料袋体积变大，对匹配25kg染料的瓦楞纸箱内壁有挤压作用，因此，出现客户反映的鼓肚现象，导致纸箱的瓦楞发生微变形，影响纸箱的强度。

$$pV = nRT \tag{5-18}$$

式中：p为压强，Pa；V为气体体积，L；n为物质的量，mol；T为热力学温度，K；R为气体常数，约为8.31J/（mol·K）。

2.实验方案

（1）采样

以某公司的活性染料为研究对象，实验的初始温度为60℃。实验中采用的箱型、尺寸、纸质均为大多数染料纸箱的标准配材，箱型为0201，尺寸为370mm×280mm×450mm，配材为250g/m²+180g/m²+200g/m²+（120g/m²+120g/m²）+230g/m²的六层复合纸箱，活性染料装在塑料袋内，见图5-7-1。

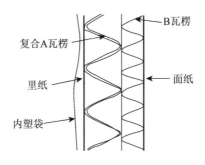

图5-7-1　六层复合纸板

（2）设备

实验设备主要有：恒温恒湿箱；烘箱；MRC-1000精密滚式定量涂布机；QD-3001微电脑程控抗压强度试验仪；电子秤；手持式红外测温仪；精度为0.2℃的水银测温计；纸箱表面含水率测试仪等。

（3）方法

实验包括：

①常温与恒温恒湿纸箱的对比（后者在相对湿度50%、温度23℃环境中须保持24h），共设15组；

②普通纸箱与防水纸箱（防水层设在纸箱内表面）的对比，共设3组；

③为使实验数据更具说服力，每组实验都设对比纸箱。

内层进行过防水涂布工艺处理的纸箱，能够有效防止箱内水分变化对纸箱强度的影响。

防水涂料选择美国MICHELMAN公司的X300，通过精密滚式"定量涂布机"，按18g/m²的涂布量，均匀地涂覆在原纸上，生产成实验所需的防水六层复合纸箱。

实验箱：装入25kg温度为60℃染料的防水纸箱；对比纸箱与实验箱处于相同的环境，无特殊处理、无内装物的纸箱。

（4）测试指标

①通过测量实验前后纸箱质量、含水率的变化，来量化热装物引起箱内水分的变化。

②纸箱抗压强度，主要指纸箱在压力机匀速施加载荷直至压溃时的最大载荷，是评定染料纸箱质量优劣的重要指标之一。

纸箱抗压强度主要依据标准是ISO 12048：1994或ASTM D 6422000—2010或GB/T 4857.4—2008《运输包装件基本试验第四部分：采用压力试验机进行的抗压和堆码试验方法》进行测试。

3. 结果讨论

（1）对纸箱质量的影响

①理论分析

高温的染料直接装箱，会导致箱内局部空气的温度升高，箱内的相对湿度低于箱外，见图5-7-2，相对湿度的梯度差，导致箱外的高湿度向箱内低湿度渗透，导致了纸箱质量增大（箱内含水率变大）。

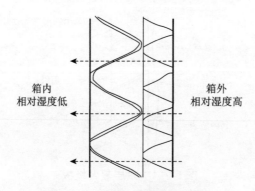

图 5-7-2　箱内外的相对湿度

②实验结果

18组实验现象均与理论分析不符，即实验箱的质量不但没有增加，反而降低。

由图5-7-3（a）可知，常规环境的对比试验中，实验箱的质量平均降低10.93g，对比纸箱平均降低7.17g。

由图5-7-3（b）可知，在相对湿度为50%，温度为23℃的恒温恒湿室的对比试验中，实验箱的质量平均降低6.2g，对比纸箱的质量平均降低1.5g，说明装有热态染料纸箱的质量有减小的趋势。

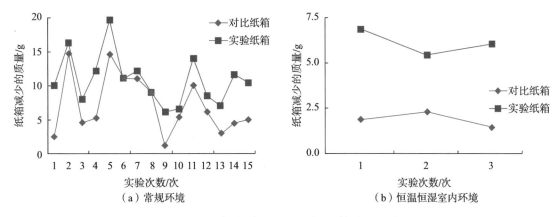

图 5-7-3　常规环境和恒温室内纸箱的质量变化

同时，通过水分测试仪对实验前后纸箱的平均含水率进行测定，结果见图5-7-4，实验箱的含水率平均较对比纸箱低4.97%。主要是因为箱内外温度差，引起箱内热空气向箱外低温区域渗透（见图5-7-5），同时带走了纸板中少量的水分。

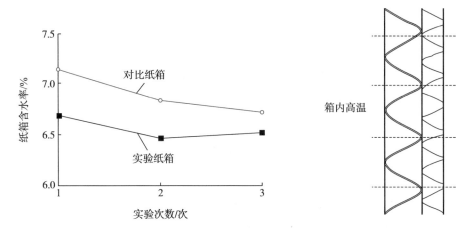

图 5-7-4　恒温恒湿室内纸箱的含水率　　　　图 5-7-5　箱内外的温度

结合理论分析与实验现象可以发现：纸箱内外温度差"带走"的水分比相对湿度梯度差"带来"的水分多，导致实验箱的含水率较对比纸箱低，质量没有增加反而减少。常规环境与恒温恒湿环境的对比实验发现，环境中温湿度的变化对纸箱含水率的影响也很明显。

（2）对纸箱强度的影响

①纸板边压强度

将恒温恒湿室中实验箱，与对比纸箱的边压强度进行对比见图 5-7-6，可见 2/3 的实验箱边压强度低于对比纸箱，实验箱纸板的边压强度平均比对比纸箱低 1.53%。3 组实验箱的含水率均低于对比纸箱，其中 2 组实验箱纸板的边压强度低于对比纸箱，说明了热态内装物会影响纸箱的强度。

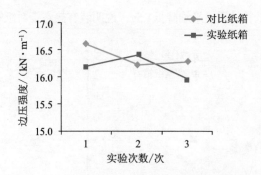

图 5-7-6 恒温恒湿室中的边压强度对比

②空箱抗压强度

由图5-7-7可知，同一组实验箱与空箱抗压强度的对比，平均相对误差在5.5%左右。但是2组的对比实验中，均有2/3的实验箱强度低于对比纸箱强度。

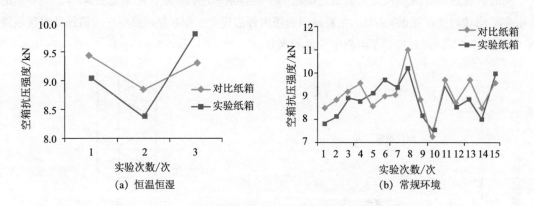

图 5-7-7 恒温恒湿和常温环境中纸箱的强度变化

分析原因主要有：热态25kg染料的塑料袋的鼓胀对纸箱的挤压；实验箱的摇盖开孔（便于测量内部染料温度）；实验过程中对实验箱的人工封箱、搬运等原因。

整个实验时间跨度为3个月，温湿度波动较大，导致纸箱间的强度差异较大，说明环境温湿度对纸箱强度的影响也很显著。

（3）防水处理效果分析

①防水处理对原纸的影响

将防水涂料处理的原纸与同型号的普通原纸，按GB/T 10739—2002《纸、纸板和纸浆试样处理和试验的标准大气条件》中的规定处理24h后进行强度对比。

结果见图5-7-8，可见涂布防水原纸的环压强度、耐破强度分别比普通原纸提高了4.5%和2.6%，说明防水处理对增强纸箱抗压

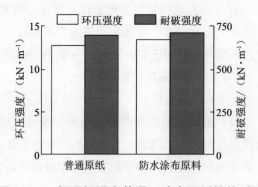

图 5-7-8 **恒温恒湿室普通、防水原纸性能对比**

强度具有显著作用。

②防水处理对纸箱的影响

由图5-7-9可以发现，防水处理后，装热态染料的纸箱强度平均比防水对比纸箱强度高20.75%，主要原因有：防水涂料经过高温挤压嵌入原纸的浅表层，形成了新的物质层，使纸的纤维间更加密实，有效地提高了纸箱的强度。防水涂料能有效防止温差引起的湿度梯度渗透，只有温度梯度引起的"烘干"，导致了实验箱的强度均高于对比纸箱。

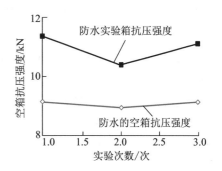

图 5-7-9 恒温恒湿室防水纸箱抗压强度对比实验

分析图5-7-7（a）和图5-7-8中的实验箱，发现防水处理后实验箱的抗压强度较普通实验箱平均提高了17.56%，说明防水处理能够增强纸箱的强度，进而解决因热态物引起的强度问题。

4. 结语

普通纸箱的实验发现：实验箱的平均强度较对比纸箱有5.5%的下降；纸箱的质量、含水率稍有减少，质量平均减少6.2g。此外，环境温湿度的变化对纸箱抗压强度也有影响。

在理论分析的基础上，提出了通过防水纸箱，来解决装热态物后纸箱强度下降的问题，装热态染料的防水纸箱，强度比普通纸箱高17.56%，说明防水涂料涂布的纸箱，能够有效地抵消热装物对纸箱强度的影响。防水涂布技术的成本只需花费0.1~0.4元/m^2。

提出的改善措施主要有：

①纸箱内层涂布防水涂料；

④纸箱非承重部位开散热孔，加快降温。

第8节 不同瓦楞楞型对纸箱抗压强度的影响

常用瓦楞纸板的楞型有很多，如：单瓦楞有A、B、C、E等，双瓦楞有AB、BC、BE等。三瓦楞有ABC、AAA等。

它们有的缓冲性、适印性好，有的刚性、强度高，设计员在选择具体楞型时，会视纸箱内装物的形态重量、箱型结构、运输方式、存储时间、包装成本等诸因素来综合考量。

例如，有家著名的润滑油生产企业，他们的重载荷纸箱，由于摇盖回弹大、封箱困难等原因，所以将一惯使用的纸箱由BC楞改成BE楞，而用材、基础加工条件、抗压强度指标值等维持不变。结果是，所有供应商所送的纸箱，在入仓前，检测空箱抗压强度指标时，全部不达标。为此，客户迫切希望供应商能诠释"楞型与抗压"之间的机理和关系。

经寻找大量论文、专著等资料后，只发现一些零星数据，罕见这方面的研究成果，无法满足客户的需求，只能自己动手去进行实验和论证，我们具体的做法方案如下。

1. 纸箱尺寸与材质

纸箱的制造尺寸：长×宽×高为437mm×236mm×302mm（该润滑油厂的主打产品）。

楞型设置：单瓦楞（A楞、B楞、C楞、E楞），共四款（每款10件）。双瓦楞（AB楞、BC楞、BE楞），共三款（每款10件）。

材质定量：单瓦楞为200g/m²+120g/m²+200g/m²，双瓦楞为200g/m²+120g/m²+120g/m²+120g/m²+200g/m²。

2. 抗压强度值的测定结果

抗压强度值，是反映纸箱内在强度质量及安全性的综合指标，又俗称"空箱抗压强度"。

我们将7款不同楞型的瓦楞纸箱，按国家标准规定，放入温度23℃、相对湿度50%的恒温恒湿试验箱中24小时，然后迅速测量它们所受的压力峰值及变形量，并自动记录下这些数据。

如图5-9-1所示，单瓦楞纸箱（A楞、C楞、B楞、E楞），它们各款的平均抗压强度值，分别为2784N，2421N，2067N，1417N。

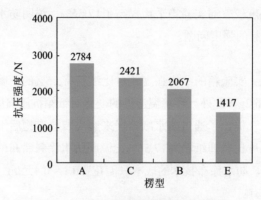

图 5-9-1　单瓦楞纸箱的抗压强度

结论：

抗压强度值A楞大于C楞大于B楞大于E楞；

A楞的抗压强度值是C楞的1.15倍，是B楞的1.35倍，是E楞的1.96倍；再如图5-9-2所示，双瓦楞纸箱（AB楞、BC楞、BE楞）的平均抗压强度值，分别为5288N，5024N，3921N。

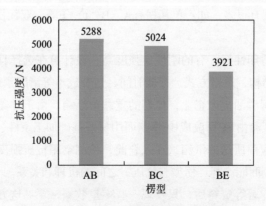

图 5-9-2　双瓦楞纸箱的抗压强度

结论：

抗压强度值AB楞大于BC楞大于BE楞；

AB楞和BC楞的抗压强度相差不大，但AB楞却是BE楞的1.35倍，BE楞的抗压强度下降显著。

3. 楞型与成本的比较

表5-9-1说明的是，在配材、尺寸、箱型、加工等因素相同的情况下，各种楞型的抗压强度值与成本之间的关系。

表5-9-1　瓦楞纸箱不同楞型抗压强度、成本之间的关系

对比项目	C和A楞相比	B和C楞相比	E和B楞相比	BC和AB楞相比	BE和BC楞相比
平均抗压强度下降百分比	13%	14.60%	31.40%	5%	21.90%
价格下降百分比	0.87%	0.58%	0.88%	0.41%	1.23%

由此可见，在实际生产过程中，对于单瓦楞纸箱，如注重抗压强度，应优选A或C楞，因为瓦楞越高而宽，其缓冲性能佳、抗压强度好，如果考虑其印刷适性以及经济性，优选B或C楞（E楞一般不单独应用于运输包装）。

而对双瓦楞纸箱而言，如苛求抗压强度时，应优选AB或BC楞，而E楞与其他楞型的组合，不应考虑其中。

4. 结束语

俗话说"立木顶千斤"，如果用筷子来顶千斤，结果是可想而知的，原因是它们的粗细不同。

同样道理，将粗瓦楞和细瓦楞来比较，它们的承重能力也完全不一样，国内在这方面研究甚少，而在国外，却已将它们写进了相关标准，在欧盟DIN 55468—1（2004年版）标准中，强调的两点，是很有道理的。

①单瓦楞B楞纸板物理指标，应比C楞、A楞低10%。

②E楞及组合，不适宜用作常规的物理性能测试。

当然，在研究楞型与抗压强度关系时，还会涉及纸箱其他的一些物理性能。

如细瓦楞的边压强度，由于楞型低而密，单位长度中瓦楞个数多，所以它的边压强度值却不降反升。

又如，不同楞型的耐破强度值则相差无几，因为它主要取决于面纸和里纸（双瓦楞还含中纸）的耐破强度值之和，与瓦楞芯纸的质量等级、楞型大小的关系并不大。

综合前面所叙，当必须确保纸箱抗压强度的前提下，只因摇盖回弹而将BC楞（较粗瓦楞）改为BE楞（细瓦楞），那大可不必，因为解决摇盖回弹的方法有很多（详见第五章第5节）。

第六章 生产管理与员工培训

第1节 纸箱附件模切的经济性

对一些脆值较小的电子产品，过去较多采用发泡塑料、海绵等作为纸箱内的缓冲件，但由于严重的环境污染问题，迫使人们将目光转向了瓦楞纸板，其优点是显而易见的：除了加工容易、折叠方便，而且纸质缓冲件大多数都可以展开后储运，降低了物流成本，废弃后的纸质附件还是宝贵的再生资源。

国家标准GB/T 6543—2008《运输包装用单瓦楞纸箱和双瓦楞纸箱》的"附录B"中，收录了国际标准箱型"09"系列的45种常用附件图谱。美国的《现代包装百科全书》（*Modern Packaging Encyclopedia*）中，则列出了60种缓冲附件，但生产实际中遇到的形形色色的缓冲件，则是上述图谱的几倍、几十倍，而且结构越来越巧妙，形状越来越复杂，早已突破了"一块垫板，二件插片"的简单模式。

笔者曾接触一家世界著名的汽车零部件制造商（RLY），在一款普通的0201型纸箱里，整套附件竟由96个奇形怪状的组件构成，其附件的总价是纸箱价格的20多倍，成了"附件为主，纸箱为辅"，彻底颠覆了人们对附件的传统认识。在试制中发现，这96个缓冲组件，如果采用不同的模切加工方式，其成本差别竟达三倍以上。

大多数的缓冲附件都需要经过模切加工才能成型。

现在具有一定规模的纸箱厂的模切机，都具有尺寸规格大、加工速度快、自动化程度高等特点，只要选择科学、合理、经济的模切方案，就可以大大减轻工人的劳动强度、缩短生产周期、降低加工损耗、减少周转工序和管理环节，就能以最低的生产成本来争取更多的客源。

在现实生产实践中，人们往往将一套纸箱中的N个附件开了N套模，它和经"组合排列"后将不同组件拼接在一套模上相比，前者虽然比较省事，也不需要费神动脑，但模切的成本则远大于后者。

它们之间对成本的影响因素有哪些呢？

由于各厂的设备、管理、人力成本、核价方法等差异较大，事实上难以找到一个精确的标准答案，现以达成集团的计价办法作如下量化。

（1）上模费。每多上一次模，其模具调试费用（压力、尺寸、位置、切断率等）就会增加一次，一般收费约为150元/模（中型模切机）。

（2）流水线纸板损耗。上多套模时，所用的纸板尺寸、门幅一般都是不同的，纸板流水线须不断地停机、换纸，跑板的损耗一般应≥6%（含修边）。

（3）纸板不配套数。不同尺寸的纸板，在高速流水线上跑板时会产生不配套数量，其损失应大于3%，例如某套附件有三个组件，订单数量为1000套，允许±0.5%，而流水线跑板时数量是很难精确控制的，假设A组件生产了1005片，B组件生产了1052片，C组件生产了1023片，那么B、C组件中凡大于1005片的原则上都成了废品。

（4）模切废边。模切时，纸板实际尺寸应比模切最大尺寸四周大出5～10mm的压边位置，（自动模切机的叼口为15mm），它们切后都成了废料（见图6-1-4），而经"组合排列"后的组件在拼成一副模时，各组件之间的连接都是"0"距离的。因此，按照经验一般可以大致设定，每多开一套模，压边废料的损失约须增加2%或以上（见图6-1-5），而且模具面积越小，其损耗浪费越大。

（5）模切机停工损失。每换一次模，平均停车时间为20分钟以上（带自动上模装置），操作工3名（含辅助工），人工费用合计为20元/次，机床折旧、效率的损失费用约为100元/次（视模切机品牌不同而有异），因此，每次换模停机损失的总费用约为120元/次。

（6）试模纸板的损耗。上完一次模后，需要用正规纸板试模，由于高端的BOBST机上有"记忆识别功能"与"自动纠偏功能"，只需经过4～5张纸板，上机试切后就能正常工作，但其他品牌的模切机或手动模切机的试模损耗则要更大些，加上其他原因造成的试模废品，按经验每换一次模，试模损耗的纸板平均约为10张。

（7）模切时的不配套性。试模时纸板的损耗差异较大，模切过程中，还会出现各种各样的废品（如纸板弯翘、缺材等），用二套或以上模具加工时，最终的合格成品数量一定会有多有少，按以往生产实践，可以假设其不配套的浪费数应大于2%；而且，当模具数量越多，不配套的浪费数也会成倍增加。

（8）增加模具数量后的管理成本。每增加一套模具，从设计、购模、纸板的管理、程序的周转、仓储、厂内运输等费用都会大大增加，暂设为150元/套。

笔者曾承接过某世界500强电子厂（NJK）的一套纸箱，图6-1-1到图6-1-4内设的附件共由四种款式11个组件构成，每款数量各异，一套中包含四套组件。

A，6件/套；B，2件/套；C，1件/套；D，2件/套。

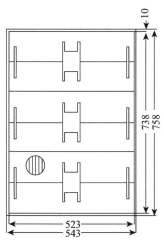

图 6-1-1　款式 A

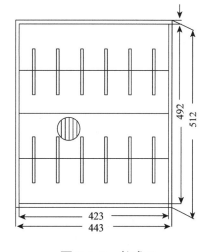

图 6-1-2　款式 B

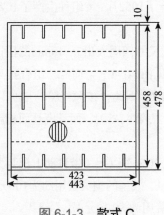

图 6-1-3　款式 C

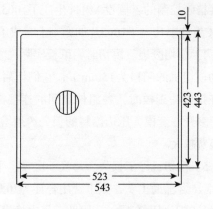

图 6-1-4　款式 D

材质为常见普通BC双瓦楞，假设纸板单价为3.00元/m²，订单量以1000套计，模切费为每次0.3元/模（含外购模坯+弹条+人工等）。

一开始对方要求完全按外方提供的标准图纸报价，即"四套模"方案。

我方核价的过程是这样的，先计算出每款组件，所用纸板与模切费的直接成本如下。

A件：每套需6个组件，纸板尺寸758mm×543mm（一模开一套共6件）

  →计价面积：0.4116m²×3.00元/米²+0.3元/模=1.53元/套。

B件：每套需2个组件，纸板尺寸512mm×443mm（一模开二套共4件）

  →计价面积：（0.2268m²×3.00元/米²+0.3元/模）÷2=0.49元/套。

C件：每套需1个组件，纸板尺寸478mm×443mm（一模开二套共2件）

  →计价面积：（0.2118m²×3.00元/米²+0.3元/模）÷2=0.47元/套。

D件：每套需2个组件，纸板尺寸443mm×543mm（一模开半套1件）

  →计价面积：0.2405m²×3.00元/米²+0.3元/模=1.02元/半套×2=2.04元/套。

上述四款组件，纸板加模切的费用共4.53元/套，按照"多套模"比"一套模"须增加的成本要素，外方"四套模"方案还需增加另外的八项费用：

◆上模费：（4-1）次×150元/次=450元

◆流水线换纸停机损耗：

全套附件总面积约1.1m²/套（见图6-1-5），本订单1000套，合计用纸1200m²。

[（4-1）模×1200m²×3元/m²]×6%=648元

◆纸板不配套损失

[（4-1）模×1200m²×3元/m²]×3%=324元

◆模切时压边废料损失

1.1m²（每套模平均用材）÷4×（4-1）模×3元/m²×2%=0.05元/套×1000套=50元

◆模切机换模停工损失

（4-1）次×120元/次=360元

◆试模纸板损耗

1.1m² ÷ 4 ×（4-1）模 × 10片 × 3元/m²=24.75元

◆模切不配套损耗

1.1m² ÷ 4 ×（4-1）模 × 3元/m² × 2%=0.05元/套 × 1000套=50元

◆管理成本增加

（4-1）模 × 150元=450元

"四套模"比"一套模"多出的8项费用合计金额为2356.75元，平均到1000套附件中，平均每套约2.36元，所以该套附件的首次报价为4.53元+2.36元=6.89元。

这里还要注意"模具费"的问题，一般情况下，"一套模"的模具面积会比多套模小一些（如图6-1-6），所以模具本身的价格是不等的（市价一般为0.12元/cm²），本案比较巧合"一套模"与"四套模"的模具面积相似，所以可以不考虑模具费之差别。

首次报价后，经与对方协商，外方同意改用我方"一套模方案"，经合理的"组合排列"，仅用一套模具就又快又省地解决了问题（见图6-1-5），一套模的报价如下。

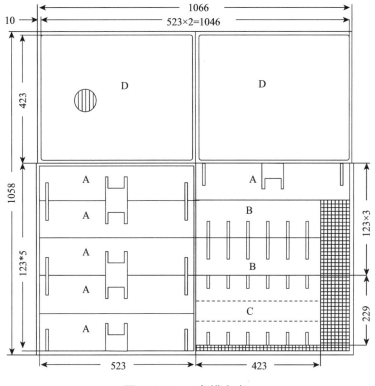

图 6-1-5　**一套模方案**

纸板尺寸：1058mm × 1066mm

核价面积：1.1278m² × 3元/m²+0.3元/模=3.68元/套

它比"四套模"方案的6.89元/套，下降了近一倍，可见两者之间的巨大差异。

实际操作中，拼模后虽然有时会造成某些边角的浪费（见图6-1-5或图6-1-6网线处），但与

"一套模"方案所降低的总成本相比，是微不足道的。

有时候，纸箱内的整套附件数量较多，拼成一套模后，往往会超出模切机的加工范围，或者客户的订单数量并不大，开一套"大模具"显然很不经济，这时就可采用一模开1/2套附件，或者1/3套、1/4套……的办法。

图6-1-6是某厂一套典型的常见多层插卡格（4×8）加垫板的缓冲分隔结构，一套附件中包含了三款组件。

A：上、中、下垫片3件

B：长插片9件

C：短插片21件

如果将全套附件（共33个组件）放在一套模具中，总面积会超出一般常用模切机的加工范围，很不现实，这时可先求出这套附件中三款组件的最大公约数3，然后再将缩小三倍的三款组件简化在一套模具中，每套出1/3套附件，即A垫片1件，B长插片3件，C短插片7件（见图6-1-6）。

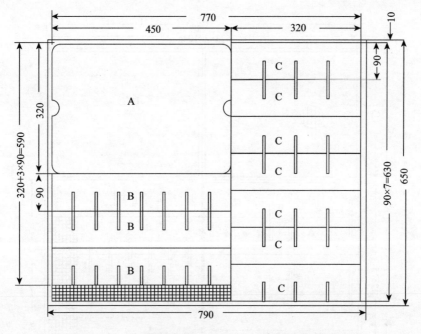

图6-1-6　多层插卡格（4×8）加垫板的套模方案

这样每模切三次所得的组件之和，正好构成纸箱所需的整套附件，既经济又方便。

有时往往不能提取合适的最大公约数或者根本无法提取，这时候，宁可浪费若干个组件，也要设法将它们拼凑在一套模中，因为此时浪费的纸板费用，已远远小于模切的整体加工成本。

这里，再介绍一个很成功的案例。

宜兴某著名陶瓷厂，接到一出口大单，共有数十万只出口紫砂壶需包装，每个小包装盒内的附件，由11款共13个组件构成，经反复模拟、拼接、组合排列，最后用一套模方案成功解决（见图6-1-7），在竞标时，比其他供应商报价低了两倍还多（其他厂有用五套、七套模加工的）。

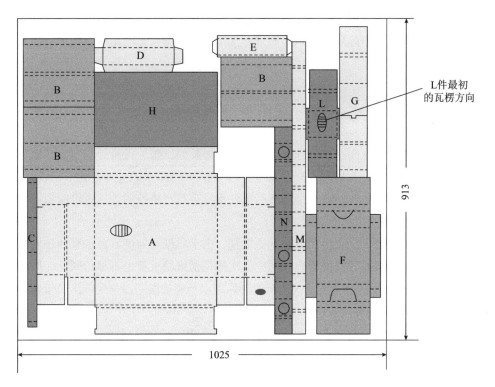

图 6-1-7　一套模方案

设计时发现，组件L原来的瓦楞方向是相反的，经了解后得知，L组件并不承压，而只起到茶壶嘴的阻隔作用，其实对瓦楞方向并无特殊要求，在征得需方同意，并打样测试评估后，将L组件的瓦楞方向掉转了90度（见图6-1-7掉转后的位置），进一步降低了整套附件的用材面积。

以上数个实例，提示我们在操作时应注意以下几点。

（1）尽可能将同一纸箱内的附件，在一套模具中完成（见图6-1-5、图6-1-6、图6-1-7）。

（2）是否可能将不同材质、不同楞型的组件之材质调整为一致（与客户协调）。

（3）只有同材质、同楞型的附件，才具备拼模条件。

（4）有可能提取各附件最大公约数时，要注意配套成比例（见图6-1-6）。

（5）注意瓦楞方向，需要时可设法改变非承压件的瓦楞方向（见图6-1-7，事先应取得需方的认可）。

（6）由模切机的加工范围与附件批量的大小，来决定一模开N套或开1/2套、1/3套等。

（7）当工厂内有多款模切机时，经办人要熟悉它们最小与最大的加工范围。

（8）由批量大小或清废难易程度，来决定是采用手工还是自动清废方式。

（9）拼模排列时，应尽量避免纸板尺寸成为细长条状（易翘曲、废品多）。

近几年来，我们在缓冲附件模切加工经济性的探索中，积累了一些经验，尝到了甜头，相继增添了一些特大规格的模切机，以进一步提高拼模的可能性以及降低拼模后的加工成本，例如：瑞士BOBST 203A，平压平高速自动模切机，加工范围2032mm×1270mm（亚洲唯一的一台）；"巨无霸"圆压圆模切机，加工范围为4300mm×2500mm等。

这些特大型模切机的投产，使模切加工的范围得到进一步的拓展，模切的经济效益也得到了大幅提升，不但在缓冲附件的模切中，而且在加工像0215型这类纸箱、采用偶数调头套裁模切时，节材优势则更为显著。

第2节　纸箱重量误差的控制

根据国家海关总署的文件，散装进出口货物溢、短装的"报关重量"与"实际重量"之间的误差，规定为±3%以内，而国际"海上安全公约"第Ⅵ/2案，则规定不超过±5%。

因此，很多出口生产企业，除对自身产品每件重量进行严格控制外，对供应商提供的包装容器重量，也提出了严格的误差控制要求。

瓦楞纸箱重量的计量，在纸箱厂历来不受重视，由于原纸均匀度、含水率和环境温湿度的不受控，以及后续加工误差等因素影响，同一批次的瓦楞纸箱重量也不尽相同，一般误差都在3%左右，所以深入研究瓦楞纸箱重量误差产生的原因以及管控误差，是生产出口纸箱必须要认真面对的问题。

现以最常见的0201型瓦楞纸箱为例，令制造尺寸为405mm×334mm×331mm（长×宽×高）；楞型为BA楞，材质200g/m²+ 100g/m²+ 100g/m²+ 120g/m²+ 200g/m²，分析瓦楞纸箱重量误差相关因素及影响。

1. 原纸定量的影响

按GB/T 13024—2016"表1"中规定：标称200g/m²的箱纸板的重量允许误差为±10g/m²，即±5%。

而GB/T 13023—2008规定的瓦楞芯纸（一等品）的定量，允许误差同样为±5%。因此当所有原纸的偏差，为同一方向时，加工后的纸箱重量与理论计算的重量差异就会很大。

表6-2-1是仓库随机抽查同一卷200g/m²箱纸板（不同部位）的实际重量。

表6-2-1　实测箱纸板的定量

编号	1	2	3	4	5	同卷纸与标称最大定量误差
实测定量/（g/m²）	198	196	193	196	197	7

由表6-2-1可知，同一卷筒上的原纸，位置不同，它的定量是不尽相同的，因为原纸在抄造过程中，网部成型均匀度以及造纸干燥部对水分的蒸发程度的不同，造成了原纸定量的差异，而不同时期、不同卷筒原纸的重量误差则更大，这是造纸生产企业目前还不能克服的技术瓶颈。

2. 瓦楞纸板复合时影响

瓦楞纸板在自动流水线上复合黏结时，由于原纸在烘缸上的包角、热板烘干温度、纸板走速、瓦楞辊的磨损程度、裁切时的精度等诸多因素，同批加工纸板的重量也有误差，表6-2-2是实测同批下线纸板的重量（纸板尺寸长×宽：1510mm×669mm）。由表6-2-2可知，同一批次瓦楞纸板重量也不尽相同，同批最大误差值为6g。

表6-2-2　同批瓦楞纸板重量

编号	1	2	3	4	5	平均值	同批最大误差值
瓦楞纸板重量/g	816	813	810	810	814	813	6

3. 环境温湿度对瓦楞纸箱重量的影响

将每组5个完全相同的瓦楞纸箱，设其温度与相对湿度为以下数值。

（1）3℃、30%（模拟冬季），23℃、50%（模拟春秋季），38℃、85%（模拟夏季），在恒温恒湿箱中处理24h，分别称取瓦楞纸箱重量，对比不同温湿度条件下瓦楞纸箱重量的差异。具体测试结果平均值见图6-2-1。

由图6-2-1可知，环境温湿度对瓦楞纸箱重量影响很大，在38℃、85%条件下的瓦楞纸箱平均重量为825g，重量最大；23℃、50%条件下瓦楞纸箱平均重量为794g；3℃、30%条件下瓦楞纸箱平均重量为762g，重量最小。纸箱中水分的蒸发作用明显，夏、冬季最大重量误差约为8%。

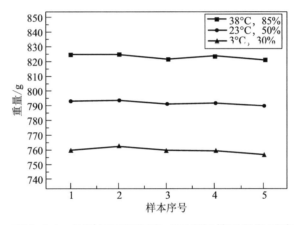

图 6-2-1　三种不同温湿度对瓦楞纸箱重量的影响

（2）再假设温度23℃恒定，相对湿度不同的条件下，来看瓦楞纸箱重量的变化；相对湿度分别设定为50%、55%、60%、65%、70%、75%、80%、85%。具体测试平均值见图6-2-2。

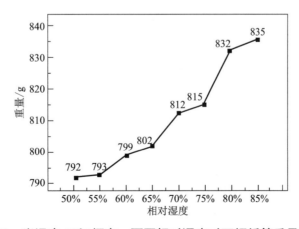

图 6-2-2　当温度 23℃恒定，不同相对湿度对瓦楞纸箱重量的影响

由图6-2-2可知，在温度不变，相对湿度在50%～65%的范围内，对瓦楞纸箱重量的影响相对较小，当相对湿度达到65%以上，瓦楞纸箱的重量急剧增加，在50%～85%的相对湿度范围内，所产生的重量误差值为43g，误差百分比为5.4%，平均相对湿度每增加1%，瓦楞纸箱重量约增加1.2g。

（3）假设相对湿度50%恒定，温度分别设定为20℃、25℃、30℃、35℃、40℃时，测试瓦楞纸箱重量的变化。具体测试平均值见图6-2-3。

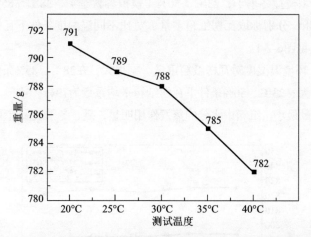

图 6-2-3　当相对湿度 50% 恒定，不同温度对瓦楞纸箱重量的影响

由图6-2-3可知，在相对湿度不变，温度逐渐增高的条件下，所产生的重量误差值为9g，误差百分比为1.15%，平均温度每增加5℃，瓦楞纸箱重量平均降低约2g。

4. 印刷对瓦楞纸箱重量的影响

选取同一批次相同材质的瓦楞纸板20张，使用同一台设备，分别将其中10张瓦楞纸板进行开槽印刷，另外10张开槽不印刷，然后将上述瓦楞纸箱经过温度（23±2）℃，相对湿度（50±2）%的恒温恒湿箱中预处理24h后，称取瓦楞纸箱重量。印刷对瓦楞纸箱重量影响的测试结果见图6-2-4。

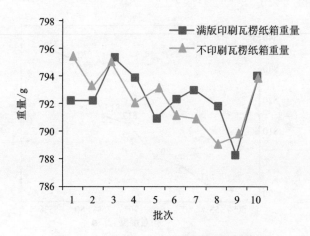

图 6-2-4　印刷对瓦楞纸箱重量的影响

由图6-2-4可知，只开槽不印刷的瓦楞纸箱平均重量为794g，开槽并满版印刷的瓦楞纸箱平均重量也为794g，由此可知，有无印刷对瓦楞纸箱重量没有影响。

5. 开槽切角对瓦楞纸箱重量的影响

瓦楞纸箱理论重量，为组成瓦楞纸板的各层原纸重量叠加，再加上瓦楞纸板内黏合剂的重量。其中面纸、中纸、里纸的重量，为瓦楞纸板面积乘以原纸定量，瓦楞纸的重量为瓦楞纸面积、楞高系数及原纸定量的乘积。黏合剂重量影响较小，可忽略不计。

（1）瓦楞纸板理论重量计算公式

①瓦楞纸板每平方米理论重量

=（面纸箱纸板定量+B楞瓦楞纸定量×楞高系数+中纸定量+A楞瓦楞纸定量×楞高系数+里纸箱纸板定量）

=200+100×1.36+100+120×1.53+200

=819.6g/m²

②瓦楞纸板理论面积

=1.510×0.669m²

=1.01019m²

③瓦楞纸板理论重量（未开槽切角的理论重量）

=819.6×1.01019

≈827g/片

由表6-2-2可知，该纸箱所用纸板的实际平均重量为813g/片，与理论计算重量误差1.7%。

（2）瓦楞纸箱理论重量计算公式（具体尺寸数据见图6-2-5）

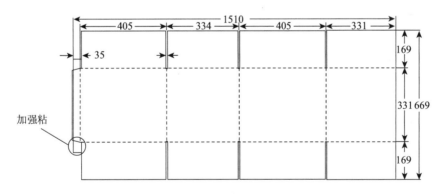

图 6-2-5　瓦楞纸箱具体尺寸示意图

☆瓦楞纸板每平方米理论重量为819.6g

☆瓦楞纸箱理论面积

=（瓦楞纸板理论面积–6个开槽面积–2处切角面积）

=［1.01019–6×0.006×0.169–2×0.035×0.169（近似值）］

= 0.992276m²

☆瓦楞纸箱理论重量

=819.6×0.992276

≈813g

由上述计算公式可知，瓦楞纸箱理论重量为813g，瓦楞纸箱实际重量测试结果见表6-2-3可知，瓦楞纸箱实际重量平均值为794g，理论计算重量与实际测量重量误差值为19g（平均）。误差率为2.34%。

表6-2-3　瓦楞纸箱实际重量

编号	1	2	3	4	5	平均值
瓦楞纸箱实际重量/g	794	794	793	794	795	794

6. 瓦楞纸箱重量误差的控制

通过对瓦楞纸箱重量误差产生原因的研究可知，这些误差的产生是不可避免的，引起的主要因素有：原纸本身的定量误差、环境温湿度和加工的误差等。针对有些对重量要求特别严格的纸箱，可以采取如下管控应对措施。

（1）在流水线复合加工纸板前，有目的地挑选原纸，尽量避免各层原纸的偏差在同一方向。

（2）调整瓦楞纸板流水线预热辊与导辊角度（见图6-2-6），改变原纸包角大小，进而调整原纸在预热辊上经过的时间和接触面积，以稳定与控制原纸的含水率。现在有些纸板流水线上加装有喷雾装置，也可适当调节原纸的含水率。

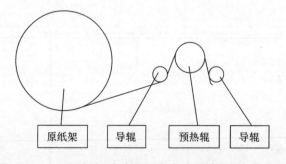

图 6-2-6　瓦楞纸板流水线预热辊与导辊结构示意图

有的还会在流水线后道的热板部分进行微调，调整热板烘烤温度与时间（纸板走速）等。

（3）在GB/T 6544—2008"表2"中，对瓦楞纸板的楞型高度与宽度有较大的允差值（±7%以上），如A楞楞高为4.5～5.0mm，楞宽为8.0～9.5mm；B楞的楞高为2.5～3.0mm，楞宽5.5～6.5mm。这是由瓦楞辊磨损的程度决定的，它对纸箱的重量误差影响很大，所以当瓦楞辊磨损较严重时，复合纸板前就应选择定量为上偏差的原纸或改用定量更高的原纸。

（4）当纸箱进入印刷、开槽、切角工序时，纸板已定型，调整重量的空间就很小了，但还是可以进行适当微调。

①按照GB/T 6543—2008中5.2.3节规定，纸箱长、宽、高的尺寸公差为双瓦楞±5mm，单瓦楞±3mm，因此在公差范围内调节纸箱的尺寸是一个有效的办法。

②微调纸箱的黏合或钉合接舌宽度，GB/T 6543—2008中5.3.2规定的接舌宽度公差范围很大，为30mm以上。

③当重量不够时，还可改变接舌的形状，如将"普通粘"改为"加强粘"（见图6-2-5）

（5）当完工后的纸箱重量还有问题时，最后的补救措施，是整体喷蒸汽或进烘箱进行水分调节。

（6）为了减少纸箱流转环节中，普遍存在的雨天受潮或在干燥气候水分蒸发，对重量有要求的瓦楞纸箱，在储存及运输过程中，应用缠绕膜包裹阻隔大气环境的侵蚀，阻止瓦楞纸箱过度吸潮或蒸发。

第3节　纸板与纸箱含水率的控制

瓦楞纸板或纸箱的水分含量，在行业中是个棘手话题，因为它直接关联到产品的质量、用材、工艺、废品率等因素，也是很多用户要求的硬性交货指标。

当纸箱含水率偏低，则脆性增加，韧性下降，在压制纸箱长、宽线（纵向）或者高度线（横向）时，很容易爆线开裂，严重时纸箱摇盖还会折断、脱落。

当含水率偏高，则纸箱整体的抗压强度指标下降，常导致不达标而造成退货，因为每当纸箱的含水率提高1%，它的抗压强度值将下降8%左右。表6-3-1是不同含水率和纸箱抗压强度值之间的关系，由此可见，水分含量的变化，对纸箱的重要技术指标——抗压强度的影响是巨大的，从表6-3-1中可见，当含水率为18%时，它的抗压强度值仅为含水率6%时的1/3。

表6-3-1　不同含水率和纸箱抗压强度值之间的关系

含水率/%	5	6	7	8	9	10	11	12	13	14	15	16	17	18
抗压强度/N	1540	1410	1300	1190	1090	1000	910	830	750	690	620	570	520	470

偏高的含水率，还直接影响瓦楞纸板层间的黏合强度，以及后道印刷的墨层质量。

那么含水率究竟多少才比较合适呢？这方面"国家标准"及相关法规的规定互相矛盾、差异也很大，如：

（1）在GB/T 6544—2008《瓦楞纸板》5.2.3中规定，纸板的交货水分不大于14%；

（2）在SN/T 0262—1993《瓦楞纸箱检验规程》"表4"中，规定的纸箱含水率为12%±4%；

（3）在国家技术监督局〔1992〕253号文《瓦楞纸箱产品生产许可证实施细则》的"表一"中，规定含水率为10%±2%。

从上述规定可见，只要含水率在8%～16%，纸箱都是合格的，这实在太过宽松，它对执行部门而言，缺乏实际指导意义。

全球瓦楞生产的巨头，如中、美、欧、日等国家和地区，在后三者的瓦楞产品标准中，均未找见相关含水率的硬性规定，而只是强调了耐破、戳穿、边压、抗压等物理强度指标，有的则提供了纸板、纸箱水分检测的方法。

纸张是亲水性物质，纤维之间的毛细孔具有吸水特性，所以受大气环境湿度的影响很大，加工后的纸板、纸箱含水率随时都在变化，所以有人自嘲纸制品行业是"看天吃饭"。

我国幅员辽阔，各地气候差异很大，因此谈纸箱含水率，一定要强调地域及季节的概念，如在长江以南地区，年相对湿度≥80%的累计时数，占年总时数的50%以上，而≥90% HR的时数，占全年的1/4以上，是国内干旱地区的数倍。

笔者曾在无锡某厂，做了这样一个实验：在江南黄梅季，纸箱内的塑袋装25kg固态粉剂化工染料，纸箱表面未作防潮处理，堆码6层，仓库为敞开式水泥地，没用托盘，入库时纸箱的含水率不足9%，此后，每天测得的含水率都在变化，40天后，码垛在最下层纸箱的含水率竟高达17%以上，最底层纸箱已严重鼓肚、变形，呈塌垛状，完全失去了纸箱应有的刚性支撑功能。

需要强调的是，国家标准规定的含水率数值，是指在特定条件下测量所得，GB/T 10739—2002《纸、纸板和纸浆试样处理和试验的标准大气条件》中规定：温度23℃±1℃、相对湿度50%±2%，且保持时间为24h，这一点与西方主要工业国家的标准完全一致。

这个先决条件，对用户而言很难实施，因为他们绝大多数都不会具备恒温、恒湿的专业测试设备，只能在常温下检测，因此所得数据不能作为用来评判纸板、纸箱质量优劣的依据。

笔者认为，国内相关标准也可以考虑不设具体数值，只要含水率上限能确保各项物理指标达标，而含水率的下限，能做到压线不爆线、摇盖不折断即可。以避免供需双方为纸箱含水率，或因它引起的物理性能指标问题而纠缠不休。

在加工、仓储、使用纸箱时，人们积累了很多控制纸板、纸箱含水率的方法，举例如下。

（1）对纸板生产厂而言，首先可控制原料入口关，在不同的季节，要求造纸厂提供不同含水率的瓦楞芯纸和箱纸板，因为在国家标准GB/T 13023和GB/T 13024中，原纸交货水分规定的上、下限为5%～11%，有较大的调节空间。

（2）在瓦楞纸板加工时，可调节流水线热板与预热烘缸的蒸汽温度，改变原纸在烘缸上的接触面积和包角（见图6-2-6），或控制车速，还有的在流水线上安装原纸喷淋管，另一些有实力的纸箱企业，则在生产车间加装了喷雾或湿度调节装置。生产时切忌轻易停车，防止热板上的纸板水分过度流失。

（3）对已完工的纸箱，后期挽救性处理方法：水分偏低的，可整垛喷蒸汽，或人工擦水。水分偏高的，可放在烘箱、流水线热板上烘烤，实在不得已时，在太阳下暴晒，也不失为无奈中的办法。纸板、纸箱仓储时，采用整垛打缠绕膜阻隔空气对流的方法。

（4）用户在使用纸箱过程中，也有一些方法值得借鉴：在流通环境湿度变化较大场所，纸箱用多少订购多少，避免长时间囤积纸箱。条件较好的一些用户，会设立专门的纸箱仓库，无窗密闭，加装抽湿机、增湿机等。

有的用户要求在纸箱表面作防潮、防水处理（详见第二章第1节），有的则要求在瓦楞黏合剂中，添加特殊的憎水性化学物质（详见第五章第1节），以解决后续物流过程中纸箱受潮变软问题。

经验告诉我们，在干燥的秋、冬季，只要纸板的含水率≤9%，那么压线时开裂爆线的概率是很高的，这是纸箱加工的重大质量缺陷，解决的办法，除增加水分外，还可更换等级较高的长纤维面纸，或是采用特殊的碰线机来压线。

图 6-3-1　手持式水分测试仪

对纸板、纸箱含水率的测定，目前主要是以下两种方式。

（1）手持式水分测试仪，经济、简单、轻便、快速、直观，在任何地方都可使用。缺点是测得的数据误差较大。见图6-3-1，正在做纸箱出厂前的水分测定。

（2）天平称重法，测试精度高，但流程较烦琐，参见GB/T 462—2008《纸、纸板和纸浆分析试样水分的测定》，即纸板试样在烘干前后的质量差与原样的质量比：

$$X = \frac{m_1 - m_2}{m_1} \times 100\%$$

式中　X——水分含量，%；

　　　m_1——烘干前试样的质量，g；

　　　m_2——烘干后试样的质量，g。

瓦楞纸箱的"含水率"是个动态值，它贯穿原料-加工-使用-物流的全过程，管控好它们的合理数值，是确保纸箱品质的重点要素之一。

第4节　纸箱异味的控制

带有异味的瓦楞纸箱，会被大多数用户所排斥拒收，因为人们无法判别此异味是否有害。

国家标准GB/T 35773—2017《包装材料及制品气味的评价》中，将嗅觉感官特性的气味强度分为五个等级：

0，没有可察觉的气味；

1，气味刚可察觉；

2，中度气味；

3，中度强烈气味；

4，强烈气味。

市场上的食品、药品、玩具、服装等行业，对包装容器上的异味尤其敏感，都会要求"0"级标准。大多数机电产品、电子电器、工业原料等，对"1"级气味尚能接受。而"2""3""4"级气味，在包装容器中都不会考虑。

国家对食品包装用纸的质量有明确的规定，如GB 11680—89《食品包装用原纸卫生标准》中，就将"无异嗅"作为三大观感指标之一。所以很多纸箱用户，在"入厂检验"中，专门增设有"异味"检查流程。

那么纸箱上的这些异味是从哪儿来的？

1. 废纸原料

现在的包装原纸，大多数以废纸为主原料，而国内的废纸回收，基本以私人小作坊、拾荒者为主，在城乡周边遍布着大大小小的废品收购站，废纸箱是他们的主要业务，小、散、脏、乱是常态，成天散发着刺激性很强的腐臭味。图6-4-1是某大城市的路边回收站，露天堆放的废纸箱，污水横流，臭气熏天。

2. 造纸制浆

造纸厂在造纸压浆时，会使用硫酸等漂白去杂质，它们同时也会放出恶臭的二氧化硫及二噁英等有毒物质。如后续处理不当，这些化学残留物将长期滞留在原纸上。从长期经营的实践来看，一般问题出在瓦楞芯纸上居多（箱纸板较少），其中，中小型造纸厂尤其严重。

图 6-4-1　废纸回收点

3. 纸板厂胶水

瓦楞纸板在流水线复合时用的黏合剂，一般都由玉米淀粉制浆而成，图6-4-2是1.5吨的搅拌桶和3吨的储存桶，如果桶内浆料存放的时间过长、桶中的胶水一时用不完，那么玉米浆就会发酵、发馊变质，散发酸臭味，在夏天问题更突出，往往隔一天就会有异味产生。

图 6-4-2　1.5 吨的搅拌桶和 3 吨的储存桶

需要指出的是，有些中小型纸板厂家，仍然在糨糊中使用违禁物质——甲醛树脂类的添加剂或泡花碱，这背后是企业一味追求利润的结果，毒纸板上残存的甲醛，不但异味冲鼻，而且会成为人们身边的毒源。

4. 纸箱堆码存放

在高温高湿的环境中，长时间堆积存放纸箱，是有风险的。

除纸箱的各项物理指标会大幅下降外，还会发生霉变，表面长出绒毛状、棉絮状或蜘蛛网状的菌丝体真菌，它们统称为霉菌，其广泛存在于空气和土壤中，我们生活中常见的霉菌有：黑曲霉、嗜松青霉、球毛壳、短帚霉、出芽短梗霉等。霉菌在纸箱上迅速生长并产孢繁殖，出现肉眼能见到的霉斑，并会散发出难闻的霉变味道。

纸箱成品产生异味，不是小问题。2020年，在疫情防控期间生产不正常时，笔者的厂库存纸箱曾发生三次大问题，两次是瓦楞原纸带酸臭味，一次是纸箱存放时间过长，散发霉变味，被客户追诉、索赔、报废的纸箱达50余万元，而且给客户留下十分恶劣的印象，甚至被一家客户踢出了供应商序列，损失惨重，教训深刻。

解决异味的办法和控制措施如下。

（1）先从源头上管控，绝对不能让有异味的原纸入厂，入库前原纸增设"嗅味"检验。

（2）纸板流水线的打浆，用多少打多少，桶身要经常清洗，一旦发生生产异常，糨糊一时用不完的，可以在桶中添加少量的防腐剂来补救。

（3）在夏季高温环境中，纸箱生产完后要及时送货，尽量不要囤积备库，仓库就像一个细菌培养箱，霉菌孢子是可以随着空气传播的，高温、高湿是它繁殖的首要条件，所以随时保持仓库的干燥和通风很重要。实在不得已时，也应提前采取一些必要措施，如在仓库内不定期消毒，定期使用MEIBOSS防霉、抗菌喷雾剂进行喷洒等。

第5节 业务担当[①] 如何确认客户订单

瓦楞纸箱产品属于订单式生产，箱型众多，尺寸与材质各异，印刷内容与颜色千差万别，往往是一单一款，难以事先作库存，一旦下单后交期往往又很急。以上这些特点，造成纸箱厂业务经办人员可能会忙中出错，无论企业规模和管理水平高低，每年因审单不慎而造成的废品不在少数。

如何把好这纸箱生产的第一道关，可以从以下几方面加以考量。

1. 尺寸的确认

纸箱尺寸的来源有多种渠道，包括正规图纸、客户样箱、客人口头或书面指定等。而常常会出现问题、需要特别关注的地方有如下几点。

（1）尺寸是指内尺寸、外尺寸还是制造尺寸，客户的资料往往会欠缺或不明确，这就需要工作人员一定要沟通清楚才可下单。

---

① 业务担当：纸箱厂的"业务外勤"与"业务内勤"。

（2）单位是厘米、毫米，还是英寸或其他。

案例：有一纸板订单，客人书面要求；"宽×长"尺寸为230×390，未标单位，经办人员也未作进一步的跟进询问，想当然地以"mm"下单，送货时才知晓客户的计量单位是"cm"，但为时已晚，幸亏报废的是一批小尺寸纸板，经济损失不算太大，但客户却颇有微词，因为影响了他们的出货时效。

（3）分清纸板订单中的"宽×长"还是"长×宽"。此点至关重要，因为纸箱受力承压方向只有与瓦楞方向一致时，才能获得最大的抗压强度值，而众多三级厂的使用习惯，往往与供应商的口径不同，所以时常会有人在此"翻船"。

（4）纸箱长、宽、高的排列顺序是否颠倒。这一点也很关键，很多人都曾中招，因为纸箱客户往往对瓦楞的方向性无概念，而常规"0201"型纸箱的摇盖，只能开设在高度方向的顶和底上。

（5）订单上的尺寸，字迹是否清晰，是否会使他人误解。

案例：笔者处理过一件质量事故，客户发来的是传真件订单，其中长度尺寸为"475mm"，但打印时纸上正好有一个小脏污，将"7"上面的一横盖住，而经办人员未认真区别这个斜"1"与平时直"1"的区别，就冒然以"415"下单，造成大批纸箱全部报废。

（6）有无尺寸公差要求，具体数值多少。（如无特殊要求，一般按国家标准规定执行）。

案例：某品牌的微波炉外箱尺寸，业务按国家标准规定的公差值±5mm下单，实际生产结果是"-4"mm，但是送货后发现根本装不进，尤其是搭接处内接舌突出部位受阻，因为该产品外面还有发泡塑料防护层，再生产时将公差改为"+5-0"才解决。

（7）不同箱型常会混同于常规的"0210"型箱。

日常生产的纸箱箱型绝大多数是"0201"型的，因此当偶尔出现类似的"0203"型全叠盖箱、"0205"型内摇盖密闭箱、"0200"型有底无盖箱等，由于它们的尺寸标注方法相同、箱型接近，所以混淆概率颇高，处理这类纸箱订单时要特别小心警惕。

2. 材质的确认

纸箱材质的合理选配，是确保纸箱质量和纸箱成本构成的关键要素。

国家标准规定的瓦楞纸定量从80g/m²～200g/m²有9种，而箱纸板的定量从90g/m²～360g/m²则多达11种，它们还各自细分了"优等品""一等品""合格品"，还有一些非标定量的纸种。

另外，重型纸箱、危包纸箱或出口纸箱，往往还会选用一部分高档全木浆进口原纸，因此纸箱材质的选配余地是很大的，当然不管纸箱厂规模有多大，备齐所有的纸种、门幅，都是不现实的。

（1）正规纸箱用户会提供该纸箱的"耐破强度"和"边压强度"值，或者"空箱抗压强度"要求，有经验的工作人员和技术人员，结合本厂的常用纸种即可配出符合这些物理指标的材质来。

（2）有些用户只告知内装物重量、堆码高度、运输状态、仓储时间等使用条件，要求供应商选配合适的纸箱材质，这个难度系数相对较高，需要参照国家标准中的相关规定，并用"凯里卡特公式"或"马基公式"计算出若干数据来确定。

（3）还有一个比较简单易行的方法，只要知晓用户的纸箱大小、内装物重量等，查阅相关标准就能知道用纸定量和纸板的主要技术指标。

案例：有一药品纸箱，内装物重11.5kg，纸箱长、宽、高综合尺寸为935mm，单瓦，查GB/T 6543—2008"表1"，即可知该款纸箱的"代号"为BS-1.2，相对应的纸板"代号"为S-1.2，（注：附加值高的产品和出口用箱等一般选"1类"箱），再在GB/T 6544—2008"表1"中查到"代号"S-1.2纸板的"耐破强度值"为800kPa，"边压强度值"为3500N/m，以及面、里纸的"最小综合定量"为320g/m^2，知道了这些关键要素，确定材质的操作就很简单了。

（4）还有些客户会直接给出每张用纸的定量与等级，如果完全照办，时常会遇到的问题是，纸箱厂并没有客户所规定的常备用纸，这时候就需要找相近的纸种和定量来替代，选择的原则是"宁高勿低"。

（5）确定了纸箱的具体用纸定量后，还有个大问题，就是纸箱厂是否备有该材质适当的门幅？最常用的解决方法是改用其他材料或者升门幅，一般要经两个程序。

①出资深专业人员，确定新材料的检测指标高于或等同于客户所规定材质，并与客户沟通认可。

②如果其他客户也有用此材质的，可升一档甚至两档门幅来解决，但这会涉及价格的变化。

（6）对一些小批量、多品种的纸箱，往往连流水线最低起跑长度都不够，因此不得不进行更改材质、升门幅、跟他单等操作，这是纸箱厂的"常态化"作业，也十分考验工作人员的功力。

（7）要了解清楚客户对面纸颜色有无特殊要求，如白卡的不同白度值，日企的"日本黄"等，是否要求各批不同时间送货的颜色都需一致等。有效的解决途径是，该面纸固定用同一纸厂、同一品牌和同一等级的面纸。

很多进口美卡都存在短期内"遇光色变"的现象，而且色差很大，尽管此"色变"是不可逆的，变色一次后即会稳定，但有些客户还是不能接受，因此事先的预告还是很重要的。

（8）对一些内装速冻蔬菜、食品、内衣、衬衫、童装等产品，往往整体包装后还需要经过金属探测线，如客户有此"针检"要求的，配纸时就不能用"回收废纸"作为原料的"再生纸"了。

3.印刷唛头的确认

纸箱标签标识（俗称唛头）的印刷是产生不良品、废品最多的环节，除印错、跑位、色差等主要问题外，漏白、虚影、脱墨、条码扫描精度不够等，也是供需双方常常争执的焦点。

（1）客户提供的书面唛头稿是否清楚，有无疑义。如需照样箱印刷，要仔细与原样箱核对，包括字体、大小、相互位置等要素。如是重复生产的纸箱，要与"生产规格卡"仔细复核，尤其是对有些编号相近、唛头类似的要特别警惕。

（2）小批量、非常规的纸箱，当印刷颜色特殊时，要与客户协商，建议采用工厂常备的标准颜色，或单独配色加价。

（3）纸箱两侧唛上下是否留出了足够的贴封箱带位置。

案例：某大型集团请广告公司设计了一组唛头稿，纸箱厂照单全印，结果客户使用时发现，侧唛上下端的关键信息被封箱带遮盖，引发双方嘴仗，客户指责系纸箱厂作为"专业机构"未提出预警所致。（注：在国家标准GB 1019—89的5.2.1.7中，确有如此表述："纸箱采用压敏胶带封箱……两端下垂长度不应小于50mm，且不得压盖箱面标志及字迹。"）

（4）正唛与侧唛的位置是否标错（特别当长、宽相同或接近时）。

（5）国家规定的相关图示标志、标识是否准确，如储运标志、医药标志、危包标志、RoHS标志、绿色环保回收标志等。

（6）对一些印刷复杂、由客户提供胶片时，要与设计员讨论印刷网点、网线精度的可行性，有难度或无把握的纸箱，应该先做印刷小样或进行"首件会审"。

（7）对唛头上的商标，客户必须提供合法的"商标证"和"授权委托书"。

案例：某世界著名的跨国公司，虽然提供了"在华注册商标"的"一证一书"，但在工商局的"飞行检查"中，被发现，该"商标证"已过期48天，客户单位并未续展，按相关规定，只能作无证侵权处理，纸箱厂被罚款4.5万元。

（8）靠近纸箱高度预压线12mm以内的印刷内容，必会出现不良品，解决办法有三个：

①与客户协商调整距离到12mm以上；

②增加一工序，印后再补压线；

③改模切。

（9）需要印防潮油墨时，粘封箱带和贴不干胶的地方，要留出足够位置与空间。

（10）满版印刷的纸箱，在上下边缘处会出现白边，宽度约2cm，客户能否接受？如协商不通，只能事先加宽上下边，印刷后再裁切掉白边。

（11）对纸箱上"条形码"的印刷，相关的扫描精度等级规定可见GB/T 14258—2003，运输包装箱的水印精度一般只能达到C、D级（即国际数字等级2级和1级），如果需更高的A、B等级，只能改彩印胶版印刷或贴不干胶了。

（12）多色套印的精度，应该按本厂机台的实际情况与客户商定。

4. 价格的确定

对大多数的瓦楞纸箱而言，都属于低值易耗产品，而且一般批量较大，因此供需双方对单价都十分计较与敏感。

（1）纸箱厂在估价时，一定要和该订单批量、加工难易程度、客户账期与支付方式、是否常规用材、送货路程远近等因素密切挂钩。

（2）纸箱单价（元/只）=纸箱展开面积（m²）×该箱所用材质的平米单价（元/m²）。

①对常用0201型纸箱的面积计算公式为：面积 =（长+宽+0.08）×（宽+高+0.04）×2（注：指两拼接箱，单位m²），而03型和04型纸箱的展开面积计算公式为：面积 =（实际长+0.05）×（实际宽+0.05）（注：单位m²）。

②所用材质的平米单价（元/m²）=纸价+损耗+加工费，由于各厂进纸渠道、设备先进程度、操作者技能水平等差异较大，所以平方单价也会有很大的变数。

（3）如客户提供的是内径尺寸，则应先将它转化成外径后，再计算展开面积。

（4）对小批量、多品种的纸箱估价，相对比较复杂，事先要充分了解，是否有与其他客户拼单送货的可能？并要将各工序的损耗分摊到单价中。

（5）当订单的交货数量要求为±0，（大多为出口用箱），生产前的备料，一定会预留足够的备损量，在估价时要考虑这部分的损失。

（6）用于"危险品"出口的包装，事先一定须经过海关商检的验货流程，估价时不要忘了这笔国家额外收取的检测费用。

（7）核价时，单价"分"以下的尾数是用"四舍五入"，还是用"进一法"或"去尾法"？因各家客户的财务系统处理方式不同，所以事先一定要与客户沟通好，否则客户不会接受不符合他们电脑系统的发票。

（8）不少大中型外企主张"一次性解决方案"，因此纸箱与各附件需要配套送货，如彩盒、纸护角、防静电海绵、发泡塑料、EPE、托盘、插片、蜂窝垫板、胶带、缠绕膜、打包绳、说明书、标牌、不干胶贴、塑料内袋等，往往外采的这些辅料价值远高于纸箱本身，对不配套的部分只能作废弃处理，估价时要将这些损失计算在内。

（9）如果在纸箱加工与运输中，有非常规工序的，如模切、附加手工活、立体运输、带托盘运输等，一定不要遗忘加价。印版费、模具费、模切费等如何处理，也要与客户事先约定好。

案例：某订单箱型为"0301型"的天地盖，业务估价时疏忽了运价，按普通纸箱处理，结果9.6米的厢式货车比常规的纸箱少装了3/5，这单货基本白做了。另外，当需要用托盘送货时，车厢的利用率也会大打折扣，事先应有预判。

（10）纸箱是抛货，送货运输的成本占比大，一般纸箱厂会将送货半径框定在80km范围内，因此估价时要将超出正常运输半径或者需另外支付过桥、过路费、卸货人工搬运上楼等额外的费用计算在内，还要关注汽车油价的大幅波动。

（11）一些大、中型用户，往往会采用"招标"方式来选择供应商，这时主要拼的就是价格，按照经验，纸箱投标报价的利润只有控制在5%以下、"纸本比"在80%以上时，中标的概率才会高些。如果遇到低于成本价的恶性竞争，一定要理性，一旦把市场做烂了，最终吃亏的是自己。

（12）近几年，原纸供应价格像"坐过山车"，起伏很大，为了减少日后合作中的摩擦和矛盾，在蹉商价格时，应设定一个合理的调价机制，一般做法为；双方共同选定一个比较靠谱的原纸网站（如"中纸在线""卓创""易贸"等），当纸价波动超过5%或8%时，立即进入调价通道窗口。

5. 交货期的确认

（1）接单时交货期一定要准确，对零星或不满一车的货，事先要调配好吨位容积相适应的卡车，或与路线相近厂家拼单送货。

（2）当加工生产来不及时（如印、模版耽误、流水线故障、无合适的门幅原纸、订单集中过多、停电等），要及时与客户商量延期交货，实在商量不通时，再与生产部门协调加班突击，或请示主管处理。

（3）一些交货期严格的订单（如延期、延时交货需罚款，出口船期已确定等），一定要全程跟踪生产、储运的全过程。

（4）当客户计划有改变，要求提前或延后交货时，应及时更改送货命令，并第一时间通知生产与运输部门。

（5）一些执行"0"库存的大客户，必须确保每天清晨上班前卡车就要到达卸货点，一旦延误，就会造成客户工厂停线停产，后果非常严重。针对这些特殊客户，要将可能发生的问题，如交通事故、道路拥堵、汽车故障、异常天气等情况，事先做好应急预案。

（6）凡进保税仓库的送货，事先要了解清楚：他们对司机和装卸工都有哪些特殊的要求，以及8小时外是否允许入仓？

（7）需长途送货的客户，要尽可能寻找"回头车""过路车"，以节省运输成本。

6. 数量的确认

（1）送货数量是否允许增减？是增是减？还是增减随意？或严禁增减？特别要注意预付款客户的送货数量，否则尾款的处理会很麻烦。

（2）对生产中超制的纸箱，是照送？是报废？还是赠送？或留待下批再送？

（3）凡需内外箱、附件、辅料等配套送货的纸箱，一定要配对，不配套的客户一定会拒收。

（4）对于需要分期分批送货的纸箱订单，要统筹规划，尽量能安排分批生产，避免库存时间太长。

案例：某医疗客户一次下单8500只大纸箱，要求分三次送货，时间间隔一个半月，工作人员为图省事，一次安排全部生产出来，不但占用了仓库的容积空间，而且由于正值雨季，最后一批出货时，纸箱已经受潮变软，多项物理技术数据不达标，造成了很大损失。

7. 其他方面的确认

（1）正规客户在收货时，会要求附"纸箱性能单""检验报告""合格证"或出口用的"危包证"等，有的还需要提供客户采购的PO号或订单凭证，工作人员事先必须准备好全套文件交送货司机。

（2）在客户签收"送货回单"时，司机应确认签名人是否有此权限，字迹要端正可辨，如能加盖公章或部门章则更佳，因为每年由此而引起的纠纷很多，尤其是大客户。

（3）新单首批交货时，工作人员应核对"样箱单"或客户签字确认的样箱。

（4）老单复制时，要查阅过去客户是否有过投诉？其内容是否需在本次下单时作"特别说明"或追发"品质要求书"？规格档案中有无"更改记录"或"更改通知书"，更改是否准确？

（5）如该客户对超制纸箱"尾数"的处理是"留待下批再送"，那下单前一定要在电脑或到仓库查实上次库存尾数的数量，并在本次下单中扣除。

（6）老单复制，抽取规格卡时，一定要警惕同一品名但不同规格的纸箱，因为将档案卡抽错，下错单的现象时有发生，这是严重的工作责任事故。

综上可见，纸箱行业虽然整体的技术含量并不高，但对工作人员个体素质的要求却很高。部分建立了ERP系统的纸箱厂，在处理客户订单时，确实要便捷不少，但那些优秀的工作人员，仍然是工厂不可缺少的顶梁柱，他们不但需要具备与人交际的亲和力、判断力、预见性、全局观念、细致踏实的工作作风、对企业的忠诚度、高度的责任心，而且还应具备较强的技术水准，至少"外行看你很内行，内行看你不外行"，这些都需要长期实践经验的积累。

第6节　对客户样箱的鉴别与评价

在纸箱销售活动中，会接触大量的客户样品箱，对其进行正确的鉴别与判断，是了解该纸箱用材、物理指标，加工流程、竞争对手身份的第一手信息，方便在随后的报价、竞标中，占得主动和先机，这也是纸箱业务担当的一项基本功。

1. 判别纸箱楞型（见表6-6-1）

表6-6-1　纸箱楞型

楞型	楞高/mm	楞数/（个/300mm）	楞型	楞高mm	楞数/（个/300mm）
A	4.5～5	34±3	B	2.5～3	50±4
C	3.5～4	41±3	E	1.1～2	93±6

操作方法：在纸板边缘用笔点取150mm长度，并数出该区间的瓦楞数，乘上2后与表6-6-1比较，立即可知属于何种楞型了。

注意事项：

（1）目前市场上还有个别采用G楞和F楞及其他楞型的，因使用极少，可不予考虑；

（2）量楞高方法一般不太可靠，误差较大，因为客户提供的纸箱都已经过加工，有的还是使用过的旧箱，它们的瓦楞往往已被压扁或变形；

（3）需要特别指出的是，当A楞为上偏差（见表6-6-1），即34+3=37楞，而C楞为下偏差41-3=38时，两者极容易误判，这时应该用笔点取300mm长度复验。

2. 判别纸箱定量与材质

有以下三种方法。

（1）经验法：将纸箱一角的黏结层，小心地一层层撕开，然后用手捻比厚度，来判断定量和材质。

一个熟练的专业人员，手上鉴别的功夫可达±15g/m²。

再用肉眼（最好在放大镜下）观察每层纸的纤维、木浆含量、色泽、光洁度等，来判断纸张的等级，还可在垂直方向的纸边上，多撕几个小口，来观察比较纤维长度、纸纹及抗撕强度，等级越高的原纸，在垂直方向的抗撕差别越明显。

（2）对比法：事先收集常用已知的各个等级、各种克重的原纸样板，一一标清注明，将客户样箱的纸板撕开后，与此样板逐一进行比较。

注意：原纸样板经长时期的捻摸后，厚度、纤维、色泽会起变化，因此需定期进行更换。

（3）仪器鉴定法：最可靠，如客户同意供应商将样箱带回或同意在纸箱上截取一块试件，带回工厂用仪器检测最精确，但需要一定的时间。

注意：试件尺寸不能太小，否则误差较大，最好能达0.1m²，最少应大于等于"20cm × 30cm"。

3. 从"质保章"中获取信息

用于进出口的纸箱，很多会在下摇盖上印有圆形"质保章"（见图6-6-1），读懂它，就能够迅速知晓该纸箱材质、物理指标、产地、纸箱生产商等信息。

图 6-6-1　质保章

图6-6-1是常用的美国标准双瓦楞第一档（参见表3-1-1）：

（1）先判断是3层（SINGLE WALL），还是5层（DOUBLE WALL），或7层（TRTPLE WALL）。

（2）耐破强度值（具体换算公式见表3-3-1）。

换算成kgf/cm²，$200 \div 14.22 = 14.06$kgf/cm²或换算成kPa，$200 \times 6.895 = 1379$kPa。

（3）面、里纸合计的重量（注：五层板含芯纸），换算成定量，$92 \times 4.882 = 450$g/m²（面芯里纸共三张）。

（4）长、宽、高最大综合尺寸，换算成mm，$85 \times 25.4 = 2159$mm。

（5）纸箱最大内装物重量，换算成公斤，$80 \div 2.2046 = 36.29$kg。

（6）边压强度值，$42 \times 175 = 7350$N/m。

（7）判断该纸箱生产厂家。

在外圈内必定印有纸箱生产厂名及国籍，清楚了用箱产品厂或者纸箱上竞争对手的底细，知道了它们之间的送货距离、运价等有用资讯，对自己的报价是高还是低，就能做到心中有数。

当已知客户样箱的材质、定量、各项物理指标后，即可选择自己厂类同的原纸，如自己厂没有该纸种时，即可参照原纸"国家标准"，查客户纸的物理指标，再套用自己厂相同指标的纸，就可以非常方便地来选配材料了。

注意，某些厂家的纸箱质保章上的技术要求，与实际用材严重不符，这时我们应该对该样箱进行全面仪器检查，或者报两种价：一种是按质保章上规定指标报价，一种是按样箱实际用材报价，并向客户呈报说明详情。

4. 注册商标

当样箱的商标上有"R"或"TM"字样时，表明该商标或该产品已进行了法定注册，按照国家有关法律，包装生产厂必须取得"商标注册证"复印件和委托授权书后，方可生产加工，否则就是侵犯他人的知识产权，在这方面吃过亏的纸箱厂不在少数。

通过注册商标，可以从网上查到该产品的生产厂家、市场需求、批量大小、内装物附加值等详细资料，供估价时参考。

5. 危包证

国际上对装载危险货物的包装箱，有严格的管控要求，国内实行许可证制度，每个纸箱上都印有特定的"UN双排信息码"（见图4-5-3），从中可以精准地判断出纸箱生产商、内装物重量、形态、危险等级、纸箱生产日期、对应的物理指标等，对交过手的竞争者，还能够预判对手会以高材质高价为主，还是主打中低材质等，这些咨讯是有用的，可作为自己报价时的重要参考。

6. 环保标志

绝大多数的瓦楞纸箱属绿色环保容器，回收后是宝贵的再生资源，按照有关规定，纸箱上大都会印有绿色回收标志，常用的有四种形式（见图3-4-3和图3-4-4），在正规的标志上，都会有相应的编号，通过网上查询，就可知道该纸箱产地、生产商等信息。

7. 鉴别样箱时还需要注意

业务担当在鉴别样品纸箱时，还应关注与自己厂加工有关的信息，不是每一款样箱都是自己厂可以加工或者值得承揽的，对吃不透或没把握的，还应该与技术部门或资深人员蹉商后再定。

例如：

（1）如是精细印刷，自己厂印刷机能否加工？会增加废品率吗？

（2）多色印刷时，套色位置精度能达到吗？

（3）自己厂印刷机或模切机的尺寸是否足够大？设备能加工吗？

（4）如是防潮防水纸箱，应先测出它的防水等级后再作判定。

（5）唛头颜色需要重新配色吗？能达到客户色卡规定的效果吗？

（6）如外箱内有配套的彩盒、插片、发泡、塑料袋等，外采是否困难？质量能否符合要求？

第7节　纸箱定价要考虑的若干因素

1. 纸箱定价流程

（1）业务员填写正式的"估价单"。

（2）用规定的公式，计算出不同材质的标准平方米单价。

（3）用公式将纸箱内径转为外径。

（4）纸箱面积用+8+4公式，即：$M^2 =$（长+宽+0.08）×（宽+高+0.04）×2。

（注：这是江苏地区习惯用公式，其他地区则可能有所不同）

纸箱附件用实际净材,长、宽各加5cm计价。

印版按0.25元/cm^{2}计价(已含胶垫、透明挂版、排版费用等,各地有差异)。

模具按0.15元/cm^{2}计价(已含装弹条、锉钢条等人工费用等,各地有差异)。

模切机费用,一般按纸板的展开面积大小而定,由0.10元/模~0.6元/模不等(视批量)。

(5)业务组长复核。

(6)业务经理审批。

(7)打正式"报价单"给客户(加盖合同章或业务章)

(8)将正式"报价单"与"估价单"以及相关的客户来函、图纸、材质分析报告、样箱单等支持文件或基础资料组合装订后归档。

2. 遇如下列情况时,应对纸箱酌情加价

(1)小批量。

(2)小面积纸箱(小于0.5m^2)。

(3)送货较远(超过80km)。

(4)送货途中有收费站或须付过路、过桥、过江费的。

(5)不够一车且拼车配送又很困难的。

(6)特殊材质或特殊楞型(如AA、AC、BE等)。

(7)需用手工黏合或补充加工的(一般为异型箱)。

(8)加贴水胶带。

(9)交货数量为±0。

(10)需"商检危包证"者。

(11)加工时废品率较高者。

(12)客户需要备份,有另外赠送的。

(13)客户支付银行承兑汇票。

(14)客户支付账期较长(超过月结30天者)。

(15)纸板门幅超过2500mm

(16)模切尺寸大于1600mm×1200mm

(17)模具是"平压平"还是"圆压圆"?后者模具费要增加很多。

(18)须上防水剂或其他特种涂料。

(19)须上防静电油墨。

(20)印刷四色及四色以上。

(21)纸箱上须贴彩色海报。

(22)须配制特殊油墨。

(23)复合六层或复合四层纸板。

(24)交货期须"加急"(从下单到交货小于三天)。

(25)需随货提供第三方检测报告、性能单的。

(26)一次性订单、临时性订单或试制性订单。

（27）两拼箱或多拼箱。

（28）指定纸色且要求色差严格者。

（29）需开手提孔、加装撕箱带。

（30）超过机床最大或最小加工极限，须手工补充加工的。

（31）有内、外箱且必须配套送货者。

（32）有外协加工工序的（如需配海绵、护角纸、托盘、塑料袋等）。

（33）满版印刷。

（34）不可折叠箱或需组装成立体箱后送货的（按增加的体积实算）。

（35）用专用托盘或打托送货。

（36）达一定数量须退印版、模具费者。

（37）需一次生产、多批送货，需在供方作库存的。

（38）出货时需用废纸、缠绕膜包裹等特殊要求的。

（39）其他需增加生产成本，但客户又不肯额外承担费用的。

3. 遇下列情况时纸箱报价可适当低于标准价

（1）大批量订单。

（2）提前或当场付款。

（3）自行提货。

（4）不印刷。

（5）要求低，并可利用废板加工的。

（6）不需黏合。

（7）送货路程小于40km。

（8）客户为世界500强或著名跨国公司、上市公司，有一定市场影响力的。

（9）已知晓对方确切底价，并有合作价值的客户。

（10）其他经公司领导批准的特价订单。

第8节　RoHS 指令对包装容器的要求及应对

在切入正题前，先看三则旧闻：

①日本SONY公司出口欧洲的电子游戏机，货值1.62亿美元，在荷兰阿姆斯特丹港口被查出电缆中镉超标，违反欧盟RoHS指令规定，产品就地销毁，并被处以1700万欧元的罚款；

②2007年，根据报道：某公司的输美产品中，被查出油漆中铅含量超标，96.7万件产品报废，并被处以罚款；

③某外企出口欧盟的投影仪，被欧洲海关发现，包装袋上的塑料挂卡镉超标，被罚款200万美元，随即工厂破产倒闭，并波及上下游企业。

打开相关网站随处可见，因出口产品上的包装容器触犯RoHS指令，而被苛以重罚的案例。对外向型包装企业而言，一定要正视问题的严重性，它关系到企业的生存，因为执行RoHS指令是道必须认真做好的必答题。

1. 起因

欧洲议会和欧盟理事会于2003年1月27日发布了《关于废旧电子电气设备指令》（简称WEEE指令）和《关于在电子电气设备中限制使用某些有害物质指令》（Restriction of the use of Hazardous Substances in electricat and electronic equipment，简称RoHS指令）（注：2011年又出现了更严格的修订版）。

它们规定自2006年7月1日起，全面禁止含有超过规定限量的六种有害物质的产品进入欧盟市场，共计十几个大类，20多万种商品，几乎包含了主要的进出口交易品种，而且美国、日本等也相继跟进发布类似声明。

有人认为，这是发达国家树起的新一轮技术贸易壁垒。它目前已成为一项强制性的国际标准，并在RoHS指令中，规定了严厉的惩罚性措施。

因此每年都有一些正规出口企业，会对上游的包装厂进行RoHS考评或审核。它们涵盖了电子、机电、化工、轻工、医药等各行各业。

2. RoHS规定的六种有害物质

（1）铅（原子序号82，化学元素符号Pb，原子量207.2），低熔点重金属，六种有害物质中应用最广，它在合金及化合物中均可存在。RoHS规定含量应小于0.1%。

人体血液中铅浓度超过限量时，会损害神经、心脏与生殖系统。

（2）镉（原子序号48，化学元素符号Cd，原子量112.411），是毒性最强的一种。主要应用于电池、电镀、染料及塑料稳定剂等。

破坏人的神经系统，影响人体的肾脏、消化与呼吸系统，引起癌变。RoHS规定含量应小于0.01%。

（3）汞（俗称水银，原子序号80，化学元素符号Hg，原子量200.59），唯一的液体金属，属一类危险物质。转化成有机汞后，毒性加剧，主要应用于电器光源中。RoHS规定含量应小于0.1%。

影响人体的中枢神经，引起呼吸道、胃肠道、肾脏病变。

（4）六价铬（铬，原子序号25，化学元素符号Cr，原子量51.9961），为化合物，溶于水后毒性更大。而二价铬、三价铬毒性较小，纯铬基本无毒。RoHS规定含量应小于0.1%。

它是重要的致癌物质，影响人体内物质的代谢过程，造成各种器官的炎症，并导致基因突变。

（5）多溴联苯（PBB），非金属有机化合物，一种阻燃剂，是一溴到十溴联苯的聚合物总称，主要用于塑料、药品、染料、胶卷等。RoHS规定含量应小于0.1%。

毒性大，降解难。焚烧产生的废物严重污染环境。

（6）多溴二苯醚（PBDE）也是一种优良阻燃剂。是一溴到十溴的联苯醚聚合物的总称。RoHS规定含量应小于0.1%。

其毒性主要影响人体的内分泌系统以及胎儿生长，过热或燃烧会产生致癌物质。

3. 包装材料中的重金属

（1）RoHS指令规定：包装材料中各均质材料的重金属含量合计应小于100ppm。它包括单个纸箱、塑料袋、胶带、油墨、涂料、黏合剂、塑料手提等。

（2）所谓均质材料，是指"已无法再机械分解为不同材质的材料"，如一个纸箱可以分解成面纸、瓦楞纸、芯纸、里纸、钉丝、黏合剂等基本元件，每个基本元件再细分，直到最初的源头。

（3）在RoHS指令中，规定了包装物的均质材料相对比较简单（见表6-8-1）：

表6-8-1　包装物的均质材料

包装物	均质材料	包装物	均质材料
纸箱	各种材料制成的纸箱、辅助纸箱、主纸箱	胶带	用于纸箱、塑料袋封装的胶带（含水胶带）
防震材料	防静电海绵、气泡垫	固定钉	钉丝
防护带（布）	泡沫塑料等	接头	纸箱接头用黏合剂或胶水
塑料带	打包带	拉手	塑料手提孔
隔板	瓦楞板、硬纸板	托盘	纸、木、塑等
印刷油墨	用于包装箱表面印刷的油墨		

（4）纸箱中各项"均质材质"的有害物质最大浓度值，须分别鉴定与评估，以确定该纸箱是否符合RoHS中关于包装物最大浓度值的规定，因此很多重点客户，往往需要包装厂定期提供"各均质材质"权威机构的检测报告。

4. RoHS的计量单位与计量仪器

（1）单位依重量计算

$1ppm = $ 百万分之一 $= 10^{-6} = mg/kg$，其分母为均质材料的质量。

对于纸箱上的印刷层，因无法再机械分解，应与纸箱合为同一均质材料。

（2）测定RoHS禁用物质含量的仪器，比较常用的有两种（见表6-8-2），其中X射线仪很多出口型用户都已自备。

表6-8-2　ICP等离子分析装置和X射线分析仪

名称	ICP等离子分析装置	X射线分析仪
工作原理	利用高温氩PLASMA分析	由X射线管发射出一次X射线到被测样品上，被测样品反射出二次X射线，仪器利用检测器收集这些二次X射线，通过模数转换器变成数字信息，再通过电脑计算出样品的元素含量
试验时间	样品前处理+测定时间 约9小时	试料准备30分钟，测定约30分钟（金属）、10分钟（塑胶类）
检测范围	6大物质	Hg、Cd、Pb、Br、Cr等
检测精度	个位数ppm（2ppm）	个位数mg/kg（ppm）以上（误差较大）

5. 自我符合性声明

RoHS规定，成品生产商基于对自己产品的了解，向监管机构及用户声明本产品不含有害物质成分，称作自我"符合性声明"。

上游供应链中所有供应商，都必须向它的下游厂商提供"自我符合性声明"，一般都会要求法人签署，实际上是份保证书，承诺一旦RoHS超标，愿意承担一切后果与赔偿，因此有人戏称它是"卖身契"。

与此同时，还需要对高风险上游物料进行定期或不定期检测，以考验监督上游"声明"的可靠性。

目前，达成集团向客户提供的"自我符合性声明"，每年都有几十份，但它真正的安全可靠性有多少，是令人生疑的，对一些原、辅料供应商的监控与管理力度还远远不够。

6. 测试机构的选择

由于有害物质的测试比较复杂，不仅需特殊精密仪器（价格不菲）及经验丰富的专业人员，还需要有一套完善的质量体系。因此对绝大多数包装厂而言，都不具有自备测试的条件，主要依靠外协。

承担测试的实验室必须获得国家CNAL认证，并通过ISO 17025管理体系认证，应具有权威性、公正性、公信度，并能对检测失误承担全部的法律责任与经济赔偿（对小企业而言，有可能被罚得倾家荡产）。

一般公认的机构是SGS与INTERTEK。

7. 在纸箱上需印刷的RoHS标识规定

（1）见图6-8-1，是针对单一有害物质的标志。

（2）见图6-8-2，为全面符合RoHS规定的标志。

（3）自2005年9月开始，投放欧盟市场的电子产品，应全部加印带"X"的右轮垃圾箱标志。当印刷位置不够时，则应在说明书或保证卡上加印（见图6-8-3）。

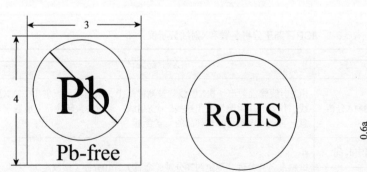

图 6-8-1　单一有害物质　　图 6-8-2　全面符合 RoHS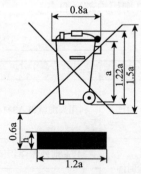　图 6-8-3　带"X"的右轮垃圾箱

8. 供应商与产品调查

了解熟悉如图6-8-4所示RoHS规定的标准程序，对客户来考察达成集团及达成集团考察上游厂都是非常重要的。

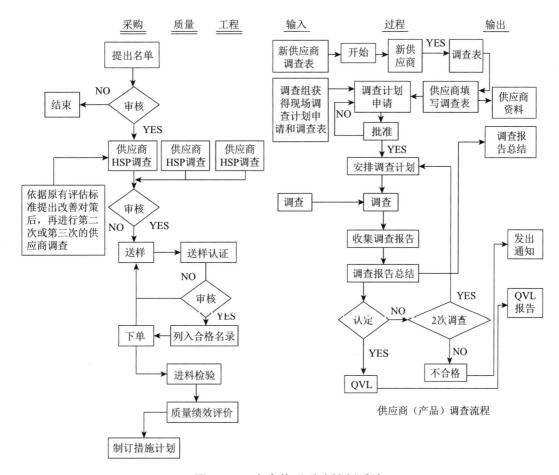

图 6-8-4　有害物质采购控制系统

9. 环境管理体系的构建

（1）符合RoHS的管理途径：质量体系+产品验证。

（2）RoHS控制重点：材料RoHS +制程RoHS=产品RoHS。

（3）RoHS对应原则。

①有害物质能不用的坚决不用。

②必须要用的严格控制有害物质含量（如糨糊添加剂）。

③来料成分不明确的，坚决不上线生产。

④生产使用的相关工具、设备、辅料要严加管控。

⑤品管部门加强稽核。

⑥所有上游供应商，必须出具第三方公证文件证明和"自我符合性声明"（应选择有相当实力，并具备有对不良后果进行巨额赔偿能力的供应商），从供应源头上加以监管。

⑦重点关注高风险物质（如：油墨、钉丝）。

⑧在ISO 9000与ISO 14000中，强化RoHS内容，工厂成立RoHS组织，要求全员培训与推动。

⑨做好LOT NO管理，对每一批来料与出货的批次，都能做到可追溯，要有完整的信息原始记录。

10. RoHS后续

（1）随着"节能减排降耗、绿色安全环保"的呼声越来越高，欧盟在RoHS基础上，又推出了一系列加码行动，将有害化学物质控制内容扩增到26项，如新增加了石棉、偶氮类染料、甲醛、锑、砷、铍、铋、与镍、硒等元素，大大增加了供应商的管理与检测成本。

（2）为了与国际接轨，我国也于2007年开始实施"产品污染防治管理办法"，并推出了一系列相应配套的法律法规，如《产品回收利用条例》《污染防治技术政策》《有害物质限量要求》《有害物质检测方法》等，并对电子产品实行CCC强制认证，被戏称为"中国RoHS"。

由此可见，今后无论是出口还是内销的包装纸箱，RoHS这道门槛是躲不过去的。

第七章　纸箱加工设备的改造

第 1 节　在印刷机上加装智能生产管理系统

近年来，国内印刷设备需求以每年10%的增长速度连年上升。据不完全统计，目前国内瓦楞纸箱印刷机的社会保有量已达20000台以上，规模以上的印刷设备生产企业达数百家。

但是，绝大多数印刷机的自动化水平不高，例如：

①印刷机的准备时间需人工计时，生产效率统计很不准确，生产管理人员很难对操作者进行绩效考核；

②当印刷机出现异常时，究竟是设备故障还是操作人员技能问题，难以进行评判；

③对于印刷机的操作者来说，由于印刷机上没有相应的显示，所以也很难掌握印刷机生产与质量变化的情况，不利于生产效率的提高及内部生产管理。

鉴于上述问题，达成集团独立研究开发了"瓦楞纸箱印刷机生产管理系统"，在普通印刷机上改造加装数字技术设备进行管理与控制，成功解决了印刷机组生产效率低下等一系列问题。

1. 瓦楞纸箱印刷机生产管理系统

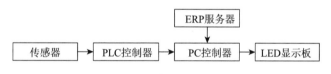

图 7-1-1　瓦楞纸箱印刷机生产管理系统框架图

瓦楞纸箱印刷机生产管理系统（见图7-1-1）硬件结构包括：传感器、PLC控制器、PC控制器、ERP服务器、LED显示板。由PLC控制器采集车速、张数、机台位置等实时信息，PC控制器记录分析PLC数据，并负责将车速、剩余张数、准备时间等信息，分发至LED显示板。PC控制器从ERP服务器中获取排程表，传送到PLC控制器，生产完成后的完工信息（准备时间、良品张数、停车时间、运转时间、非工作时间等），写回PC控制器，供查询、分析用。

2. 各组成部分的工作原理

该技术是在普通瓦楞纸箱印刷机上，改造加装一套生产管理控制系统（见图7-1-2）。

（1）系统采用两种传感器，分别是：无源接近开关和光电接近开关。

无源接近开关通过磁力感应控制开关的闭合状态。当磁或者铁质触发器靠近开关磁场时，开关内部磁力作用控制闭合。利用无源接近开关的属性，在驱动马达的转轴上设有一感应铁片，驱动马达每旋转一次，无源接近开关就可感应到感应铁片一次，并发出反馈信号给PLC控制器。

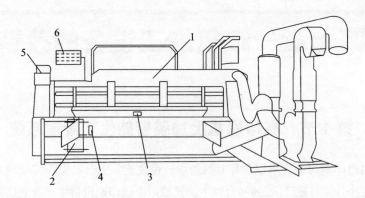

1—印刷机；2—驱动马达；3—光电接近开关（光电传感器）；4—无源接近开关（转速检测传感器）；

5—PC控制器；6—PLC控制器

图 7-1-2　印刷机生产管理系统结构示意图

光电接近开关是将发光器件与光电器件，按一定方向装在同一个检测头内，当有反光面（被检测物体）接近时，光电器件接收到反射光后便由信号输出，由此便可"感知"有物体接近。利用光电接近开关的属性，将此开关安装在印刷机纸板入口处，即可捕捉印刷机纸板进纸信号，并将此信号传送给PLC控制器。

（2）PLC控制器内设有一计时器，计时器的时基为0.1ms，因此，计时精度很高。

PLC控制器接收到无源接近开关给出的信号，可根据两个反馈信号的时间间隔，通过高速计时器技术，计算出马达每转动一周所用的时间，得出马达转速，传送给PC控制器。

PLC接收到光电接近开关给出的反馈信号，通过高速计时器技术，计算出前后两张纸板进张信号的时间差，得出纸板的进张速度，传送给PC控制器。

PLC控制器还与一个位置传感器连接，该位置传感器用于检测印刷机机台是否到位。

（3）PC控制器与PLC控制器连接，可进行数据通信。PC控制器还与存储有订单信息的ERP服务器连接，两者也可以进行数据交换。PC控制器一般选用带触屏的工业电脑并固定在印刷机上，这样便于操作人员进行操作。工业电脑显示屏上的信息如图7-1-3所示。

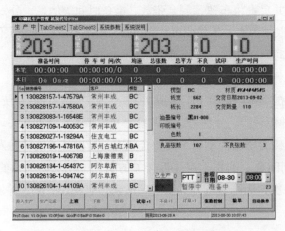

图 7-1-3　工业电脑显示屏

①车速：PLC控制器传送的马达转速即为车速。

②总张数：手动输入。

③余数：处理印刷机进张信号，参照总张数，分析数据即可得出剩余张数。

④停车时间：马达停止时间的累加。

⑤准备时间：电脑自动分析订单生产过程中的准备时间。

V：纸板进纸速度；

V_{min}：机器运行最低速度；

T：正式生产时间阈值。

分析订单从投入生产到生产结束过程中，进纸速度V变化情况，设定当V大于V_{min}，并持续时间大于T。则此时间点视为正式生产开始点。此点之前所用时间，即为订单准备时间（V_{min}、T可设定）。

⑥平均速度：电脑计算车速的平均值。

⑦停车次数：车速为0判为停车，停车次数累加。

⑧平均准备时间：电脑分析准备时间数据，计算均值。订单完工数据写回数据库，供报表程序生成报表，既可以存储在电脑中，也可以打印成文件，使管理者对每台印刷机的工作状况、工作效率有一个清晰的了解。

图 7-1-4　LED 显示板

（4）LED显示板

考虑到车间的生产环境，显示装置选用了大屏幕的LED显示板（见图7-1-4）。LED显示板固定在印刷机的上方，操作人员只要一抬头，就能对加工信息状况一目了然。

PC控制器可将PLC控制器发送的信息通过LED显示板进行显示，显示的主要信息包括即时车速、本单剩余张数、本单准备时间、本日生产总张数、本日总停车时间、本日分产能、本日平均准备时间等参数，这样操作人员或车间管理者就可通过LED显示板了解印刷机的工作状况。

3. 意义

通常情况下，瓦楞纸箱印刷机械平均使用寿命为8～15年，因此，仅设备更替带来的市场需求将超过2500台/年。在新生产的印刷机上，如都能增加此信息管理系统，无疑是印机行业的一大进步。

随着瓦楞纸箱需求的稳定提升，以及印刷设备的更新换代，瓦楞纸箱印刷成套设备的市场规模也在稳定且快速地扩张，根据中国包装联合会纸制品委员会统计，国内瓦楞纸箱印刷机械的市场规模将从2011年的42亿元上升到2016年的74亿元。

瓦楞纸箱印刷机生产管理系统从试用情况来看，整体印刷效率提高了10%左右，经济效益明显，而且改装成本低廉，适合于大量现有旧设备的改造，整个改装费用仅万余元而已，完全可以推广到本行业所有的纸箱印刷机上，这将会给瓦楞纸箱印刷业带来一个更高效、智能的时代。

此套管理系统，除在印刷机上应用外，已将它拓展到模切机、粘箱机、钉箱机等设备上，共生产了近百台套，安全可靠高效。

目前，该技术系统获得了众多印刷机生产厂商的青睐，已有多家前来询问与洽谈。

第2节 加工复合瓦楞的纸板流水线改造

以纸代木、以纸代塑、以纸代金属的发展理念，使得瓦楞纸箱在产品包装、仓储运输等领域被广泛应用。

近几年，随着包装的大型化、集成化发展，重型瓦楞包装的市场需求越来越大。它最主要的特点是强度要求高，而高强度需要高定量、高等级的纸张支持，由于国家对进口废纸的严格管控，国内直接制造高定量的原纸成本非常高。

因此在不影响现有瓦楞纸板流水线正常工作的基础上进行设备改进，进而实现高效、智能上胶复合生产"高强度六层优质瓦楞纸板"（详见第一章第2节），与同定量原纸生产的纸板相比，边压强度高出20%以上（见图1-2-1、图1-2-2）。

1. 设备改进

为了生产高强度要求的复合瓦楞纸板，在现有进口2.8米门幅的BHS基础上，对设备做了较大的改造，增设了一组烘缸、导辊和胶槽，复合纸张的上胶设备，匹配复合材质、走纸速度等上胶量的实时控制。

（1）复合纸张的上胶设备

六层复合（也可加工四层）的核心技术是如何将2张瓦楞原纸复合成1张纸。主要用涂布辊、喷涂。

涂布辊（光辊）方式是对原纸整面涂布胶黏剂，上胶量大，胶中的过多水分被纸张吸收，即使后序的加热很充分，也很难使水分及时蒸发。增加纸板的含水量，对纸板强度有弱化作用。而后又改用喷涂方式，通过均匀分布的喷头，给纸张整面喷涂低黏度的黏合剂，与涂布辊相比，上胶量有所减少，为了能够均匀喷涂，黏合剂的黏度低，即固含量少，说明溶剂或水的比例较大，又是整面喷涂，仍会影响纸张含水率进而影响纸板强度。

传统瓦楞纸板流水线中，瓦楞纸与芯纸或里纸的黏合，是起楞的楞高处涂有黏合剂，实现与纸张的黏合，避免整面黏合剂的喷涂，这是种传统的上胶方式，我们将这种黏合理念，引入瓦楞纸与瓦楞纸的复合上胶设备中，实现纸与纸的上胶方式是线辊上胶，实际效果如图7-2-1所示。

图 7-2-1 线辊上胶的效果

这种线辊上胶方式既能使纸与纸有效紧密复合，又能保证最小上胶量，减少了胶料用量与成本，又能控制纸板含水率的变化。实现这种线辊上胶的设备即为复合纸张的上胶设备，其简易结构如图7-2-2所示。

从图7-2-2中可以发现，具体的复合步骤是：在原纸架3上有待复合的瓦楞纸1和瓦楞纸2，瓦楞纸2经过4～11的导纸轮改变瓦楞纸的走向，利用压力轮12将瓦楞纸引到轮A、B间，使瓦楞纸与轮B紧密接触，形成大于120°的包角，实现给瓦楞纸2线型上胶，经过压力轮13使瓦楞纸1、2紧密贴合。此时，两张瓦楞纸虽已变成一张纸，但是黏合剂的黏性还未起作用，这需要根据流水线的速度，改变导轮14的相对位置来调整复合纸经过加热缸的包角大小（整机速度越快，包角越大），实现糨糊的糊化，经过170℃左右的高温烘烤，使两张纸中间的黏合剂迅速固化，好似薄薄的塑料片被夹在两种柔软的原纸中起到了硬质骨架强化作用，实现"1+1大于2"的理念，完成原纸的复合。

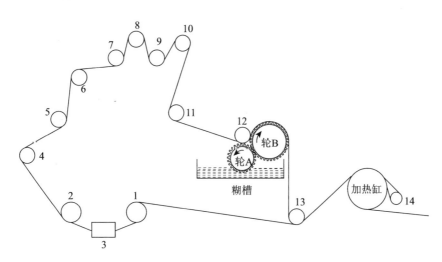

图 7-2-2　复合纸张上胶设备的简易图

（2）复合上胶智能控制系统

不同种类定量的原纸具有纤维含量不同、厚度不同、流水线车速不同等特点，因此复合需要的胶水量也各异。

为了调节上胶量，需要直观、实时控制线辊的速度，特研制了一种实时智能调节复合瓦楞上胶的控制系统。改进设备的供电方式，通过直观的数值显示板来控制速度，针对不同纸张实时调节线辊速度，进而控制上胶量，有效地避免了因胶黏剂过量使纸板成本与含水量上升。

图7-2-3为上胶控制系统的简易结构图，其中电机控制实现轮A、B转速的动力支持；位置控制指改变压力轮的位置，以调节上胶时的松紧和包角的大小；转速控制指独立控制轮A、B的速度，轮A的速度主要依据材质、车速的不同进行改变，轮B的速度取决于整机的车速；电流控制指轮A的转速控制通过频率的大小进行显示。

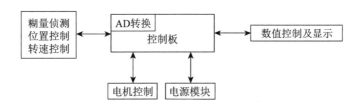

图 7-2-3　上胶控制系统的结构图

主要实现方式：根据原纸材质、整机车速的不同，调节对应的线辊速度，实现不同的上胶量。普通电机频率50Hz对应1450转/分钟，为便于现场操作人员的识别，通过数值转换控制将1450等分200份，即数值显示为0～200。一般流水线整机车速最低为40m/min时，对应的数值显示为200.0（代表1450转/分钟），箱纸板的最高车速为150m/min（瓦纸车速为225m/min）时，对应的数值显示为10.0（代表72.5转/分钟），因此可依据材质、车速的不同在10.0～200.0区间进行调整。

2. 六层复合瓦楞纸板的生产流程及工艺

基于上述的上胶复合设备及控制系统，实现复合瓦楞纸板的生产，具体生产流程见图7-2-4所示。即原纸→复合→起楞→与箱板纸贴合形成单面纸板→完成多个单面纸板→多层复合瓦楞纸板的贴合。

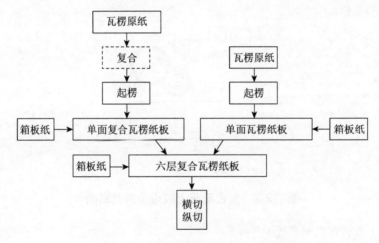

图 7-2-4　六层复合纸板的生产流程

图7-2-4显示的是六层复合瓦楞纸板生产的一般流程，图中虚线部位为复合设备。六层复合瓦楞纸板的横截面示意图如图1-2-2所示，较粗瓦楞是两张纸复合而成，共6层纸。当然基于客户的需求以及设备的允许，也可以安排更多的上胶复合设备，实现更复杂的复合瓦楞纸板的生产，如四层单瓦楞复合、七层双瓦楞复合、八层三瓦楞复合等。

原纸复合有多种类型：如相同定量的原纸复合、不同定量的原纸复合、不同等级的原纸复合等，此处原纸主要指瓦楞纸。图7-2-5为简化的自动流水线复合纸板生产工艺，其中D为上胶复合设备，六层复合瓦楞纸板的加工工艺的详细步骤如下。

原纸架A上的两张复合瓦楞纸C1、C2经过复合设备D，变成复合瓦楞，通过导轮、压力轮与原纸架A上里纸B贴合，形成单面复合瓦楞板E。

原纸架A上的瓦楞纸G通过瓦楞辊压轧成瓦楞，并上糊与经过导轮、压力轮的芯纸F贴合，形成单面瓦楞板H。

天桥上的单面复合瓦楞板E、单面瓦楞板H经过糊机上糊，与原纸架A上的面纸J贴合，形成六层复合瓦楞纸板K（见图1-2-2）。复合瓦楞纸板继续传送、纵切、横切、堆码。

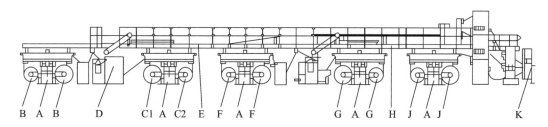

A—原纸架；B—里纸；C1、C2—复合的两张瓦楞纸；D—复合设备；E—单面复合瓦楞板；F—芯纸；G—瓦楞纸；
H—单面瓦楞板；J—面纸；K—六层复合瓦楞纸板

图 7-2-5　六层复合瓦楞纸板的生产工艺

3. 结语

复合瓦楞纸板设备在生产中具备以下几个特点：生产的复合纸板边压强度更高；不良品率较低；标准化的控制操作。

六层复合瓦楞纸板设备实现了高效化生产，在实际生产中，最高车速可达150m/min。胶量的控制通过速度实现，速度的控制通过频率控制，实现不同材质不同胶量的控制，与整机速度的无缝衔接。

2019年达成集团生产的六层复合高强瓦楞纸板，被广泛应用在化工、机电、军品、危险品等重型包装领域，全年销售额超过8500万元，取得了技术、经济双丰收。

第3节　包装用针刺穿透测试仪

包装尖锐器具、针具的容器，需要做针刺穿透的安全性能测试评判。

国际上有规范标准ISO 23907—2012《锐器损伤防护·试验方法和要求·利器盒》，世界卫生组织也制定有相关标准PQS/E10-SB 01-VP.1，《处理废弃利器物用的安全箱性能要求》。

可惜国内目前尚无相应的国家标准，更没有国际标准所规定的测试仪器。为此达成包装制品（苏州）有限公司与杭州品享科技有限公司两家联手，成功研制了国内第一台针刺穿透测试仪。

1. 市场需求

尖锐器具的运输包装涉及纸制品包装、薄膜包装、塑料包装及其他绿色可降解材料的包装等，由于实际运输环境产生的非线性、随机的振动、冲击、跌落等因素，均会导致尖锐器具（零部件、针类）刺穿、穿透、撕裂包装物而外漏，造成安全风险，为此需要包材具备一定的抗戳穿性能、抗针刺能力。

目前包材的戳穿性能国内有标准设备进行测试，抗针刺能力没有国家标准和对应设备，而一些特定针类产品的包材，则被强制要求进行针刺强度的测定。

一次性医疗针具（如注射针、输液针、采血针、麻醉针，也含手术刀等），使用后如果处理不当，会给临床医护人员的健康带来巨大的潜在威胁。

根据世界卫生组织提供的材料：全球每年约有300万医务人员因针刺锐器伤害而感染各种血

源性疾病。医疗废弃针具安全纸质回收箱，能够有效地避免被废弃针具伤害、感染，保证了锐器废物收集、储存、销毁全过程的安全性，但该回收箱必须具备抗针刺强度，因此对"针刺穿透仪器"的研制显得尤为迫切与重要（详见第四章第4节）。

本节以废弃针具回收箱为例，做一些技术分析。

但凡涉及、接触尖锐物质的非纸质包装产品测试，可以对针刺穿透仪的局部标准零部件进行更换即可。主要测试内容有：

（1）针刺穿透性能，为了准确测定对象的针刺穿透性能，要求仪器能够准确按照设定的速度测定针头从样品的一面穿透到另一面所需要的力值；

（2）针刺安全性能评估，目的是检测产品在测试针刺进后，包装产品的安全性、稳定性。

2. 仪器组成

（1）机械结构设计

基于操作方便、占地面积及实际测试需要等方面的因素，仪器采用垂直运动设计。机械结构主要考虑以下几个方面：样品测试平台，具备自动定位功能，部件可更换，以便满足不同领域包材的测试需求。样品支架，也可更换部件，满足不同大小样品需求。针头夹持器，便于安装、快捷更换不同测试要求的针头，并使针尖垂直向下。螺杆，满足不同速度要求，实现精确传动控制。详细的结构如图7-3-1所示，仪器测试原理：通过电路控制模块驱动电机7，在恒定的转速下通过主动轮8、同步带6、从动轮5及驱动螺杆9，使螺杆转动并带动传感器1与测试针头2的运动来实现针刺性能测试，针刺完后测试针头2返回测试前的位置，测试结束，测试出的结果通过传感器1采集数据，传输到显示屏中，并可打印出结果。

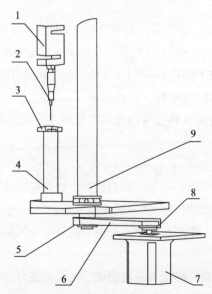

1—传感器；2—测试针头；3—样品测试平台；4—样品支架；5—从动轮；
6—同步带；7—步进电机；8—主动轮；9—螺杆

图 7-3-1　整体结构简易设计图

（2）自动化控制设计

控制方面，要求试验仪能够实现一键式按钮操作，所有参数设置通过集成式电路板控制，实现人机界面智能化控制。

不同应用领域所用材料的不同，导致针刺强度差异较大，传感器的选择可根据不同用户的应用需要而异。

针对针刺性能测试的要求，需要准确地控制针刺力值，利用高分辨率AD转换芯片，结合称重传感器，实现对针头针刺运动能量的高精度自动化控制。

在针头穿透样品的整个过程中，力值是不断变化的，为了更好地观察测试中力值变化，要求主控器能够采集每个瞬时力值，并在显示屏上显示力值和变形量的变化曲线，实现实时记录。

测试过程中对速度是有严格要求的，针头按设定恒速向下运动。为了精准地控制它，采用步进电机控制针头运动，通过细分驱动技术，使电机运转更平稳，并满足在500mm/min的范围内可任意进行设置，同时实现误差为1mm/min的精度控制。

存储功能要求测试仪具备记忆存储能力，在测试完成时，便于后期对数据进行记录、整理、打印等处理。

①硬件设计

为了满足测试过程各环节的要求，硬件部分主要有：

基于测试仪的需求采用32位ARM处理器控制；采用开关模块电源对仪器供电；采用24位AD转换芯片将传感器的模拟信号放大后转换成针头压力值；采用步进电机来控制针头的上下运动；采用240×128点阵的液晶屏，用作人机交换界面，显示测试结果和仪器设定的参数；采用微动开关与警报装置、量程的过载保护等安全措施，保障仪器的安全；采用急停按钮保障操作人员的安全。详细的硬件结构框图如图7-3-2所示：

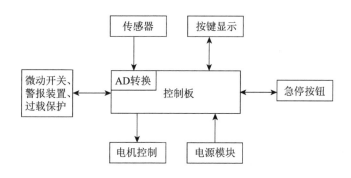

图 7-3-2 **系统硬件组成框图**

②软件设计

软件是硬件得以发挥功能的平台，测试仪软件基于Windows XP/7操作系统，Turbo C 2.0开发平台，运用C语言汇编，实现各种复杂的指令动作要求。为了高效、准确地测定针刺性能，软件部分实现自动化，并体现了模块化、开放式的特性，详细的软件设计见图7-3-3。

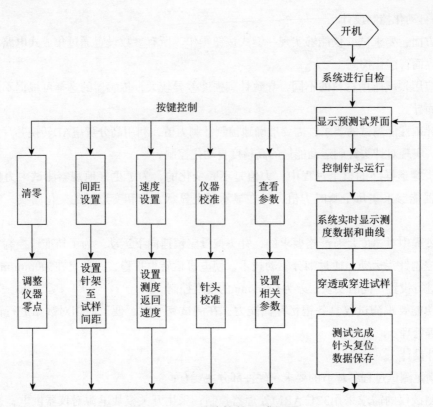

图 7-3-3　**系统软件组成框图**

在C语言的汇编基础上，软件的各个参数设置功能实现如下：

测试键：控制针头向下运动，并且实时显示针头的压力值，当检测针头按设定要求穿透试样后（即针头压力突然减小）或穿入试样（即针头压力达到设定值）时控制针头返回到测试前位置，完成一个完整的测试过程；

清零键：软件将当前的针头压力值进行清零；

间距键：输入需要的针头间距，软件能控制针头运行到设定的位置；

速度键：可以对针头的测试、返回的速度进行设定；

校准键：可以对针头的压力值进行校准；

统计键：可以统计所有测试数据的平均值、最大值、最小值、标准偏差及变异系数等。

通过相应的按键可以修改参数值，查看仪器用到的所有参数。与上述硬件的结合，实现便捷的人机交互界面，具备更人性化一键控制的用户体验，使得针刺测试更加简单、安全、可靠、准确。

3. 产品实现

利用上述的设计方案，本节选择医疗废弃针具的纸质回收箱的针刺测试为样本，使针刺设备的设计研发得以实现。

依据国际标准ISO 23907、WHO/PQS/E10/SB01-VP.1规定，对废弃针具安全箱的针刺穿透性能的要求，具体设计方案——针头夹持器：选择能够安装、夹紧公称尺寸为0.8mm×25mm

标准针头（符合ISO 7864的要求）的夹持器；样品支架：支架中心孔，孔径为6mm，同时依据10mm×10mm的样品实现自动定位的功能；测试速度：严格按照WHO标准要求定为100mm/min；考虑国际标准安全箱的抗针刺穿透性能不得小于15N的要求，材质选配方面选择100N的量程作为传感器确定的依据之一。

制备的仪器具体参数见表7-3-1，仪器见图7-3-4。

表7-3-1　制备的仪器具体参数

项目	参数
电源	AC220（1±10%）V 2A 50Hz
示值误差	±1%
分辨率	0.01N
测量范围	（0.3～100）N
测试速度	（100±1）mm/min
人机界面	240×128点阵液晶屏，中英文菜单
通信输出	RS232（标配）/USB（选配）
外形尺寸	（495×355×925）mm（长×宽×高）
重量	约53kg

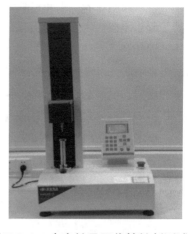

图 7-3-4　废弃针具回收箱针刺测试仪

依据ISO、WHO标准的要求，针刺试验仪对回收箱穿透性能的测试要求，具体步骤整理如下。

（1）从安全箱上切割下48个样品，部位分别包括：底部、侧面、密闭盖、顶部。

（2）测试条件：温度23℃±5℃，至少处理24h，再在相同的环境中测试。

（3）将符合ISO 7864：1993的0.8mm×25mm注射针头，安装在夹持器上，针头垂直向下，同时取一个样品放置在样品支架上（内表面朝上），自动定位居中。

（4）通过设置窗口，设置针头下降速度为100mm/min，并保证针头与样品表面的夹角处于90°±5°范围，在此基础上，测定针头穿透样品的力值，进行实时记录。

（5）重复步骤（3）、（4）测试其他样品，每次穿刺样品时都必须使用一个新的皮下注射针头。

（6）分别取自纸盒底部、侧面、密封盖、顶部的四组样品中，计算所记录的力的平均值。

利用针刺测试仪完成上述的测试步骤，测定医疗废弃针具安全箱的针头穿透性能。

4. 结语

本文从测试仪的需求、机械结构设计、软硬件方面提出针刺性能试验仪的研制方案。

以医疗废弃针具安全箱的针刺穿透强度测试为例，使针刺测试仪得以研制实现，填补了目前中国国内市场的检测仪器空白。

过去当客户需要提供纸箱的针刺穿透强度的数据值时，我们只能将纸箱空运到欧洲某检测中心进行检测，每次都需要数千美元，出结果的时间还很长，费力费钱，劳民伤财。现在用此国产仪器，几分钟就能完成。

目前该设备已成功投产，可以广泛应用于包装材料中的纸张、塑料薄膜、复合材料等测试领域，操作便捷、测试准确，性能可靠，仪器整体质量与国外同类产品相当，但价格不及国外产品的1/4。

第4节 粘箱机上加装智能矩阵码喷墨系统

近年来，"商品包装"上矩阵码的应用增长迅速，但应用于"运输包装"瓦楞纸箱的，在国内尚处于起步阶段。现市场已开发的瓦楞纸箱矩阵码喷印技术，均采取与主要生产线分离喷印的方法，即加装一台独立的分页机（纸箱分拣机），瓦楞纸箱的半成品在分页机上进行矩阵码喷印，再将喷印完矩阵码的瓦楞纸箱运输到粘箱机作业。

由于印刷模切机、分页机、喷印系统和粘箱机安装紧凑，各类设备所产生的电磁干扰、网络中断、机械振动等不利因素无法避免，检测系统如何有效区分矩阵码喷印瑕疵信号与其他干扰信号，产生不同的警报是现有技术的瓶颈。

瓦楞纸箱的表面构成是牛卡纸，纤维自身粗糙产生无法避免的表面色差、吸墨性能差异大、油墨附着及耐磨性能较难受控等技术难点，导致生产线矩阵码读取设备及软件识读困难，进而喷印效率低下。

鉴于上述问题，达成包装集团下属的"合肥丹盛包装有限公司"在普通瓦楞纸箱全自动粘箱机上加装矩阵码智能喷印系统，成功解决了矩阵码喷印质量差和效率低下等一系列问题。

1. 矩阵码智能喷印系统

矩阵码智能喷印系统硬件部分由色标传感器（电眼）、编码器、主控制器、喷印头、电源控制器、墨路系统、紫外固化灯、照相检测器等组成，软件部分由码源系统、喷码控制系统、检码系统等构成（见图7-4-1），可实现瓦楞纸箱矩阵码的高效喷印，结构简单、故障率小、自动化程度高，防错功能稳定。

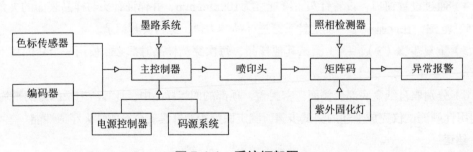

图 7-4-1 系统框架图

2. 各组成部分的工作原理

本技术是在普通瓦楞纸箱全自动粘箱机上，加装一套矩阵码智能喷印系统（见图7-4-2）。

（1）硬件部分

①色标传感器：检测包装箱上的专用色标，控制矩阵码在包装箱上的位置。当有被检测物体接近传感器时，传感器就会给主控制器发出脉冲电信号，并通过主控制器控制喷印头的喷码时间，达到喷码位置准确的目的。

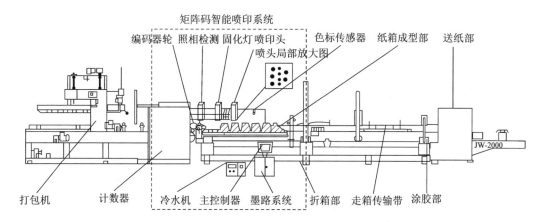

图 7-4-2 **在全自动粘箱机上加装矩阵码智能喷印系统机构示意图**

②编码器轮：编码器压轮与全自动粘箱机传送带紧密接触，利用压轮检测纸箱的传送速度，并将其转换为同步信号传送给主控制器，以控制喷码频率，保证矩阵码喷印与走纸机同步。

③主控制器：采用抗丁扰信号较强的工业电脑，安装于全自动粘箱生产线操作侧，与硬件部分相连接进行数据通信。主控制器收集编码器和色标传感器的信息，驱动墨路系统和喷印头进行喷印。主控制器装有码源输入、防重码、码源关联、镜像选择、电压及色温等控制软件，以保证与网络的连接、喷码位置的准确，以及喷码浓度的可控。

④喷印头：作用是喷墨印刷，采用高精度高速压电式喷头，喷头的喷孔由两排组成，每排150个，共300个，两排喷孔成交叉状分布，打印分辨率最高600dpi×600dpi。

⑤电源控制器：是矩阵码智能喷印系统所有供电来源的总控制器，作用是给色标传感器、编码器、主控制器、墨路系统和喷头供电。电源控制箱要保证输入电压220V交流电，输出为30V直流电压，并保证在市政输电发生意外时提供8h稳定的供电。

⑥墨路系统：控制油墨供给量，并通过有效的过滤及挤墨装置，保证清洁、无气泡及稳定的油墨供给。

⑦紫外固化灯：主控制器对走纸平台上的纸箱矩阵码图案进行紫外线照射，使矩阵码图案亮度鲜明清晰，增强其耐磨性。并通过软件控制紫外固化灯的频闪时间、长度、照射位置与照射频率，确保矩阵码喷码墨水的固化效果。

⑧照相检测器：采用工业相机拍摄图片并通过以太网传输到检码系统，对出现的空码、糊码、错码、重码等任何喷码异常实施报警并停机。

（2）软件部分

①码源系统：申请码源、检查码源和传输码源。

②喷码控制：导入码源、关联码源和镜像选择。

③异常报警/停机：通过电子照相检码系统对异常情况实施报警并停机。

3. 矩阵码喷印工作流程

矩阵码智能喷印系统工作流程见图7-4-3。

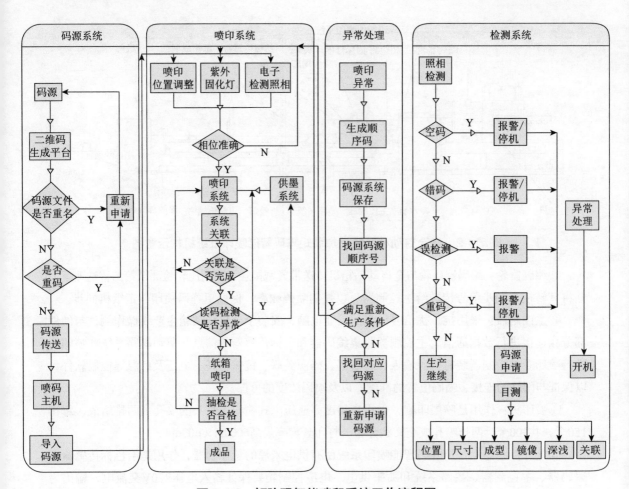

图 7-4-3　矩阵码智能喷印系统工作流程图

（1）矩阵码码源申请导入

在矩阵码生产前，登录矩阵码生成软件，按客户订单信息申请码源。通过防重码软件分别对码源文件名及文件的全部内容进行重码检测，剔除重码，当重码数大于5时，重新申请码源。检测后的矩阵码可通过U盘、光纤或局域网进行传输，导入喷码主机软件数据库。

（2）喷印系统操作

喷码前，调整紫外固化灯位置，保证固化灯边缘靠近纸箱并且固化灯光线完全照射在矩阵码上，固化灯与纸箱表面允许有5～10mm偏差。然后调整电子照相检测器位置，电子照相检测器安装于矩阵码喷头，可通过调节矩阵码喷头同步对照相检测器位置进行调节。

打开电源、喷头设备及电脑开关，检查编码器轮是否锁死，可以上下微动，避免皮带上下波动而轮子不能转动。然后取出喷头上防护罩，并取出专用清洁布放到喷头下方的接墨盘，再将阀门旋转到墨路方向开始挤墨，当喷头口出现墨滴时完成挤墨。导入码源并关联数据库，矩阵码图案呈红色表示关联成功。

（3）调整矩阵码清晰度及浓度

调整喷头底板与纸箱表面保持水平，间隙保持在1～2mm；标准温度40℃，标准电压

186V，温度范围35～43℃，喷头电压140～200V（温度或电压越高喷码黑度越深）。待位置调整正确及喷码清洗完成方可进行生产。

（4）喷印异常处理

由于各种原因，生产进行过程中会产生喷印的异常，包括换单、断电、机械故障、软件故障、产品故障等，此时必须通过规范操作，查找最后一个矩阵码的喷印序号及所对应的距阵码编号，做出有效记录。当重新开机生产该订单时，将此喷印序号通过屏幕标识，输入主控制器，通过系统中的防重码设置软件，对矩阵码编号进行核对后方可生产。

4. 在全自动粘箱机上加装矩阵码智能喷印系统创新点

（1）生产线合三为一：将现有分页机、矩阵码智能喷印系统、全自动粘箱机三道工序整合在一条全自动粘箱机流水线上（图7-4-2），减少了分页机投资成本及操作人员数量，节省了分页机和大量半成品的占地空间，消除了半成品混料风险，降低管理难度，同时也加快了生产周期及客户订单响应速度。

（2）印刷精度高：采用UV颜料型专用墨水，可在牛卡纸基材上实现规格为21×21的矩阵码清晰喷印和快速干燥，矩阵码打印精度为300×600dpi，印刷精度C级以上（见表7-4-1）。（D级精度及以上便可满足生产销售过程中的识读。本喷印系统打印精度有需要时可达到A级标准，由于瓦楞纸箱喷印基材限制，若是保证每一个矩阵码印刷精度都达到A级，必须加大喷印的分辨率，提高油墨耗量，增大生产成本，降低生产速度，实际使用意义不大）

表7-4-1 测试参数和分级值

分级	参考译码	符号对比度	印刷增量	轴向不一致性
4.0（A）	通过	SC≥0.70	−0.50≤D−≤0.50	AN≤0.06
3.0（B）		SC≥0.55	−0.70≤D−≤0.70	AN≤0.08
2.0（C）		SC≥0.40	−0.85≤D−≤0.85	AN≤0.10
1.0（D）		SC≥0.20	−1.00≤D′≤1.00	AN≤0.12
0.0（F）	失败	SC<0.20	D−≤−1.00或D−>−1.00	AN>0.12

（3）印刷速度快：传统分页机上的矩阵码喷印速度，为每分钟喷印80个瓦楞纸箱，环境因素下稳定生产速度80m/min，而新研制的全自动粘箱机矩阵码喷印系统，喷印速度为每分钟喷印150个瓦楞纸箱，环境因素下稳定生产速度150m/min，合格率达到100%。

（4）节约成本：相比于传统的一次性热发泡喷头，可极大节省喷印成本，目前矩阵码成本整体可控制在0.007元/个，比原来降低近1/2。

"在全自动粘箱机上加装矩阵码智能喷印系统"试用已有一年多，从试用情况来看，设备运行稳定可靠，整体的喷印效率提升了1.8倍，降低了1/2的成本，经济效益明显，完全可以推广到本行业所有的瓦楞纸箱全自动粘箱机上，这将会给瓦楞纸箱矩阵码喷印业带来一个更高效的时代。

第5节 纸板流水线上加装 U 型胶带自动粘贴装置

瓦楞纸箱是一种刚性纸质包装容器，被广泛应用于冰箱、洗衣机、空调等家用电器行业。

不少大家电的包装会采用套入式，它包含两个部分，一部分是发泡底座，另一部分是有盖无底的套箱（见图7-5-1）。使用时首先将家用电器放置在发泡托盘上（a），然后将瓦楞纸箱套箱由上而下套入电器和发泡底座（b，由箭头所指方向），瓦楞套箱底边距离地面1~1.5cm，然后进行整体打包（c）。

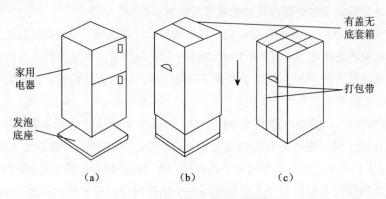

图 7-5-1 套入式装箱示意图

由于瓦楞套箱底部瓦楞暴露于空气中，极易吸收地面潮气，导致瓦楞纸箱吸潮变软。并且打包带与瓦楞纸箱接触的四边易出现打包勒进破损，不仅影响包装的美观性，而且降低包装对产品的保护性能。

解决上述问题的习惯做法是在瓦楞纸箱四条底边处加贴透明的防护胶带（透明胶带宽度约30mm），由于透明胶带贴合后，在瓦楞纸板边缘呈U型，故简称"U型胶带"，具体见图7-5-2。

过去U型胶带的贴合工作主要靠人工完成，每组需要2至4名操作工同时进行，工作量大，效率低。现在我们研制出了一种在瓦楞纸板流水线上操作的"U型胶带自动贴合装置"，解决了人工成本

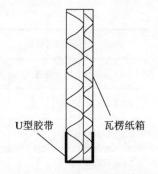

图 7-5-2 瓦楞纸箱贴胶带效果图

攀升、生产成本提高、质量不稳定、效率低下等诸多问题。对企业的自动化管理、降本提效具有现实意义。

1. 瓦楞纸板流水线的U型胶带自动贴合装置构成

U型胶带自动贴合装置，图7-5-3中的A加装在瓦楞纸板流水线纵切机的末端，该装置由机架、调节连杆及手柄、胶带托盘、贴胶带滚轮四部分构成（见图7-5-4），可实现瓦楞纸板U型胶带的高效贴合，结构简单，故障率小，自动化程度高。

（1）机架：主要起支撑调节连杆和手柄、胶带托盘、胶带滚轮的作用，安装于瓦楞纸板流水线纵切机与横切机之间的传送带底部。

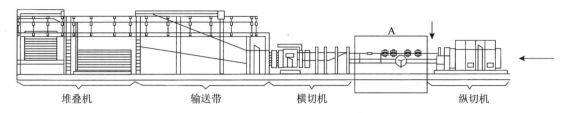

堆叠机　　　　　输送带　　　　　横切机　　　　　　　　　纵切机

图 7-5-3　瓦楞纸板流水线加装 U 型胶带自动贴合装置

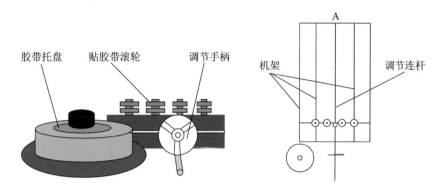

图 7-5-4　U 型胶带自动贴合装置放大图

（2）调节连杆及手柄：主要作用是调节贴胶带滚轮到瓦楞纸板的距离，调节连杆安装于瓦楞纸板流水线纵切机和横切机之间输送带的底部，位于机架的正中央，调节手柄安装在该装置的操作侧。

由于不同产品所需要的瓦楞纸板的尺寸不同，因此胶带滚轮到瓦楞纸板的距离也不尽相同。当瓦楞纸板尺寸较大时，调节手柄向左旋转，胶带滚轮向外移动；当瓦楞纸板门幅小时，调节手柄向右旋转，胶带滚轮向里移动。

（3）胶带托盘：主要作用是放置生产所需的透明胶带，该装置安装于机架左侧。

（4）贴胶带滚轮：贴胶带滚轮是该装置的核心部件，安装在机架上，与瓦楞纸板流水线传送带平行，保证贴胶带速度与流水线速度同步（见图7-5-5）。贴胶带滚轮一共有四个，四个滚轮的间距不同，随着瓦楞纸板走向间距逐渐变小，四个贴胶带滚轮具体间距尺寸为20mm、15mm、10mm、5mm。

2. 瓦楞纸板流水线的U型胶带自动贴合装置工作流程

在瓦楞纸板贴合U型胶带前，调整贴胶带滚轮的位置，根据不同瓦楞纸板尺寸大小调整调节手柄，保证凹槽与瓦楞纸板紧密贴合。

瓦楞纸板生产线开机之后，当生产的瓦楞纸板传输到横切部，将透明胶带的一端拉伸到最左侧的贴胶带滚轮凹槽内，旋

图 7-5-5　胶带滚轮工作组件

231

转调节手柄直到瓦楞纸板与贴胶带滚轮恰好相切，透明胶带便顺势贴合到瓦楞纸板边缘。

3. 该技术的有益效果

（1）工序合二为一：将现有生产瓦楞纸板和人工贴U型胶带两道工序合二为一，减少了操作人员数量，节省了大量半成品的占地空间，消除了半成品混料风险，降低了管理难度，同时也加快了生产周期及客户订单响应速度，提高了粘贴胶带的质量，杜绝因人工贴胶带所产生贴不紧、贴不平等问题的客户投诉。

（2）生产速度快：传统人工贴合U型胶带每组每小时约可贴合100个瓦楞纸箱，瓦楞纸板流水线加装U型胶带自动贴合装置之后，每小时贴合4000个瓦楞纸箱，效率提高40倍，合格率100%。

（3）节约成本：人工贴合U型胶带，至少每组安排2至4名操作工，现在该装置可实现贴胶带自动化，节省了人工成本。

（4）提高了大家电包装箱底部的贴塑质量。

4. 结语

瓦楞纸板流水线的U型胶带自动贴合装置与传统手工贴胶带相比，不仅可以降低企业的运营成本，节省人工，提高企业资源的利用率，还可以对瓦楞纸箱厂的自动化管理，降本提效具有显著作用。

第6节　纸板流水线原纸残卷的智能计重

原纸是纸箱厂的首要原材料，在所有生产成本中，原纸占70%～75%。因此原纸的使用管理是重中之重。

目前主要通过两种方式来计算原纸的利用率：

一种是将原纸投入量减去废料所得的差值，与原纸投入量的比值作为原纸的利用率；

另一种是通过生产线的管理系统，获取原纸投入量与生产平方米的数据，得出成品率。

这两种计算方式在生产流程中，都涉及原纸残卷的人工地磅称重，不但工作量大，而且误差也较大。一般二级厂的原纸使用流程见图7-6-1：

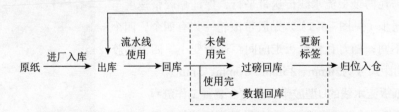

图 7-6-1　一般二级厂原纸使用及原纸残卷回库流程

目前原纸残卷的回库，主要通过地磅称重管理，流程中必不可少的步骤是：叉抱车将残卷原纸抱到地磅称重，计数员打印更新后的标签贴在残卷上，叉抱车将残卷归位入仓，待下一次生产时再出库使用。

现有流程的缺陷主要在于：

（1）厂区内需要设多处地磅，地磅每年需要定期校验、维护保养；

（2）正常生产的一条流水线的地磅，至少安排1至2名工作人员；

（3）原纸残卷标签需频繁更新打印新的残卷重量；

（4）叉抱车将原纸抱到地磅上，等待称重完毕，再叉抱回库，工作量大。

如果原纸在使用中能够在流水线上自动计算重量，系统自动更新记录对应残卷的信息，就可以省略图7-6-1中虚线部分。不仅可以降低企业的运营成本，节省人工，提高企业资源的利用率，还可以优化企业的原纸残卷管理流程与准确性。

达成包装集团研制出了一种在流水线上，实时计算原纸残卷重量的系统及其装置，对企业的自动化管理，降本提效具有重大意义。

1. 系统控制基础

残卷智能计算系统，实时抓取使用中原纸的参数，主要包括：走纸长度米数、原纸厚度、剩余米数、残卷重量。

这4项参数的计算原理如下：

排除原纸中间空心纸管的误差（空心纸管的直径是110mm），整卷原纸从侧面通过虚拟切割线切开，将每一圈原纸平铺叠放，如图7-6-2所示，结合等差数列的公式，计算原纸走纸长度，计算方法见公式（7-1）。

$$走纸长度 = \frac{(C_上 + C_下) \times n}{2} \qquad (7\text{-}1)$$

式中：$C_上$为上架原纸外边缘周长，mm；$C_下$为下架原纸外边缘周长，mm；n为原纸使用中走纸的圈数，系统会自动计数获取。

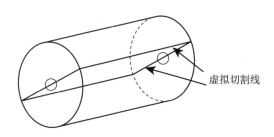

图 7-6-2　走纸长度计算原理

不同克重的原纸厚度不同，系统获取原纸厚度的原理见图7-6-3，上架时原纸的外径与下架时原纸外径的差，除以走纸圈数，即公式（7-2）：

$$t = \frac{(R_上 - R_下)}{n} \times 1000 \qquad (7\text{-}2)$$

式中：t为原纸厚度，μm；$R_上$为上架原纸的半径，mm；$R_下$为下架原纸的半径，mm。

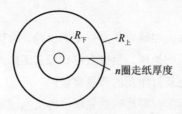

图 7-6-3　原纸厚度计算原理

原纸中间空心纸管的直径是110mm，即最里一层纸的直径为110mm（注：最里层纸的周长=3.14×110=345.4）。原纸下架时余纸米数的计算公式（7-3）：

$$余纸长度 = \frac{(C_下 + 345.4) \times (R_下 - 110/2)/t}{2} \tag{7-3}$$

残卷重量的计算，随着原纸的不断使用，原纸侧端的面积越小，残卷重量就越小。为实现精确获取残卷重量，假设原纸的密度均匀，则原纸重量与侧端面积存在如下关系：

$$\frac{W_上}{W_下} = \frac{S_{底上} \times h \times \rho}{S_{底下} \times h \times \rho} = \frac{S_{底上}}{S_{底下}} = \frac{\pi R_上^2}{\pi R_下^2} \tag{7-4}$$

式中：$S_{底上}$ 为上架原纸的截面积，mm^2；$W_上$ 为上架原纸（正在被使用中）的重量，kg；$S_{底下}$ 为下架原纸的截面积，mm^2；$W_下$ 为下架原纸（残卷）的重量，kg。

根据公式（7-4），原纸侧端半径的变化直接与重量相关，基于这一数值关系，系统计算出原纸剩余的重量，并实时显示在原纸使用架上。如果此时原纸下架，即获得残卷的重量、剩余米数，并在系统中自动更新相关数据，以便下次领用生产。

2. 原纸残卷智能计重系统

瓦楞纸板生产线原纸残卷智能计重系统（见图7-6-4），硬件结构主要包括：传感器、PLC控制、PC控制、ERP服务器、LED显示及警示LED显示。

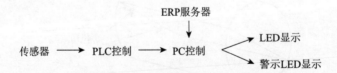

图 7-6-4　原纸残卷智能计重系统

传感器有两种：一种是接近开关负责记录原纸使用中走纸圈数，另一种是增量编码器负责记录每走一圈原纸的长度，即获得该圈原纸的周长，主要原理是通过脉冲计数，再转换成长度，0.23mm/脉冲。

PLC控制基础运算，主要包括：计算上架、下架原纸周长的平均值（自动剔除异常值）；按公式（7-1）～（7-4）将计算好的上架、下架周长数值传递给PC，用于其他计算；左车、右车的判断，以便换卷时将上一卷的数据传递给PC。

PC控制主要负责追踪原纸的走纸圈数、走纸长度、原纸厚度、剩余长度、残卷重量等参数，并不断更新记录系统中的相关数据，形成原纸使用数据库，ERP系统或其他软件均可利用这些生产数据生成相关报表。

LED显示有两种，一种是原纸的基本信息的显示，即厂家、编号、实时剩余重量等信息；另一种是警示显示，因为瓦楞纸板流水线复合时一般都是3层纸及以上，如果每层纸的上纸架都安排人员待命换纸，势必会造成人员的浪费，这种警示LED显示在某卷原纸剩余1000m开始提示，设置10格，每格代表100米，从余纸300米时开始显示实际米数的数字提醒，现场机长根据显示情况，及时安排换纸人员，使人工安排更加合理，换纸时间更加缩短。

3. 实际应用

瓦楞纸板生产线原纸残卷智能计重系统，目前在达成集团的下属各厂内已投入正常使用，效果显著。残卷系统安装在瓦楞纸板自动流水线BHS各个上纸架上，详细结构示意见图7-6-5。

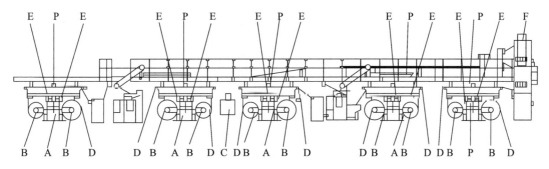

A—原纸上纸架；B—计圈传感器；P—PLC控制部分；C—PC控制部分；D—增量编码器；E—LED显示；

F—警示LED显示

图 7-6-5　原纸残卷智能计重系统的结构示意图

应用中，现场操作人员主要关注两处的LED显示，图7-6-6为原纸架右纸架显示的原纸编号、剩余米数，每卷原纸使用前通过扫码，原纸的编号、剩余米数就会在LED屏上显示，在该卷原纸准备下架时会显示残卷重量，与ERP管理系统对接，原纸使用完下架或残卷下架的信息在不断地更新保存。

图 7-6-6　原纸架上使用中原纸的信息显示

图7-6-7为生产5层纸板的各层纸的余纸警示显示，满格为10格，说明该层纸的残卷剩余长度不小于1000米。小于900米时，9格亮，实际剩余长度每少100米，就熄灭一格。当小于300米时，开始有详细数字显示。LED警示显示，放在流水线侧面距离地面约3.5米处，目的是警示班

组长提前安排人员，做好接纸或换纸的准备。图7-6-7中显示的是BA楞，里纸余271米，其他四层纸的剩余量都大于1000m，所以现场工作人员此时只需备好新的里纸，做好接纸工作准备。

图 7-6-7　五层瓦楞纸板的余纸警示屏

系统会自动感应走纸纸架，并分别记录各纸架参数。原纸使用中PC会实时更新每个编码对应的原纸卷，如该卷原纸使用完，系统中对应编码的原纸剩余米数为0，并归到已用完档，便于后期产品的材质溯源、成本分析等。如果该卷原纸未用完，系统会统计同编号对应的残卷的相关参数，如走纸长度、原纸厚度、剩余长度，见图7-6-8。

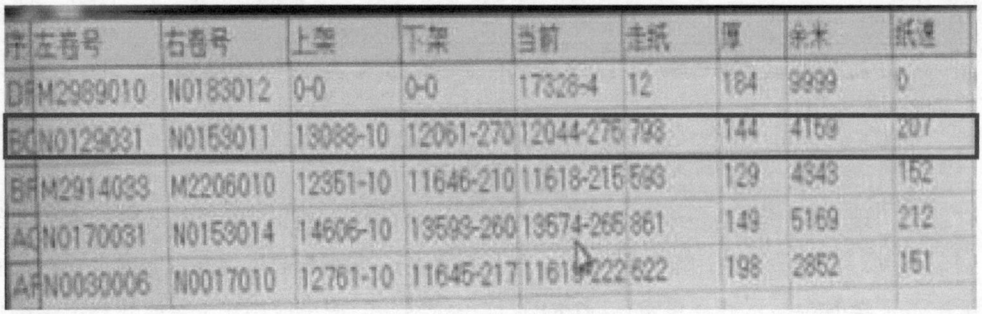

	左卷号	右卷号	上架	下架	当前	走纸	厚	余米	纸道
D	M2989010	N0183012	0-0	0-0	17328-4	12	184	9999	0
B	N0129031	N0153011	13088-10	12061-270	12044-276	793	144	4159	207
B	M2914033	M2206010	12351-10	11646-210	11618-215	593	129	4343	152
A	N0170031	N0153014	14606-10	13593-260	13574-265	861	149	5169	212
A	N0030006	N0017010	12761-10	11645-217	11619-222	622	198	2852	151

图 7-6-8　PC 后台瞬时显示数据

残卷系统按公式（7-1）～（7-4）的原理计算任意一卷原纸，计算其瞬时参数与系统后台显示数据的差异，结果见表7-6-1。

原先的15吨地磅称重，一般误差在5～10kg，随机统计一个月的生产历史数据（残卷回库数量及重量），计算出地磅称重的平均误差值在1.67%左右，而表7-6-1采用智能计重系统后，最大误差仅为0.714%，远小于实际残卷地磅称重的方法。而且残卷系统更利于与智能化、信息化的管理软件对接，更便于原纸利用率、库存的管理。

表7-6-1　系统后台数据与设计公式计算的误差分析

项目	走纸长度/m	原纸厚度/μm	剩余长度/m
系统后台数据	793	144	4159
设计公式计算数据	792.4	144	4188.7
误差率	0.08%	0%	0.71%

4. 结语

原纸残卷称重回库入仓，是瓦楞纸板流水线中的常规工序，结合生产实际需求，借鉴工业4.0思维，运用自动化控制原理，成功研制出原纸残卷智能计算系统。该系统与原先地磅称重回库的方法相比，不仅可以降低企业的运营成本，节省人工，提高企业资源的利用率，还可以优化企业的原纸残卷管理流程与准确性，对纸箱厂的自动化管理，降本提效具有显著作用。

第7节　纸基夹线水胶带多工位智能贴合系统

运输包装用的纸箱、纸盒，后道结合的常用方式有：胶粘、打钉。打钉方式的缺陷是：锋利钉头极易刮坏、刮花内装物，钉头受潮易生锈等，所以化工原料、医药、医疗器械、食品等行业，较多采用胶粘方式。胶粘方式也更适合大批量流水线生产，但当内装物为流动性较好的粉剂、袋式、颗粒状、黏稠液体等形态时，动态运输中内装物会对纸箱侧壁产生较大的径向压力作用，极易导致胶黏结合处崩开或脱胶的现象（见图4-1-3）。

为了消除这个隐患，一般在接舌结合处外侧加贴一层高强黏性的纸基夹线胶带（最先在欧美国家开始盛行，见图3-2-4），胶带的宽度6cm左右，厚度0.15mm，色泽与纸箱一致。

纸基夹线胶带的基材是牛皮纸加玻璃纤维线，湿水后粘力强，基材与胶黏剂不会造成污染，可随包装回收循环再利用。

目前只能靠人工量取一定长度的胶带，美工刀切断，沾水抹布或海绵上水，再贴在包装箱上。一般5个工人一组，1人负责量取、切断、湿水，2人负责将纸基夹线湿水胶带往纸箱接合处张贴，1人负责拉料翻料，1人负责打包，见图7-7-1。

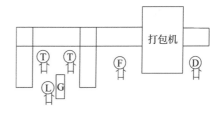

T—贴胶带人员；L—量取、切割、涂水人员；
G—工具架；F—翻料、整理人员；D—打包人员

图 7-7-1　车间纸基夹线湿水胶带张贴现状

现有这种作业方式的缺陷主要在于：

（1）每组必须配一人负责量取、切割、涂湿夹线胶带，这部分工作没有实现机械替代；

（2）拉料、翻料人员及打包人员的工作简单，效率高，存在人员停工等待的现象，造成人力资源的浪费；

（3）工人手持美工刀作业存在安全隐患；

（4）湿水不均易造成胶粘不良。

如果纸基夹线胶带能够自动输送、精确计长、快速切断、均匀湿水，既可精简人员配备，又可提高生产的自动化程度。因此达成集团研制了集多种功能于一体的智能控制系统及装置，使企业实现自动化管理、降本提效。

1. 纸基夹线湿水胶带装置的系统组成

纸基夹线湿水胶带装置系统的组成主要包括：自动输送模块、长度精确控制模块、切断模块、湿水模块、水泵控制模块、加热系统、生产计数等等。该装置的详细组成结构见图7-7-2。

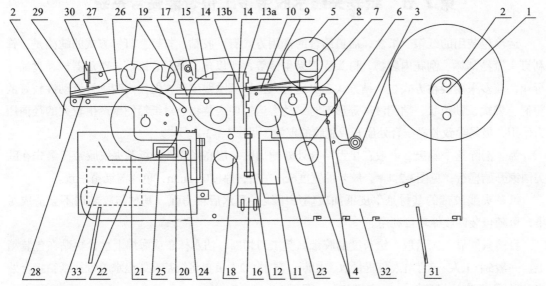

1—带卷支撑轴；2—胶带；3—张力轮；4—测纸下轮；5—测纸上轮；6—送纸侧马达；7—测纸光电开关；8—测纸光栅；9—上进纸托盘；10—下进纸托盘；11—切刀马达；12—切刀偏心运动模块；13—切刀；13a—上切刀；13b—下切刀；14—固定架；15—压纸块；16—切刀光电开关；17—接纸托盘；18—出纸侧马达；19—出纸侧压力轮；20—水轮；21—小水箱；22—大水箱；23—水泵；24—加热棒；25—电源支架；26—鱼线；27—出纸上挡板；28—出纸下托盘；29—出纸光电开关；30—电磁加压模块；31—脚架；32—机架；33—数显设置控制面板

图 7-7-2　纸基夹线湿水胶带装置组成结构

3个光电开关传感器分别实现精确计长、精准切断、出口加压的控制。

精确计长：测纸光电开关结合圆形光栅（见图7-7-3），并通过单片机编程算法，实现夹线胶带长度的精确控制。通过光栅一空格一暗格的计数，转换成胶带的长度，0.18mm/格。圆形光栅的无限循环旋转特点，可实现任意长度的精确控制。

精准切断：夹线胶带的长度到达设定值时，单片机控制的主程序会给切刀马达动作信号，在切刀偏心运动模块（见图7-7-4）的作用下，将马达的旋转动力运动转换成切刀的上下运动。偏心轮逆时针向上运动时，滑块向上运动，同时带动下切刀向上运动，上切刀静止不动。精确计算偏心轮的最低点与最高点的距离、上下切刀安装的位置距离，使偏心轮带动滑块运动到最高点时，上切刀与下切刀完成夹线胶带的切断。在切刀光电开关的控制下，偏心轮继续逆时针旋转带动滑块运动至最低点，使下切刀归位。

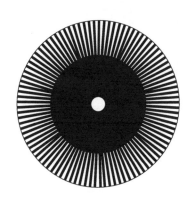

图 7-7-3 圆形光栅的结构

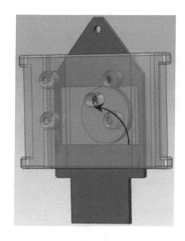

图 7-7-4 切刀偏心运动模块

出口加压：出口处的光电开关，结合单片机程序的控制，通过是否给电磁加压模块通电，实现出口胶带的加压夹紧。当出口光电开关感应到切断湿水后的胶带到达出口处，电磁加压模块接到通电信号压头向下运动，夹紧出口处的夹线胶带，以至于夹线胶带不会因为自重或外部风力等作用而掉落、脱离出口处。操作人员将胶带取走往纸箱结合处张贴时，主程序发出电磁加压模块的断电信号，在自回弹簧的作用下压头向上运动归位。同时送纸侧接到信号，进入下一工作循环。

湿水模块：利用包胶水轮，将小水箱内的水均匀地涂在夹线胶带的里面，因这种夹线胶带湿水后，黏性大大增强，为了防止湿水后的夹线胶带粘在水轮上，利用鱼线将夹线胶带引导至出口处，在水轮上面缠绕鱼线。

水泵控制模块：水轮将小水箱中的水转移到夹线胶带上，为保证小水箱中水始终保持额定的水位，单片机程序控制在切刀装置切断动作后，给水泵通电信号，大水箱中的水在水泵的作用下通过软管往小水箱注水，见图7-7-5。

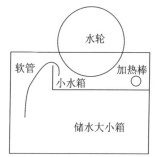

图 7-7-5 水泵控制模块

加热系统：夹线胶带湿水后黏性方可增强，但是冬天时，冰冷的水涂在夹线胶带上，因温度较低，夹线胶带上的黏性物质与水的反应时间需要延长，导致夹线胶带的黏性不够，产生不良品，在张贴时，人工至少需要来回按压3～4次方可完全与纸箱贴合，严重影响工作效率。

为了解决这一问题，在小水箱中加装加热棒，在冬天工作模式时，启动加热棒，使小水箱中的水加热升温，加速夹线胶带的起黏速度。

为了适应四季的不同温度，加热控制设置了4个加热档，4秒为一个周期，见图7-7-6。第4档：一直加热，4秒编程控制为"1"；第3档：3秒加热，1秒断电；第2档：2秒加热，2秒断电；第1档：1秒加热，3秒断电。生产计数控制的工作原理是切刀切断一次，程序控制计数器计数1次。计数累计一天的工作数量，数据可传到管理系统，通过复位键归零，以便下次重新计数。一方面可以很好地统计每位工人每天的工作量，另一方面实现精细化的效率生产管理。

单片机程序实现所有逻辑上的控制，通过编程实现智能传递、精确计长、均匀涂水等控制，并将所有程序集成在控制板上，结合输出端口，可将数据传递给PC，用于生产数据的分析、生产管理的优化。

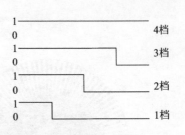

图 7-7-6　加热系统 4 档位控制

2. 纸基夹线湿水胶带装置的工作原理

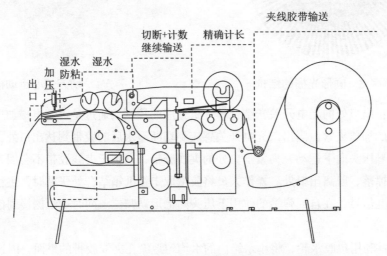

图 7-7-7　纸基夹线湿水胶带装置的工作流程图

整个装置的工作流程主要包括：夹线胶带的自动输送→精确计长→切断→继续自动输送→湿水→湿水防粘→加压→出口，对应装置中的详细部位见图7-7-7。

在数显设置控制面板33（见图7-7-2）设定所需胶带2的长度，启动工作开关。胶带2安装在带卷支撑轴1上，在送纸侧马达6的驱动下，通过张力轮3向前输送。胶带2在经过测纸上轮5、测纸下轮4时，通过测纸光电开关7和测纸光栅8能够精确计算控制胶带的长度。达到设定值时，主程序会给切断部分发送切断信号。在送纸侧马达6的驱动下，胶带2继续自动向前输送，经过上进纸托盘9与下进纸托盘10，达到切断部分。

当切断部分接收到切断信号时，在切刀马达11的驱动下，切刀偏心运动模块12将马达的旋转运动转换成下切刀13b的上下直线运动。上切刀13a静止不动，下切刀13b在切刀偏心运动模块12的带动下向上运动完成胶带2的切断，然后在切刀光电开关16的作用下，切刀偏心运动模块12带动下切刀13b向下运动归位。切断动作完成后，计数器会自动计数1次。

切刀13、接纸托盘17安装在固定架14上，胶带2在接纸托盘17上。为防止不同种类、位置的胶带2出现卷曲厉害，出现胶带2断送或卡住现象，设计了压纸块15，保证胶带2顺畅地输送到湿水部分。

胶带2在两个出纸侧压力轮19作用下与水轮20充分接触，完成胶带2的湿水。防止湿水后的胶带2黏性增强，会胶粘在水轮20上，在水轮20与胶带2中间加装了鱼线26。出纸侧马达18保证了湿水后的胶带2顺畅输送到出纸上挡板27与出纸下托盘28之间。

防止胶带2在出口处因自身重力、外界环境（如风力）作用下掉落或脱离轨道，在出纸口加装了电磁压纸模块30与出纸光电开关29。当出纸处出现湿水后所需的胶带2时，在出纸光电开关29的作用下电磁加压模块30接到通电信号。此时电磁加压模块30通电压头向下运动加压夹紧压住胶带2。当胶带2被取走，电磁加压模块30接到断电信号，在自回弹簧的作用下，压头自动归位。同时，送纸侧马达会接到工作信号，自动进入下一个循环工作。

3. 实际应用

上述装置目前在我集团公司内已有十余套投入规模使用，效果显著。在制箱后道粘箱贴夹线胶带工序一人一台，见图7-7-8。

图 7-7-8　后道纸基夹线湿水胶带装置投入使用

装置使用前需有5人进行夹线胶带的手工作业，这种游击式的作业模式，不仅不利于包装企业的后道管理、提升质量，而且工作效率低下，工作人员分散，粘贴质量问题较多。

图7-7-9为纸基夹线湿水胶带装置使用后的流水作业模式。

这种流水作业方式既利于人员的规范管理，又利于效率的控制。表7-7-1分析了操作人员在装置使用前后两种作业方式的工作效率，发现使用该装置前，人均时产量为167只，使用该装置后，人均时产量为270只，说明了装置使用后的工作效率，比使用前提升了约62%。而且整个装置的制作成本较低，约为人民币2500元/套。

该装置一次性投入较小，却达到提升较高的工作效率、降低运营成本、提

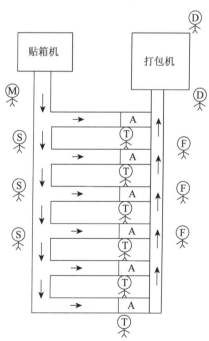

A—纸基夹线湿水胶带装置；T—贴胶带人员；F—翻料、整理人员；D—打包人员；S—送料人员；M—拉料、检料人员

图 7-7-9　装置使用后纸基夹线湿水胶带的流水线作业图

高产品质量的目的，值得在纸箱包装企业后道工序中推广。

表7-7-1　纸基夹线湿水胶带装置使用前后粘箱车间作业效率的对比

项目	割胶带人数/人	贴胶带人数（T）/人	拉料人数（M）/人	翻料人数（F）/人	打包人数（D）/人	单位时间总产量/（只/时）	总人数/人	完成效率/（只/时人）
使用前	5	10	5/2	5/2	5	4175	25	167
使用后	0	6	1	3	2	3250	12	270
功效提高率								61.67%

4.结语

胶黏结合方式的纸箱、纸盒通过纸基夹线湿水胶带，增加黏结强度是业内惯用方法，基于生产实际需求，借鉴工业4.0思维，运用工业结构、自动化控制原理，成功研制出这种集自动输送、精确计长、切断、湿水于一体的智能纸基夹线胶带装置。

使用该装置后使人工每小时产量提高了61.67%，不仅可以降低企业的运营成本，节省人工，降低劳动强度，提高企业资源的利用率，还可以实现企业人工作业流水规范化，对纸箱厂的自动化管理，降本提效具有显著意义。

第8节　在印刷机上压制纸箱高度线的装置

目的：在印刷机上实现瓦楞纸箱高度方向压线（横向压线）的功能。方法：柔性印刷时，将特制压条安装在印刷机的印版滚筒上，在"单对平"纸板上补压出两条压线，实现常规、好折的"单对双"。结果：不仅生产出高品质满版印刷的瓦楞纸箱，而且优化了工序，提高生产效率，减少人耗、物耗。

常规0201型瓦楞纸箱的生产流程见图7-8-1，在纸板流水线上压好"单对双"摇盖高度线，然后在印刷机上实现瓦楞纸板的印刷、长宽压痕线、开槽、切角（或模切）。

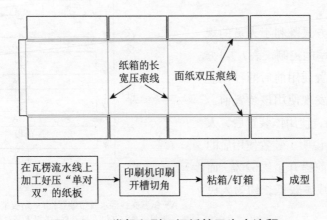

图 7-8-1　常规印刷瓦楞纸箱及生产流程

但当纸箱高度压痕线位置处有印刷时，例如，满版印刷或色带印刷等，为使压线处印刷不露白，纸箱行业目前采取的方法主要有两种。

第一种：纸板流水线采用"单对平"高度方向的压线（详见图5-4-2，只在纸板里层压一条直线），印刷机进行印刷、开槽、切角。但是这种压线不利于纸箱成型，摇盖成型边缘不够整齐美观，折叠困难，在高克重材质中尤其凸显。

第二种：瓦楞纸板流水线不压线，印刷、开槽后，再经分纸机人工压制"单对双"摇盖高度线（见图7-8-2）。这种生产流程的弊端是：企业须配置分纸机；增加一道工序，增加操作工人（至少2名），二次定位，压线质量完全取决于操作人员的熟练程度；影响生产效率，增加纸板的损耗，增加管理成本。

图7-8-2　高度压痕线处需印刷的瓦楞纸箱及生产流程

为改善这一现状，我公司研制出一种特制压条，能够使印刷机在"单对平"纸板上再补压出两条双线，使之成为"单对双"（可将图7-8-2中虚线部分去除），这一技术的应用，不仅能够保证横向压线处有印刷内容的纸箱的印刷质量，还优化了满版印刷的纸箱生产工艺，达到提质降本的目的。

1. 压条的结构

"单对双"压线日常使用最普遍，质量也优，箱面双线的宽度按GB/T 6543—2008规定不得超过17mm，而分纸机两条压线距离为13.5～14mm，因此设计压条时，两条压线间距设定为14mm，两条压线由两个类似等腰三角形组成，实现单对双的压痕线，利于纸箱成型，易折。为了准确保证两条压线的宽度以及后期方便压条黏结在柔性印版上，压条结构完全对称，中间以厚1mm连接，详细结构尺寸见图7-8-3。

压条高度以印刷机的陶瓷轮升到最顶位置不会碰到压线条来确定，以防止气压不足时网纹辊自动往下落碰到压条。

为避免压条在对纸板压线时出现面纸爆裂现象，压条的压线部位设计成直径为1mm的圆弧，以确保压条的压线端光滑。为避免排版人员因压条拐角锋利而受伤，所有拐角都设计成倒圆角，光滑过渡。压条选择使用硬质PVC材质，见图7-8-4所示。

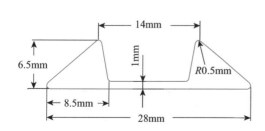

图 7-8-3　压条的横截面结构图

图 7-8-4　PVC 材质的压条实物

　　为了使特制压条牢固地黏结在柔性片基上，粘压条的双面胶须选用撕不断的尼龙胶带。为有效地进行压痕线压制，在柔性片基上对应接舌、第四唛接舌结合的位置加贴2层3mm的海绵条。压条的位置依据箱高进行排版，为确保压痕位置的误差在1mm内，各色叼纸轮的调整要求后一色比前一色的间隙小0.8～1mm。为保证压条不会碰到压力辊，依不同楞型调整不同的印刷压力使压条与压力辊距离1mm。为不影响开槽，确保开槽不跑位，开槽部中间的叼纸轮根据楞别做调整。

　　注意：

　　①瓦楞纸板流水线在加工纸板时，顺便压出"单对双"高度线（单线在里层，外层平）；

　　②压条粘贴时，必须与已加工好的里层的单线协调居中。

2. 实际应用

　　上述高度方向压线（横向压线）的压条目前在我厂已批量投入使用，效果显著，针对满版印刷的订单，不需要每单特制一份压条，只要制作印刷机全门幅的压条2根即可，高度位置可依不同订单调整。

　　跟踪某客户的满版印刷订单，设计图稿见图7-8-5，整个版面（含内、外摇盖）都要印刷，为了兼顾印刷效果及成型美观，采用特制压条（见图7-8-6），在印刷机上印刷的同时直接进行高度方向压痕线的压制（见图7-8-7）。

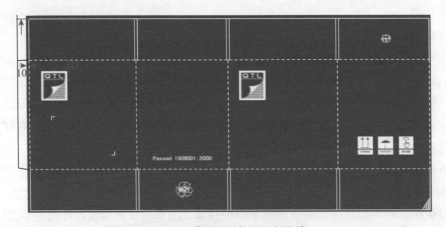

图 7-8-5　满版印刷的设计图稿

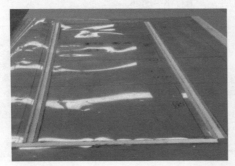

图 7-8-6　压条版

图 7-8-7　满版印刷面纸压线效果

通过这一工艺的创新，厂内所有的先印刷再用分纸机人工压"单对双"线的问题已得到解决，利用此工艺对满版印刷的纸箱跟踪试验，压线效果非常好，压制的"单对双"高度线质量优良，连续生产不存在拖墨问题。且前后跑位误差在1～2mm，符合国家标准规定的相关要求。

纸箱对折后，二条压痕线的位置偏差在0～1mm，二条压痕线的距离是14mm，压线效果堪比流水线的纵切机的加工"单对双"效果。

跟踪企业该工艺改进前的1个月订单，即印完再分纸机压线的订单量共133753个。分纸机普通规格每小时压线产量800～900个，分纸机人工成本平均0.055元/个，因此，每个月至少可节约一笔可观的人工费用，其中还未含纸板周转、停工等损失。这一工艺的优化，不仅简化了工序，提高了效率与质量，而且降低了生产成本，详细经济效益见表7-8-1。

表7-8-1　跟踪1个月的经济效益

订单数/（张/月）	分纸机效率/（张/时）	人数/人	人工成本/（元/时）	节约人工费/（元/月）
133753	900	2	25	7430

3. 结语

基于生产实际需求，成功研制出这种压条并投入生产使用。生产流程优化后，不仅减少了一个生产工序，还可以降低企业的运营成本，节省人工，提高企业资源的利用率。尤其在中美贸易战、原纸市场动荡的背景下，为纸箱厂应对不利的宏观经济环境与日益严苛的行业竞争做充足的准备。

本技术项目已获国家发明专利授权。

参考文献

［1］彭国勋等.瓦楞包装设计［M］.北京：印刷工业出版社，2007.

［2］彭国勋.物流运输包装设计［M］.北京：印刷工业出版社，2011.

［3］孙诚等.包装结构设计［M］.北京：中国轻工业出版社，2011.

［4］张新昌.包装概论［M］.北京：印刷工业出版社，2011.

［5］黄俊彦.纸浆模塑生产实用技术［M］.北京：文化发展出版社，2021.

［6］高德等.包装动力学［M］.北京：中国轻工业出版社，2010.

［7］高德等.包装应用力学［M］.北京：中国轻工业出版社，2018.

［8］金国斌等.包装工艺技术与设备［M］.北京：中国轻工业出版社，2017.

［9］杨福馨等.纸包装设计与加工技术［M］.北京：中国物资出版社，1997.

［10］曹国荣.运输包装设计［M］.北京：中国轻工业出版社，2016.

［11］杨瑞丰.瓦楞纸箱生产实用技术［M］.北京：化学工业出版社，2011.

［12］郭永华等.染料的危险性分类与标签［J］.染料与染色，2010，（2）.

［13］中国染料产量已占全球70%以上（EB/OL）.2019.

［14］王继祥.推广托盘标准发展单元化物流的主要问题辨析［OL］，2018-08-29.

［15］苏扬等.防潮纸质滑托板研制及在集装包装中的应用［J］.包装工程，2016，（37）.

［16］高翔等.出口锂电池运输包装的安全性评估［J］.电池，2018，（5）.

［17］江朋飞.防静电包装材料在微电子包装中的应用［J］.大科技，2016，24（8）.

［18］潘继生等.一种新型真空吸附装置的研究［J］.机电工程技术，2012（7）.

［19］章亚非，张晓蓉.瓦楞纸箱测试浅探［J］.上海包协纸委会，2008，332.

［20］励燕飞等.润滑油包装设计现状及发展趋势［J］.润滑油，2001，16（5）.

［21］朱民强.瓦楞纸板厚度及压线方式对纸箱抗压性能的影响及对策［J］.纸箱世界，2016（205）.

［22］李琳.ISTA 3A试验程序的测试项目设计［J］.中国包装工业，2011（6）.

［23］彭全等.瓦楞纸箱边压强度的不确定度分析［J］.包装工程，2013（34）.

［24］钟林新.纸基摩擦材料的界面结合性能及其摩擦、磨损性能的研究［D］.华南理工大学，2011.

［25］张小栓等.水产品冷链物流技术现状、发展趋势及对策研究［J］.渔业现代化，2011（3）.

［26］孙静等.皮革发霉的原因及防治分析［J］.中国皮革，2015，44（7）.

［27］王琛等.TDG中分类为第9类的危险货物概述［J］.中国水运，2013.

［28］王悦，张惠忠.重型有底无盖八角箱的研究［J］.包装工程，2017.

［29］王悦，张惠忠.角柱型瓦楞纸套箱抗压强度的研究［J］.包装工程，2014.

［30］孙亮，张惠忠.纸箱在托盘上垂悬劣化对抗压强度的影响［J］.上海包装，2021.

［31］刘杨，张惠忠.高性能防静电瓦楞纸板及其影响因素的研究［J］.包装工程，2019.

［32］高昊宇，张惠忠，刘琳琳.瓦楞纸箱涂布抗磨损新工艺研究［J］.今日印刷，2016.

［33］简超，戴君，卢立新，等.油脂沾染对瓦楞纸板力学性能的影响［J］.包装工程，2015.

［34］张惠忠.军用被装防潮防霉纸箱的技术探讨［A］//第四届军品防护与包装发展论坛［C］.苏州，2015.

［35］刘杨，张惠忠.箱纸板的平滑度特性及其测试［J］.中国包装，2017.

［36］刘杨，张惠忠.运输包装测试的应用及案例分析［J］.中国包装，2016.

［37］王悦，张惠忠.基于PE复合工艺的冷冻水产瓦楞纸箱［J］.中国包装，2018.

［38］李晓敏，张惠忠.一种民用别墅储能用锂电池运输纸箱的结构设计［J］.中国包装，2020.

［39］安丽娟，张惠忠.热态灌装沥青的防粘纸箱研制［J］.中国包装，2016.

［40］张惠忠，范唯，刘杨.一种替代木托盘的纸滑板特性与应用寿命的研究［J］.上海包装，2022.

［41］李晓敏，张惠忠.瓦楞纸箱摇盖的不同压痕线对抗压强度影响的研究［J］.中国包装，2017.

［42］王悦，张惠忠，智明丹，等.基于真空吸盘提升技术实现瓦楞纸箱自动码垛［J］.包装工程，2016.

［43］刘杨，张惠忠.热态内装物对纸箱抗压强度的影响研究［J］.包装工程，2016.

［44］李晓敏，张惠忠.瓦楞纸箱重量误差的产生原因与控制方法［J］，中国包装，2018.

［45］严恬，张惠忠.瓦楞纸箱印刷机生产管理系统的研制［J］.中国包装工业，2014.

［46］刘杨，张惠忠.在普通瓦楞纸板自动流水线上加装六层复合智能装置［J］.中国包装，2021.

［47］刘杨，张惠忠，苏红波，等.针刺穿透测试仪的研制［J］.中国包装，2017.

［48］李晓敏，张惠忠.在瓦楞纸箱全自动粘箱机上加装矩阵码智能喷印系统的研究［J］.中国包装，2018.

［49］李晓敏，张惠忠.瓦楞纸板流水线的U型胶带自动贴合装置［J］.中国包装，2019.

［50］刘杨，张惠忠.瓦楞纸板流水线的原纸残卷智能计重系统及装置［J］.中国包装，2018.

［51］刘杨，张惠忠.集输送、计长、切断、加湿、湿水于一体的纸基夹线胶带的智能控制系统［J］.中国包装，2020.

［52］刘杨，秦一，张惠忠.在印刷机上实现瓦楞纸箱高度方向压痕线的加工［J］.中国包装，2022.

［53］GB/T 6543—2008，运输包装用单瓦楞纸箱和双瓦楞纸箱［S］.2008

［54］GB/T 6544—2008，瓦楞纸板［S］.2008.

［55］SN/T 0262-93，出口商品运输包装 瓦楞纸箱检验规程［S］.1994.

［56］GB/T 13023—2008，瓦楞芯（原）纸［S］.2008.

［57］GB/T 13024—2016，箱纸板［S］.2016.

［58］GB/T 16717—2013，包装容器 重型瓦楞纸箱［S］.2013.

［59］GB/T 4892—2008，硬质直方体运输包装尺寸系列［S］.2008.

［60］GB/T 19142—2016，出口商品包装通则［S］.2016.

［61］GB/T 1019—2008，家用和类似用途电器包装通则［S］.2008.

［62］GB/T 10739—2002，纸、纸板和纸浆试样处理和试验的标准大气条件［S］.2002.

［63］GB/T 22873—2008，瓦楞纸板 胶粘抗水性的测定（浸水法）［S］.2008.

［64］GB/T 2934—2007，联运通用平托盘 主要尺寸及公差［S］.2007

［65］GB/T 36911—2018，运输包装指南［S］.2018.

［66］GB/T 25810—2019，染料产品标志、标签、包装、运输和贮存通则［S］.2019.

［67］GB/T 18348—2008，商品条码条码符号印制质量的检验［S］.2008.

［68］GB/T 35773—2017，包装材料及制品气味的评价［S］.2017.

［69］BB/T 0021—2001，环保型沥青软包装袋［S］.2001.

［70］YY/T 0466.1—2016，医疗器械用于医疗器械标签、标记和提供信息的符号 第1部分：通用要求［S］.2016.

［71］YY/T 0313—2014，医用高分子产品包装和制造商提供信息的要求［S］.2014.

［72］GB 190—2009，危险货物包装标志［S］.2009.

［73］GB 12463—2009，危险货物运输包装通用技术条件［S］.2009.

［74］GB/T 5817—2009，粉尘作业场所危害程度分级［S］.2009.

［75］张惠忠，高强度四层复合重型瓦楞纸板的研制［A］//中国电子包装工业高峰论坛［C］上海，2014（10）.

［76］国际航空运输协会（IATA），运输锂金属和锂离子电池《技术细节》［EB/OL］，2013.

［77］世界卫生组织WHO/PQS/E10/SB01-VP.1，处理废弃利器物用的安全箱性能要求［S］.

［78］国际标准ISO 23907—2012，锐器物损伤保护—要求和试验方法—尖锐物贮存器［S］.

［79］国际标准OHSAS 18001，职业健康安全管理体系［S］.

［80］国际标准ISO 3038:1975，瓦楞纸板 胶粘抗水性的测定（浸水法）［S］.

［81］中国质量新闻网，2010年12月24日——口岸商检局检测进口涂蜡水产盒.

［82］百度文库，第九类危险品［EB/OL］.2018.

［83］闫世昌.中国民航危险品运输管理［A］.全国危险货物运输安全监管暨包装检测实操研讨会［C］.常州，2016.

［84］深圳市公志管理咨询.生产纸箱的纸板材质A=A、A=B、B=B是什么意思？［EB/OL］.2020.

［85］唐少炎等.瓦楞纸箱配纸方法的研究［J］.包装工程，2011，32（9）.

［86］王远德.出口瓦楞纸箱的要求及适用标准［R］.上海，2011.